STARK

ABITUR 2016

Original-Prüfungsaufgaben mit Lösungen

Chemie

Baden-Württemberg

2010–2015

STARK

14. ergänzte Auflage
www.stark-verlag.de

Inhalt

Vorwort
Stichwortverzeichnis

Hinweise und Tipps für die Abitur-Prüfung im Fach Chemie

1 Hinweise zur Nutzung dieses Buches I
1.1 Hinweise zu den Übungsaufgaben I
1.2 Hinweise zu den Abitur-Prüfungsaufgaben II
2 Tipps zum Ablauf der schriftlichen Prüfung II
2.1 Allgemeines II
2.2 Auswahlzeit III
2.3 Bearbeitung der gewählten Aufgaben III
3 Die Anforderungsbereiche in den Prüfungsaufgaben IV
4 Hinweise zu den Tabellen und verwendeten Moleküldarstellungen V

Tabellenblätter

Tabelle 1: Standardelektrodenpotentiale. VIII
Tabelle 2: Säurekonstanten IX
Tabelle 3: Standardbildungsenthalpien IX
Tabelle 4: Thermodynamische Daten X
Periodensystem der Elemente XI

Übungsaufgaben zu den Themen des Lehrplans (Pflicht- und Wahlbereich)

Themengruppe I: Energetik, chemische Gleichgewichte und Redoxreaktionen

Aufgabe 1 Energetik, Chemische Gleichgewichte 1
Aufgabe 2 Chemische Gleichgewichte, Redoxreaktionen 1
Aufgabe 3 Chemische Gleichgewichte, Protolysen 2
Aufgabe 4 Chemische Gleichgewichte, Aromaten (Benzoesäure) 3
Aufgabe 5 Energetik, Redoxreaktionen 4
Aufgabe 6 Energetik, Elektrochemie (Brennstoffzellen) 4
Aufgabe 7 Chemische Gleichgewichte, Protolysen, pH-Werte, Indikatoren 5
Aufgabe 8 Chemische Gleichgewichte 6

Themengruppe II: Naturstoffe

Aufgabe 1 Mono-, Di- und Polysaccharide 19
Aufgabe 2 Saccharide 19
Aufgabe 3 Saccharide 20

Fortsetzung siehe nächste Seite

Aufgabe 4 Aminosäuren, Peptide . . . 21
Aufgabe 5 Kohlenhydrate, Peptide, Ester . . . 21
Aufgabe 6 Kohlenhydrate . . . 22
Aufgabe 7 Kohlenhydrate, Proteine . . . 23
Aufgabe 8 Kohlenhydrate, Energetik . . . 24

Themengruppe III: Kunststoffe

Aufgabe 1 Kunststoffe . . . 40
Aufgabe 2 Kunststoffe . . . 41
Aufgabe 3 Kunststoffe . . . 41
Aufgabe 4 Kunststoffe . . . 42
Aufgabe 5 Kunststoffe . . . 43
Aufgabe 6 Kunststoffe . . . 43
Aufgabe 7 Kunststoffe . . . 44

Themengruppe IV: Elektrochemie

Aufgabe 1* Elektrochemie . . . 59
Aufgabe 2 Elektrochemie . . . 60
Aufgabe 3 Redoxreaktionen, Bleiakkumulator, Brennstoffzellen . . . 61

Themenübergreifende Übungsaufgaben

Aufgabe 1 Energetik, Redoxreaktionen und Naturstoffe . . . 68
Aufgabe 2 Energetik, Kohlenhydrate, Ethanol . . . 69
Aufgabe 3 Chemisches Gleichgewicht und Kohlenstoffdioxid . . . 70
Aufgabe 4 Naturstoffe und Redoxreaktionen . . . 72
Aufgabe 5 Enzyme . . . 73
Aufgabe 6 Enzyme und Kohlenhydrate . . . 74
Aufgabe 7 Enzyme und Redoxreaktionen . . . 76

Abiturprüfung 2010

Aufgabe 1 Protolysen, Hydrogencarbonat, Energetik . . . 2010-1
Aufgabe 2 Kohlenhydrate und Proteine . . . 2010-8
Aufgabe 3 Kunststoffe: Klebstoffe . . . 2010-14
Aufgabe 4 Elektrochemie: Silber und Eisen . . . 2010-21

Abiturprüfung 2011

Aufgabe 1 Chemische Energetik, Säure-Base-Reaktionen . . . 2011-1
Aufgabe 2 Kohlenhydrate und Proteine . . . 2011-6
Aufgabe 3 Kunststoffe: Nomex® und PET . . . 2011-12
Aufgabe 4 Elektrochemie (Akkumulator/Batterie, Zink-Sauerstoff-Element) und Kunststoffe (Radikalische Polymerisation) . . . 2011-17

Abiturprüfung 2012

Aufgabe 1 Benzoesäure, Puffersystem, Energetik, Hippursäure 2012-1
Aufgabe 2 Proteine und Kohlenhydrate 2012-7
Aufgabe 3 Kunststoffe: MARLIN®, DAFILON®, SECUREX® und Kohlenhydrate . . 2012-13
Aufgabe 4 Elektrochemie (Batterie, Zink-Silber-Zelle, Zink-Silber(I)-oxid-Batterie) 2012-19

Abiturprüfung 2013

Aufgabe 1 Chemisches Gleichgewicht, Säure-Base-Reaktionen (Schwefelsäure) 2013-1
Aufgabe 2 Kohlenhydrate und Brennwert 2013-6
Aufgabe 3 Kunststoffe: Polyacrylate 2013-12
Aufgabe 4 Elektrochemie: Galvanische Elemente, Elektrolyse 2013-17

Abiturprüfung 2014

Aufgabe 1 Acetylsalicylsäure, Estergleichgewicht, Titration 2014-1
Aufgabe 2 Lactose 2014-7
Aufgabe 3 Kunststoffe: Ein- und Zweikomponentenlacke 2014-13
Aufgabe 4 Elektrochemie: Regenerative Energien, PEM-Brennstoffzelle 2014-20

Abiturprüfung 2015

Aufgabe 1 Chemisches Gleichgewicht: SABATIER-Prozess, Säure-Base-Reaktionen 2015-1
Aufgabe 2 Peptidoglycane und Lysozym 2015-5
Aufgabe 3 Kunststoffe: HEMA und PolyHEMA 2015-10
Aufgabe 4 Elektrochemie: Chlor und Kupfer, Membranverfahren 2015-17

Jeweils im Herbst erscheinen die neuen Abiturprüfungsaufgaben mit Lösungen

Lösungen der Aufgaben und Erstellung der Übungsaufgaben:

Akad. Rat Christoph Maulbetsch

Vorwort

Liebe Schülerinnen und Schüler,

das vorliegende Buch bietet Ihnen die Möglichkeit, sich optimal auf die schriftliche Abiturprüfung im Fach Chemie vorzubereiten.

Im Abschnitt „**Hinweise und Tipps für die Abiturprüfung im Fach Chemie**" bieten wir Ihnen zunächst einen Überblick über die Gliederung dieses Buches und Hinweise zum **Ablauf und den Anforderungen der schriftlichen Prüfung** in Baden-Württemberg. Die Hinweise zu den Anforderungsbereichen der Abiturprüfung erläutern die Unterteilung der Prüfungsaufgaben in Reproduktions-, Transfer- und problemlösende Aufgaben.

Der erste Teil dieses Buches enthält eine Reihe von Übungsaufgaben im Stil der **Abiturklausuren**, wie sie inhaltlich und vom zeitlichen Ausmaß her im Zentralabitur auf Sie zukommen können. Aufgaben aus dem Wahlbereich sind mit einem * gekennzeichnet.

Die im zweiten Abschnitt dieses Bandes enthaltenen, **originalen Prüfungsaufgaben** aus dem **Abitur 2010 bis 2015** ermöglichen eine effektive Vorbereitung auf die Prüfung. Zu allen Abitur- und Übungsaufgaben bieten wir Ihnen **ausführliche, kommentierte Lösungsvorschläge, z. T. mit Tipps und Hinweisen zur Lösungsstrategie**.

Sollten nach Erscheinen dieses Bandes noch wichtige Änderungen in der Abitur-Prüfung 2016 vom Kultusministerium bekannt gegeben werden, finden Sie aktuelle Informationen dazu im Internet unter *www.stark-verlag.de/pruefung-aktuell.*

Wir wünschen Ihnen viel Erfolg bei den Prüfungen im Fach Chemie!

Ihr
Stark Verlag

Stichwortverzeichnis

Stoffklassen

Alkyldiisocyanate 40
Aminosäuren 21, 40, 11-7, 12-7, 15-5

Copolymere 43

Dipeptid 22, 32
Disaccharide 19, 13-6, 13-8, 15-5
Duroplast 40, 43, 11-12, 11-15, 13-16, 14-19, 15-16

Elastomere 43, 13-16
Enzyme 69, 73 ff., 15-6
Ester 21 f.

Gummi 40, 44

Indikatoren 5

Kohlenhydrate 19 ff., 10-8 f., 11-6, 13-6, 14-7
Kunststoffe 40 ff., 10-14 f., 11-12, 12-13, 13-12, 14-2, 14-13 f.

Makromoleküle (siehe Kunststoffe) 40 ff.

Naturkautschuk 40
Nitrate 4, 59
Nucleotide 12-7 f.

Polyacrylate 13-12 f., 14-2
Polyalkohole 20
Polyamide 48 f., 50, 11-12, 12-13
Polydiene 47
Polyester 43, 46, 50, 54 f., 11-12, 12-13, 14-13
Polysaccharide 19, 21, 26, 32, 10-8, 11-6, 12-14
Polyurethane 40, 42, 14-13
Proteine und Peptide 21, 23, 32, 72 f., 82, 10-8, 11-7, 15-5

Tenside 23
Thermoplaste 40, 43, 45, 10-15, 11-12, 13-16, 15-15
Triglyceride 68
Tripeptid 72 f., 82, 12-7, 15-5
Trisaccharide 19, 13-6

UP-Harz-Lacke 43, 14-19

Einzelverbindungen und Elemente

Acetylglucosamin 22
Acetylsalicylsäure (ASS) 14-1
Acrylsäure 13-12 f.
Acrylsäuremethylester 13-12
Adipinsäure (Hexandisäure) 12-13
Alanin 21 f, 23 f., 72 f., 82, 15-5
Alginat 11-6
Alginsäure 11-6
Ameisensäure 1, 8
Ammoniak 1 f., 5
Ammoniumchlorid 5, 17
Ammoniumhydrogencarbonat (Hirschhornsalz) 5
Ammoniumnitrat 4
Amylase 74 f., 84
Amylopektin 26, 69, 74, 79, 83
Amylose 26, 83 f.
Asparaginsäure 22
Aspartam 22, 32

Benzoesäure 3, 11, 12-1 f.
Benzol 14-15
1,2-Benzoldicarbonsäure 40, 45
1,4-Benzoldiisocyanat 44, 55 f.
Benzoltricarbonsäure 54
Bernsteinsäure (1,4-Butandisäure) 14-15
Blei 61
Bleioxid 61
Bleisulfid 61, 65
Brom 44, 57
1,3-Butadien 43 f., 55 f.
1,4-Butandiol 40, 42 f., 45, 47
Butandisäure 41, 14-15
Butendisäure 43, 14-14

Calciumcarbonat 2 f., 10
Calciumhydroxid 11-2
Calciumoxid 3, 11-1
Casein 23
Cellulose 22, 26, 34, 79, 12-14

Celluloseacetat 22, 12-14
Chitin 22
Chlor 13-17 f., 15-17
cis-2-Butendisäure 40
Cystein 21, 23, 30, 36, 12-7

Decandisäure 44, 48, 55 f.
1,3-Diaminobenzol 11-12
1,4-Diaminobenzol 11-15
1,6-Diaminohexan 41, 44, 12-13
Dibenzoylperoxid 50
Distickstoffmonooxid 4
1,4-Divinylbenzol 44, 57

Eisen(II)-Ion 10-21
1,2-Ethandiol 11-12, 13-12, 14-15
Ethanol 69
Ethen 43
Ethylenglycol (1,2-Ethandiol) 14-15

Fructose 19, 21, 24, 13-8

Galactose 20, 23, 14-7
Galaktit 20
Gelatine 11-7
Gentianose 13-6 f.
Gentiobiose 13-6 f.
Gluconolacton 14-7, 14-9
Gluconsäure 14-7, 14-9
Glucosamin 15-5
Glucose 19 ff., 22 ff., 13-8, 14-7
Glucuronsäure 20
Glutamin 10-8
Glutaminsäure 21, 23, 12-7, 15-5
Glutathion 12-7
Glycerin 41, 44
Glycin 21
Glykolsäure (Hydroxyessigsäure) 12-13
Glyptal 11-15 f.
Gold 13-17
Gold(III)-chlorid 13-17

Harnstoff 23
Hexadecansäure 43
Hexan-1,6-diisocyanat 40, 10-15
Hippursäure 12-2
Hydrogencarbonat 2, 24, 10-1 f.
2-Hydroxyethylmethacrylat (HEMA) 15-10

Inosinmonophosphat (IMP) 12-8
Isomalt 21
Isomaltulose 21
Itaconsäure 13-12 f.

Kaliumpermanganat 76
Katalase 76
Kohlensäure 2, 70
Kohlenstoffdioxid 2, 6, 42, 70 f., 80, 15-1
Kohlenstoffmonooxid 4, 6
Kupfer 15-18

Lactose (Milchzucker) 23, 14-7
Leucin 10-8
Lithium 11-17
Lithiumhydroxid 15-1
Lysin 15-5
Lysozym 15-6

Maltose 19, 69, 74
Methacrylsäure 14-6
Methacrylsäureethylester 14-6
Methan 4, 6, 14-20, 15-1
Methanal 1, 44, 60
Methanol 1, 4, 6
Milchsäure 23, 14-8

Natriumbenzoat 3, 12-1
Natriumchlorid, Natriumchlorid-Lösung 13-18
Natriumhydrogencarbonat 24, 10-1 f.
Natriumhypochlorit 15-17
Natronlauge 2, 5, 11-2, 15-17
Nomex® 11-12

***o**rtho*-Xylol (1,2-Dimethylbenzol) 14-13

Pepsin 74, 83
Phenol 20, 44, 14-1
Phenolphthalein 5, 59
Phenylalanin 22, 10-8
m-Phthaloyldichlorid 11-12
Polychlorethen (PVC) 42
Polyethen (PE) 43
Polyethylenterephtalat (PET) 43, 11-12
Polyglykolsäure 12-13
PolyHEMA 15-11
Polypropen (PP) 43, 12-13
Polystyrol 44
Polyvinylacetat 41, 10-14
Polyvinylalkohol 41, 10-15
Prolin 10-8
1,2,3-Propantriol 41, 68
Propensäure, Propensäuremethylester (siehe Acrylsäure, Acrylsäuremethylester)

Raffinose 19 f.
Ribose 19, 12-7 f.

Saccharose (Rohrzucker) 19, 69, 13-8
Salicylsäure 14-1
Salpetersäure 60
Salzsäure 11-2
Schwefel 44
Schwefeldioxid 61, 13-1 f.
Schwefelsäure 61, 13-1
Schwefeltrioxid 13-1 f.
Serin 23
Silber 60, 10-21, 12-19 f.

Silberchlorid 56, 63, 10-21
Silber(I)-oxid 12-19
Silbernitrat 60, 79
Silbersulfid 60
Sorbit 20
Stärke (siehe auch Amylose und Amylopektin) 26, 83 f., 10-9
Stickstoffdioxid 2, 60
Stickstoffmonooxid 2, 60
Styrol 40 f., 43 f., 14-13

Tagatose 19
Taurin 24
Terephthalsäure (Benzol-1,4-dicarbonsäure) 43, 11-12
Threonin 72 f., 15-7
Toluol 3
Toluylen-2,6-diisocyanat 42
Trehalose 72

Vinylacetat 41
Vinylbenzol 44
Vinylchlorid 41, 43

Wasserstoff 4, 6, 63
Wasserstoffperoxid 76
Weinsäure 10-1

Xylose 10-8

Zink 11-18, 12-19 f.
Zinksulfat 12-19

Allgemeine Begriffe, Reaktionstypen, Namen-Reaktionen

Abscheidungspotenziale 60
Adhäsion 10-14
Alkoholische Gärung 13-7
amphoteres Teilchen 10-1
Äquivalenzpunkt 17, 23

Basizität Ammoniak u. Harnstoff 2
Bildungsenthalpie 12-1
Biuretprobe 11-7
Bleiakkumulator 61
Brennstoffzelle 4 f., 61, 14-21, 14-23
Brennwert 68, 13-7

chemisches Gleichgewicht 13-1 f., 14-1, 15-1
Copolymer 14-2
Copolymerisation 44, 15-11

Delokalisation der Ringelektronen 14-15
Destillation 22, 69, 15-13
Dipole 8
Disulfid- (Schwefel-)Brücken 12-10
Dünnschicht-Chromatografie 27, 30, 10-8, 12-10 f., 13-9 f.

elektrische Leitfähigkeit 24
elektrochemische Energiequellen 61, 11-17 f.
elektrochemische Raffination 10-22
Elektrolyse
– Apparatur 14-20
– Natriumchlorid-Lösung 13-18, 15-17
– Wasser 11-17, 14-20
Enantiomerie 15-5, 15-7
Energietagesbedarf 68
Estergleichgewicht 14-3
Esterhydrolyse (Mechanismus) 12
exergonisch 13, 15, 78
exotherm 2 f., 7, 9, 11, 13, 70, 80

Faser 26, 44, 56
Fehling-Probe 20 f., 72, 10-9, 12-11 f., 14-9
FISCHER-Projektion 19 f., 22, 24, 41, 12-7, 13-6, 14-9, 15-5, 15-7

galvanisches Element 10-21, 13-17, 15-18
Galvanisieren 13-17
Gibbs-Helmholtz-Gleichung 13, 15, 61, 67
Gleichgewichtskonstante 14-1
Glucose-Oxidase-Reaktion (GOD-Test) 12-17, 13-10
glykosidische Bindung 11-6
GOD-Test 14-7

HAWORTH-Ringform 19 ff., 22 ff., 68, 10-8, 11-6, 14-7, 15-5
Heizwerte 4, 68
α-Helix 83
heterolytische Spaltung 57
Hydrierung 21
Hydrolyse 3, 38, 41 f., 84, 10-9, 13-6

Isocyanat-Gruppe 14-19

Kalorimeter 4, 24, 12-1
Katalysator 1, 9, 13
Klebstoffe 10-14 f.
Knopfzelle 12-19
Kohäsion 10-14
Konfiguration 15-5

Lactoseintoleranz 14-7
Lokalelement 64

Massenwirkungsgesetz (MWG) 1 ff., 6 ff., 10, 17, 70, 80, 12-1, 14-3, 15-10
Membranverfahren 59, 15-17
Mesomerie-Effekt, mesomere Grenzstrukturen 9, 14-16
– Harnstoff 9

Methanisierung 14-20
Milch 23
Milchsäuregärung 23
Monomere 40 ff., 11-7

Neutralisation, Neutralisationsenthalpie 11-2

Ninhydrinreaktion 11-7
Normalpotenziale (Standardpotenziale) 12-19, 13-17

Oligopeptid 21
optische Aktivität 20

PEM-Brennstoffzelle 14-21
Pfropfpolymerisation 46, 55
pH-Wert 2 f., 5 f.,11, 15 ff., 23, 81, 10-1, 11-2, 13-1, 14-8
pH-Wert-Berechnung 14-11
– schwacher Säuren 14-11
pK_B-Wert 10-1
pK_S-Wert 2, 5, 10-1
Polarimeter 20
Polyaddition 40, 52, 10-15, 14-19
Polykondensation 40, 11-14, 12-15, 14-15
Polymerisation 44, 10-14, 11-21 f., 12-16, 13-15, 14-16, 15-14 f.
Prinzip von LE CHATELIER 80, 14-1, 15-1
Protolysen 2 f., 5, 15, 10-1, 13-1
Puffereigenschaft 21, 11-13, 12-1
Puffersubstanz 14-12
Pyranoseform 20

Radikalbildner 48, 50, 53
Radikalkettenmechanismus 46, 51, 10-14, 11-17, 12-16, 14-16, 15-13 f.
Reaktionsenthalpie 10-1, 11-1, 12-5, 13-11, 14-20, 14-23, 15-1
Reaktionsentropie 10-1, 15-1
Redoxreaktionen 1, 4
Reduzierende Zucker 27, 10-9, 11-6, 12-8, 13-6, 14-8

SABATIER-Prozess 15-1
Säurekonstanten Tab. 3, 10-1, 12-1
Satz von HESS 14-20, 14-23
Sekundärstruktur (Proteine) 15-6
Silberspiegel-Probe (= TOLLENS-Reaktion) 79, 10-9, 13-6, 13-9, 14-8, 15-5
Standardbildungsenthalpie 1, 12-1
Stoffmengenkonzentration 11-2, 13

Titration 10-1, 11-2, 13-4, 13-13, 14-1, 14-5, 15-3
Titrationskurve 11-2

Überspannung 13-18
Uronsäuren 11-6

VAN-DER-WAALS-Kräfte 8, 31, 33, 37, 49, 56
Verbrennungskalorimeter 4
Verknüpfung, glykosidisch 23, 79
Veresterung 22, 50, 13-15, 15-12

Wasserstoffbrückenbindung 8, 26, 31, 33, 81, 12-6, 12-17, 13-14
Wiederverwertung (Kunststoff)
– rohstofflich 11-12, 16
– werkstofflich 11-12, 16
– energetisch 11-12, 16

Zersetzungsspannung 14-20, 14-22
Zink-Luft-Element 11-18
Zink-Silberoxid-Batterie 12-19

Hinweise und Tipps für die Abitur-Prüfung im Fach Chemie

1 Hinweise zur Nutzung dieses Buches

Der vorliegende Band bietet Ihnen wertvolle Unterstützung bei der effektiven Vorbereitung auf die schriftliche Abiturprüfung im Fach Chemie. Er enthält zum einen **Übungsaufgaben**, die alle zentralen Themen des Lehrplans abdecken, zum anderen die **originalen Abitur-Prüfungsaufgaben** der Jahrgänge 2010 bis 2015 für die vierstündigen Chemiekurse.

1.1 Hinweise zu den Übungsaufgaben

Im ersten Abschnitt dieses Buches finden Sie eine Reihe von Übungsaufgaben, die alle **prüfungsrelevanten** Themen des Lehrplans im Fach Chemie behandeln. Sie helfen Ihnen, im Unterricht vermittelte Definitionen, Begriffe und Gesetzmäßigkeiten anhand konkreter Fragestellungen anzuwenden und zu vertiefen. Die Übungsaufgaben gliedern sich nach den Inhalten des Lehrplans. Neben Aufgaben, die sich schwerpunktmäßig mit einem Thema befassen, finden Sie auch themenübergreifende Übungsaufgaben.
Besonders diese **themenübergreifenden Übungsaufgaben** orientieren sich in Stil und Umfang am Ablauf der schriftlichen Abiturprüfungen. Sie fassen verschiedene thematische Bereiche des Lehrplans zusammen und erfordern deshalb eine Vernetzung und Anwendung Ihres Wissens auch in anderen, erweiterten Zusammenhängen.
Einige Aufgaben fordern Fähigkeiten, wie die Deutung von Versuchsergebnissen, den Umgang mit Texten und die Auswertung von Diagrammen. Die Formulierung der entsprechenden Lösungsvorschläge ermöglicht Ihnen die Einübung solcher Fertigkeiten.
Die Übungsaufgaben helfen Ihnen damit nicht nur bei einer erfolgreichen Vorbereitung auf die schriftliche Abiturprüfung, auch **unterrichtsbegleitend** bieten sie Ihnen wertvolle Unterstützung, etwa vor **Klausuren** oder **mündlichen Prüfungen**.

1.2 Hinweise zu den Abitur-Prüfungsaufgaben

Die laut Kursstufen- und Bildungsplan geforderte Stärkung des selbstständigen und selbst verantworteten Lernens und Arbeitens muss auch in den aktuellen Aufgaben der schriftlichen Abiturprüfung ihre Entsprechung finden. Daneben sind bewährte Aufgabenstellungen aus früheren Jahrgängen auch zukünftig Bestandteil der Prüfung.
Zu einigen Aufgaben sind **mehrere Lösungsvorschläge** denkbar. Die hier formulierten Antworten orientieren sich an den durch den Lehrplan vorgegebenen Erwartungshorizonten. Die Darstellung des Lösungswegs ist an manchen Stellen jedoch ausführlicher. Außerdem werden in einigen Fällen alternative Antworten formuliert. Dadurch erhalten Sie weitere nützliche Informationen.

2 Tipps zum Ablauf der schriftlichen Prüfung

2.1 Allgemeines

In der schriftlichen Prüfung werden Ihnen **vier Aufgaben** (I, II, III, IV) vorgelegt. Davon wählen Sie drei Aufgaben zur Bearbeitung aus. Jede Aufgabe ergibt bei vollständiger Lösung 20 Verrechnungspunkte (VP). Die Bearbeitungszeit (einschließlich Auswahlzeit) beträgt 270 Minuten. Als erlaubte Hilfsmittel erhalten Sie ein Periodensystem und Tabellenblätter mit Säurekonstanten, Standardelektrodenpotenzialen und thermodynamischen Daten bei Standardbedingungen. (Diese Tabellen finden Sie in diesem Buch im Anschluss an dieses Kapitel.) Außerdem ist ein nicht programmierbarer Taschenrechner zugelassen. Zu Beginn der Prüfung müssen Sie die Prüfungsaufgaben auf Vollständigkeit überprüfen. Kontrollieren Sie die Zahl der Aufgabenblätter, die bei jeder Aufgabe vermerkt ist.
Diese Hinweise werden in der Abiturprüfung auf dem Deckblatt folgendermaßen zusammengefasst:

Hinweise für die Abiturientinnen und Abiturienten

Prüfungsfach:	Chemie
Bearbeitungszeit:	**270** Minuten einschließlich Auswahlzeit
Hilfsmittel:	• Taschenrechner • Nachschlagewerk zur deutschen Rechtschreibung und Zeichensetzung
Anlagen:	• Periodensystem • Säurekonstanten • Standardelektrodenpotenziale • Thermodynamische Daten
Hinweise:	• Sie erhalten **vier** Aufgaben. • Wählen Sie davon **drei** Aufgaben zur Bearbeitung aus und vermerken Sie auf der Reinschrift und dem Entwurf, **welche** der Aufgaben Sie bearbeitet haben. • Verwenden Sie je Aufgabe einen gesonderten Bogen. • Sollten Sie mehr als **drei** Aufgaben bearbeitet haben, so müssen Sie diejenigen **drei** Aufgaben deutlich kennzeichnen, die zur Bearbeitung Ihrer Prüfungsarbeit herangezogen werden sollen. • Sie sind verpflichtet, die Vollständigkeit der vorgelegten Aufgaben vor Bearbeitungsbeginn (auf Anzahl der Blätter, Anlagen usw.) zu überprüfen. • Lösungen auf den Aufgabenblättern werden nicht gewertet.

2.2 Auswahlzeit

Die Auswahl der drei Aufgabenblöcke, in denen Sie voraussichtlich die meisten Punkte erreichen können, ist von größter Wichtigkeit. Ein späterer Wechsel, weil sich erst bei genauerer Betrachtung eine wichtige Teilfrage als zu schwierig herausstellt, ist sehr zeitraubend.
Nehmen Sie sich daher die Zeit, jede Aufgabe genau durchzulesen. Lassen Sie sich nicht abschrecken von langen Vortexten, von unbekannten Skizzen und Tabellen und komplizierten Verbindungen. Suchen Sie nach Reproduktionsfragen und Reorganisationsfragen, die sie sicher beherrschen. Addieren Sie die nach Ihrer Einschätzung erreichbaren Verrechnungspunkte für jeden Aufgabenblock und vergleichen Sie die erreichte Punktezahl. Meist ist dann schon klar, welche Aufgabe nicht gewählt wird. Testen Sie dieses Verfahren für einen beliebigen Abiturjahrgang in diesem Buch.
Investieren Sie die Zeit für ein intensives Studium der Vortexte, denn sie liefern wichtige Hinweise für die komplexeren Fragen. Wenn dafür eine halbe Stunde vergeht, ist diese Mühe nicht umsonst!

2.3 Bearbeitung der gewählten Aufgaben

Reinschrift, Konzept, Aufgabenblatt, Rechtschreibung
Bewertet wird nur, was in der Reinschrift steht! Alle Notizen, die Sie auf dem Aufgabenblatt oder dem Konzeptpapier (eigene Schmierzettel sind nicht erlaubt!) hinterlassen, werden zwar eingesammelt, aber nicht gewertet. So wird vermieden, dass man nicht weiß, welche Antwort gelten soll: die richtige im Konzept oder die falsche in der Reinschrift.
Nur bei offensichtlichen Übertragungsfehlern in die Reinschrift wird der Entwurf gewertet. Dies gilt auch für den Fall, dass jemand aus Zeitgründen den letzten Teil der Antwort nur auf dem Konzept hat. Die meisten Schüler benützen deshalb die Konzeptblätter nur als Schmierzettel und schreiben gleich in die Reinschrift. Dies führt jedoch manchmal auch dazu, dass die Reinschrift wie ein Schmierzettel aussieht! Deshalb dürfen bei schweren Mängeln in der sprachlichen Form (Rechtschreibung und Grammatik) und/oder der Darstellungsform bis zu 2 Notenpunkte (das sind bis zu 8 Verrechnungspunkte!) abgezogen werden. Machen Sie also eine Stichwortliste, eine grobe Gliederung oder Skizzenentwürfe erst einmal im Konzept.

Fachsprache, Skizzen
Achten Sie darauf, dass Sie alle Fachbegriffe in Ihre Antworten einbauen, die zur vollständigen Beantwortung einer Aufgabenstellung notwendig sind. Kurze Definitionen der Fachbegriffe unterstreichen Ihre Fachkompetenz. Häufig kann man Formulierungshilfen aus den Vortexten übernehmen. Schematische Skizzen müssen in der Regel mindestens eine halbe Seite groß sein! „Miniskizzen“ mit unklarer Beschriftung und mehrfach mit Kugelschreiber oder Filzstift korrigierte Strukturen führen zu Punktabzügen. Also: Tinte/Tintenkiller und für Skizzen Bleistift, Radiergummi, und Lineal benutzen! Ebenfalls sollen Strukturformeln und Reaktionsgleichungen in Größe und Darstellung übersichtlich sein.

Zeitmanagement, Vollständigkeit
Planen Sie grob mit 60 Minuten pro Aufgabenblock (ohne Auswahlzeit). Dann bleibt auch genügend Zeit für eine abschließende Kontrolle der Vollständigkeit und der Rechtschreibung.
Nicht selten werden zurückgestellte Teilaufgaben vergessen. Deshalb auch der Hinweis auf dem Deckblatt: Für jede Aufgabe (I, II, III oder IV) beginnt man einen neuen vierseitigen Papierbogen und markiert ihn deutlich mit der Aufgabennummer. Damit entfällt die Suche nach Teilaufgaben, die als Nachtrag irgendwo zwischen anderen Aufgabenblöcken versteckt sind. Auf diesem Bogen kann man jederzeit eine Transfer-Frage nachtragen, die

man erst bearbeiten will, wenn die leichteren Aufgaben erledigt sind. Haken Sie deshalb alle erledigten Teilfragen auf dem Aufgabenblatt deutlich sichtbar ab!

Aufgabenstruktur

Nach den Zielsetzungen des Bildungsplans sollten in jeder Aufgabe auch Teilaufgaben vorkommen, bei denen z. B. selbst gewählte Beispiele oder Experimente verwendet oder Informationen dazu aus mitgelieferten Texten, Diagrammen o. Ä. entnommen werden müssen. Dadurch soll das Verständnis für chemische Zusammenhänge und deren Bedeutung verstärkt dokumentiert werden. Großer Wert wird neben fachlichem Wissen und der Beherrschung der Fachsprache also auf die Fähigkeit gelegt, allgemeine Prinzipien in einem neuen Problem wiederzuerkennen.

Dementsprechend sind die Fragestellungen in manchen Abschnitten recht „offen" formuliert. Außerdem werden verstärkt folgende Fähigkeiten und Fertigkeiten geprüft:

- Auswertung von Diagrammen, Tabellen und Experimenten,
- Deutung von Graphen und Versuchsergebnissen,
- Entwicklung von Hypothesen und
- Einordnung von Sachverhalten in größere Zusammenhänge.

Bewertung der Aufgaben

Die Bewertung in der Abiturprüfung erfolgt im Hinblick auf die von Ihnen erwartete Gesamtleistung. Dabei werden sowohl Fachwissen als auch fachliche Qualifikationen und methodische Kompetenzen, d. h. die angemessene Anwendung von Arbeitsschritten und Lösungsstrategien überprüft. In der Bewertung wird der Umfang der Kenntnisse und Einsichten ebenso einbezogen wie die logische und überzeugende Argumentation und die Berücksichtigung der Vielfalt der Aspekte bei den einzelnen Aufgaben.

Bei der Beantwortung komplexer Aufgabenstellungen, die mehr oder weniger offen formuliert sind, können unterschiedliche Lösungswege beschritten werden, wenn sie inhaltlich und formal der Aufgabenstellung entsprechen und schlüssig zum richtigen Ergebnis führen.

3 Die Anforderungsbereiche in den Prüfungsaufgaben

Die Prüfungsaufgaben im Fach Chemie kann man drei **Anforderungsbereichen** zuordnen, die ein unterschiedliches Maß an Selbstständigkeit und Abstraktionsvermögen bei der Bearbeitung erfordern. Alle drei Bereiche werden in Abfragen, Tests und Klausuren sowie den Abituraufgaben berücksichtigt. Bei diesen Anforderungsbereichen handelt es sich um

- die reine Wiedergabe erlernten Unterrichtsstoffes („Reproduktion").
- die Übertragung des Gelernten auf vergleichbare, aber neue Zusammenhänge („Reorganisation" und „Transfer").
- problemlösendes Denken mit Beurteilung und Bewertung eines unbekannten Sachverhaltes.

Nicht immer lassen sich die drei Anforderungsbereiche scharf gegeneinander abgrenzen. Auch kann die zur Beantwortung einer Prüfungsaufgabe erforderliche Leistung nicht in jedem Fall eindeutig einem bestimmten Bereich zugeordnet werden. Trotzdem ist es für Sie hilfreich, diese Anforderungsbereiche zu kennen, da Sie hierdurch leichter nachvollziehen können, wie die Verteilung der Verrechnungspunkte und die unterschiedliche Gewichtung der (Teil-) Aufgaben zustande kommt.

Anforderungsbereich I: Inhalte und Fakten reproduzieren
Von **Reproduktion** spricht man, wenn erlerntes Wissen wiedergegeben oder eine erworbene Fertigkeit in einem bekannten Zusammenhang gezeigt werden soll. Dabei kann es sich um einen theoretischen Sachverhalt oder um ein im Praktikum eingeübtes Vorgehen handeln.
Schätzen Sie die Bedeutung des „nur“ Gelernten nicht gering ein. Dieses Grundlagenwissen ist die Basis für die Lösung von Aufgaben, die den beiden im Folgenden dargestellten Anforderungsbereichen zuzuordnen sind.
Die Formulierung einer (Teil-)Aufgabe mit dem Begriff „nennen“ kann Ihnen zeigen, dass eine Aufzählung der Fakten ohne weitere Erläuterungen verlangt ist. Auch der Begriff „beschreiben“ verlangt die Reproduktion des Erlernten, allerdings mit einer detaillierteren Darstellung von Zusammenhängen und Prinzipien.

Anforderungsbereich II: Zusammenhänge und Strukturen erkennen und darstellen
Höhere Anforderungen als die der reinen Reproduktion stellt eine Prüfungsaufgabe, die **Reorganisation** bzw. eine **Transferleistung** von Ihnen verlangt. In der Regel geht damit auch eine höhere Bewertung einher. Eine Prüfungsaufgabe ist dieser zweiten Anforderungsebene zuzuordnen, wenn ein bekannter Sachverhalt, etwa das typische Reaktionsverhalten einer Verbindungsklasse, auf andere chemische Verbindungen übertragen („transferiert“), richtig benannt und in diesen neuen Zusammenhang ein- und zugeordnet („reorganisiert“) werden soll. Auch die selbstständige Übertragung („Verbalisierung“) von Grafiken oder Versuchsaufbauten in die korrekte Fachsprache gehört zu diesem Anforderungsbereich.
Begriffe wie „erklären“ oder „erläutern“ können Aufgabenstellungen signalisieren, die von Ihnen dieses höhere Maß an Abstraktionsfähigkeit und Selbstständigkeit bei der Beantwortung der Frage verlangen.

Anforderungsbereich III: Probleme lösen und Meinungen vertreten
Am anspruchsvollsten sind Fragen, die **problemlösendes Denken** verlangen. Häufig erfordern solche Aufgaben, dass Sie Kenntnisse aus mehreren Themengebieten auswählen, anwenden und abwandeln können. Oft gibt es verschiedene Lösungsmöglichkeiten. Kreativität ist bei der Auswahl der geeigneten Lösungswege verlangt, das „Abarbeiten“ der Aufgabenstellung nach einem vorgefertigten Schema reicht nicht aus.
Zu diesem Anforderungsbereich zählen z. B. der planmäßige Vergleich der Ergebnisse mehrerer Untersuchungsmethoden bei der Identifizierung einer chemischen Verbindung und eine selbstständige Beurteilung der Eignung des jeweiligen Vorgehens zur Lösung des Problems. Auch die Darstellung eines alternativen, selbst gewählten Lösungsvorschlags kann verlangt sein.
Prüfungsaufgaben, die Arbeitsanweisungen wie „entwickeln“, „bewerten“ oder „erörtern“ enthalten, sind oft diesem anspruchsvollsten Teil einer Prüfung zuzuordnen. Problemlösendes Denken, Kreativität und die Verknüpfung und Anwendung bekannter Sachverhalte auf bislang unbekannte Situationen werden verlangt. Oft wird auch eine Abwägung von Argumenten, die Bewertung einer Situation, etwa in Fragen des Umweltschutzes oder die Darstellung eines begründeten, persönlichen Standpunktes erwartet.

4 Hinweise zu den Tabellen und verwendeten Moleküldarstellungen

Tabellen
Die Daten in den auf den nächsten Seiten folgenden Tabellen entsprechen immer den Daten für den aktuellen Jahrgang. Teilweise wurden in den letzten Jahren die Werte aktualisiert, sodass es in älteren Übungsaufgaben zu geringfügigen Abweichungen bei den zur Berechnung eingesetzten Werten kommen kann. Diese Abweichungen treten aber meist nur im Kommastellenbereich auf.

Darstellung von Di- und Polysacchariden

In vielen Lehrbüchern und auch in diesem Übungsbuch wird die glycosidische Bindung in Form einer Brücke dargestellt:

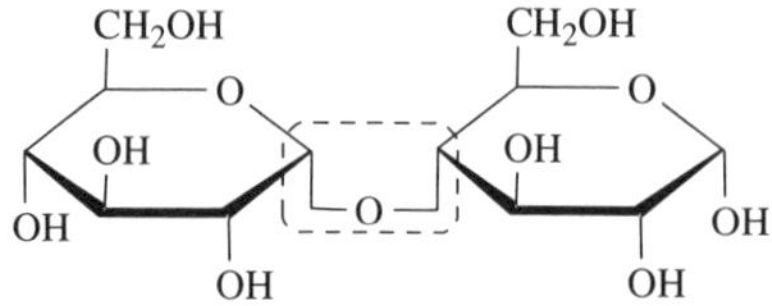

In der Chemie wird häufig eine verkürzte Schreibweise verwendet, in der C-, CH-, CH_2- und CH_3-Gruppen nicht unterschieden werden und in Form von „Ecken" dargestellt werden:

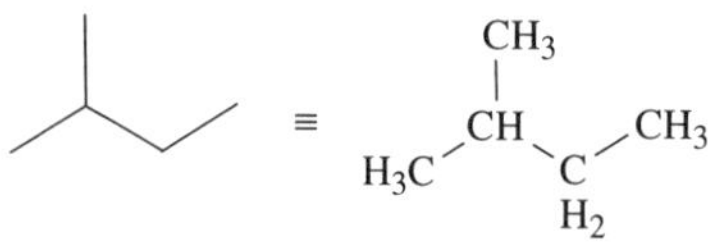

Bei der glycosidischen Bindung befinden sich **keine** C-Atome an den Ecken der Brücke. Somit können folgende Darstellungen gleichbedeutend werden:

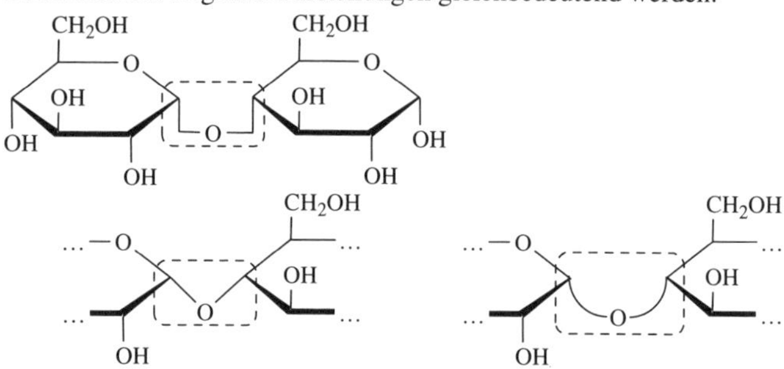

Ein weiteres Problem der Darstellung von Mehrfachzuckern ergibt sich, wenn die bei der Bindung beteiligten OH-Gruppen nicht beide auf der gleichen Seite der Ringebene liegen, wie am Beispiel der Saccharose gezeigt wird. Saccharose wird durch die Verknüpfung eines Glucose- mit einem Fructose-Baustein über eine α (1→2) β-glykosidische Bindung gebildet und man erkennt an den HAWORTH-Projektionen der beiden Monomere, dass sich das nicht ohne weiteres darstellen lässt.

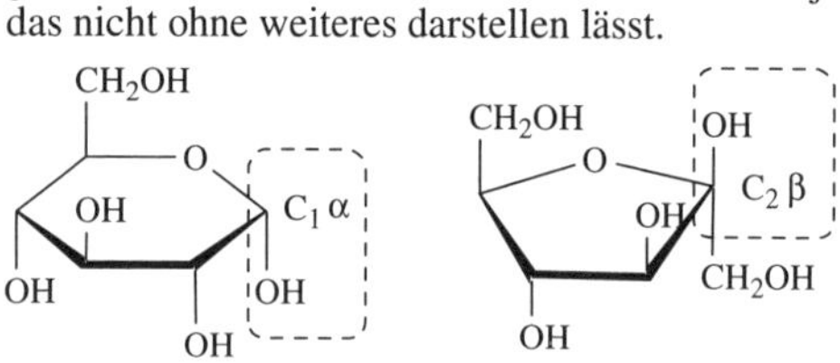

Es gibt daher verschiedene Darstellungen des Disaccharids, die die **Bindungsverhältnisse** richtig beschreiben. Erhalten werden diese u. a. durch Drehung des Fructose-Ringes.

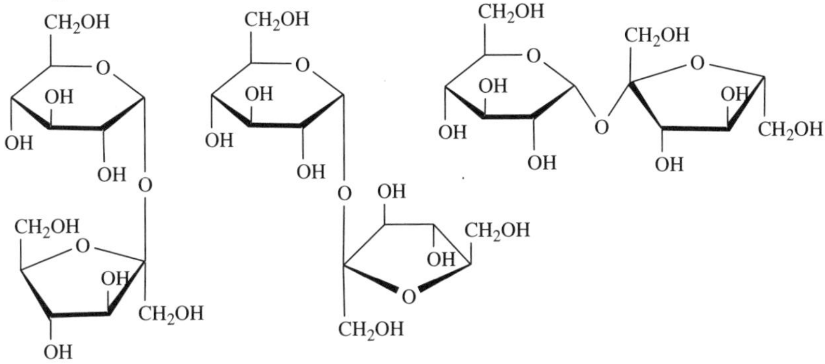

Tabellenblätter

Tabelle 1: Elektrodenpotenziale bei 25 °C in wässrigen Lösungen *

Reduzierte Form	Oxidierte Form	Potenzial in Volt	Reduzierte Form	Oxidierte Form	Potenzial in Volt
Li	Li^+	−3,04	Cu	Cu^{2+}	+0,35/+0,34
K	K^+	−2,94	$4\ OH^-$	$O_2 + 2\ H_2O$	+0,40
Sr	Sr^{2+}	−2,90	$2\ I^-$	I_2	+0,54
Ca	Ca^{2+}	−2,87	H_2O_2	$O_2 + 2\ H^+$	+0,68
Na	Na^+	−2,71	Fe^{2+}	Fe^{3+}	+0,77
Mg	Mg^{2+}	−2,36	Ag	Ag^+	+0,80
Al	Al^{3+}	−1,68	$4\ OH^-$	$O_2 + 2\ H_2O$	+0,83/+0,82 (bei pH = 7)
Mn	Mn^{2+}	−1,18	$2\ H_2O$	$O_2 + 4\ H^+$	+0,82 (bei pH = 7)
$H_2 + 2\ OH^-$	$2\ H_2O$	−0,83	Hg	Hg^{2+}	+0,85
Zn	Zn^{2+}	−0,76	$2\ Br^-$	Br_2	+1,10
Cr	Cr^{3+}	−0,74	Pt	Pt^{2+}	+1,18
S^{2-}	$S_{(s)}$	−0,45	$Mn^{2+} + 2\ H_2O$	$MnO_{2\,(s)} + 4\ H^+$	+1,21
Fe	Fe^{2+}	−0,44	$2\ H_2O$	$O_2 + 4\ H^+$	+1,23
$H_2 + 2\ OH^-$	$2\ H_2O$	−0,41 (bei pH = 7)	$2\ Cr^{3+} + 7\ H_2O$	$Cr_2O_7^{2-} + 14\ H^+$	+1,33
H_2	$2\ H^+$	−0,41 (bei pH = 7)	$2\ Cl^-$	Cl_2	+1,36
$Pb + SO_4^{2-}$	$PbSO_{4\,(s)}$	−0,36	Au	Au^{3+}	+1,42
Co	Co^{2+}	−0,28	$Pb^{2+} + 2\ H_2O$	$PbO_{2\,(s)} + 4\ H^+$	+1,47
Ni	Ni^{2+}	−0,24	$Mn^{2+} + 4\ H_2O$	$MnO_4^- + 8\ H^+$	+1,51
Sn	Sn^{2+}	−0,14	$MnO_{2\,(s)} + 2\ H_2O$	$MnO_4^- + 4\ H^+$	+1,68
Pb	Pb^{2+}	−0,13	$PbSO_{4\,(s)} + 2\ H_2O$	$PbO_{2\,(s)} + SO_4^{2-} + 4\ H^+$	+1,68
H_2	$2\ H^+$	0,00	Au	Au^+	+1,69
Sn^{2+}	Sn^{4+}	+0,15	$2\ H_2O$	$H_2O_2 + 2\ H^+$	+1,76
$H_2SO_3 + H_2O$	$SO_4^{2-} + 4\ H^+$	+0,20	$2\ F^-$	F_2	+2,89

* wenn nicht anders angegeben, liegen Standardbedingungen vor

Tabelle 2: Säurekonstanten bei 25 °C

Säure [mol · L⁻¹]	K_S	pK_S	Säure	K_S	pK_S
OH^-	$1{,}00 \cdot 10^{-24}$	24,00	$C_6H_5NH_3^+$	$2{,}65 \cdot 10^{-5}$	4,58
NH_3	$1{,}00 \cdot 10^{-23}$	23,00	C_6H_5COOH	$6{,}31 \cdot 10^{-5}$	4,20
H_2O	$1{,}80 \cdot 10^{-16}$	15,74	$CH_3CH(OH)COOH$	$1{,}38 \cdot 10^{-4}$	3,86
HS^-	$1{,}26 \cdot 10^{-14}$	13,90	$HCOOH$	$1{,}82 \cdot 10^{-4}$	3,74
HPO_4^{2-}	$4{,}17 \cdot 10^{-13}$	12,38	HF	$6{,}76 \cdot 10^{-4}$	3,17
H_2O_2	$2{,}4 \cdot 10^{-12}$	11,62	HNO_2	$7{,}08 \cdot 10^{-4}$	3,15
$CH_3NH_3^+$	$2{,}3 \cdot 10^{-11}$	10,64	$[Fe(H_2O)_6]^{3+}$	$6 \cdot 10^{-3}$	2,22
HCO_3^-	$4{,}68 \cdot 10^{-11}$	10,33	H_3PO_4	$7{,}08 \cdot 10^{-3}$	2,15
C_6H_5OH	$1{,}05 \cdot 10^{-10}$	9,98	HSO_4^-	$1{,}02 \cdot 10^{-2}$	1,99
$[Zn(H_2O)_6]^{2+}$	$2{,}2 \cdot 10^{-10}$	9,66	H_2SO_3	$1{,}38 \cdot 10^{-2}$	1,86
NH_4^+	$5{,}75 \cdot 10^{-10}$	9,24	$(COOH)_2$	$3{,}5 \cdot 10^{-2}$	1,46
HCN	$6{,}17 \cdot 10^{-10}$	9,21	HNO_3	19,95	–1,30
$H_2PO_4^-$	$6{,}31 \cdot 10^{-8}$	7,20	H_3O^+	54,95	–1,74
HSO_3^-	$6{,}46 \cdot 10^{-8}$	7,19	H_2SO_4	1000	–3
H_2S	$9{,}55 \cdot 10^{-8}$	7,02	HCl	10^6	–6
H_2CO_3 $(CO_2 + H_2O)$	$4{,}47 \cdot 10^{-7}$	6,35	HBr	10^6	–6
$[Al(H_2O)_6]^{3+}$	$1{,}3 \cdot 10^{-5}$	4,90	HI	10^8	–8
C_2H_5COOH	$1{,}33 \cdot 10^{-5}$	4,88	$HClO_4$	10^9	–9
CH_3COOH	$1{,}74 \cdot 10^{-5}$	4,76			

Tabelle 3: Standard-Bildungsenthalpiedifferenzen (Standard-Bildungsenthalpien)

Substanz	$\Delta_f H^0$ in kJ · mol⁻¹	Substanz	$\Delta_f H^0$ in kJ · mol⁻¹
$Ag_2O_{(s)}$	–30	$H_2O_{(l)}$	–286
HgO (rot)$_{(s)}$	–90	$H_2S_{(g)}$	–20
$CuO_{(s)}$	–155	$HCl_{(g)}$	–92
$ZnO_{(s)}$	–348	$HBr_{(g)}$	–36
$Fe_2O_{3(s)}$	–822	$HI_{(g)}$	+26
$Al_2O_{3(s)}$	–1670	$FeS_{(s)}$	–95
$MgO_{(s)}$	–602	$FeS_{2(s)}$	–178
$CaO_{(s)}$	–636	HgS (rot)$_{(s)}$	–58
$Ca(OH)_{2(s)}$	–986	$NaCl_{(s)}$	–419
$SrO_{(s)}$	–590	$KCl_{(s)}$	–435
$BaO_{(s)}$	–558	$MgCl_{2(s)}$	–640
$SiO_{2(s)}$	–860	$CaCl_{2(s)}$	–795
$CO_{2(g)}$	–393	$SrCl_{2(s)}$	–829
$SO_{3(g)}$	–395	$BaCl_{2(s)}$	–860
$SO_{2(g)}$	–297	$ZnCl_{2(s)}$	–416
$NO_{(g)}$	+90	$FeCl_{2(s)}$	–341
$NO_{2(g)}$	+34	$CoCl_{2(s)}$	–324
$H_2O_{(g)}$	–242	$NiCl_{2(s)}$	–316

Tabelle 4: Thermodynamische Daten bei Standardbedingungen und 25 °C

Substanz	$\Delta_f H^0$ in $kJ \cdot mol^{-1}$	S^0 in $J \cdot mol^{-1} \cdot K^{-1}$
H_2 (g)	0	131
H^+ (aq)	0	0
O_2 (g)	0	205
H_2O (l)	–286	70
H_2O (g)	–242	189
C (s) Graphit	0	6
CO (g)	–111	198
CO_2 (g)	–394	214
N_2 (g)	0	192
N_2O (g)	82	220
NO (g)	90	211
NO_2 (g)	33	240
N_2O_4 (g)	9	304
HNO_3 (l)	–174	156
NH_3 (g)	–46	193
S (s)	0	32
SO_2 (g)	–297	248
SO_3 (g)	–396	257
H_2SO_4 (l)	–814	157
Cl_2 (g)	0	223
HCl (g)	–92	187
Br_2 (g)	0	152
HBr (g)	–36	199
I_2 (g)	0	116
HI (g)	26	207
$NaHCO_3$ (s)	–932	150
Na_2CO_3	–1 157	61
CaO (s)	–635	38
$Ca(OH)_2$ (s)	–986	83

Substanz	$\Delta_f H^0$ in $kJ \cdot mol^{-1}$	S^0 in $J \cdot mol^{-1} \cdot K^{-1}$
CH_4 (g)	–74	186
C_2H_6 (g)	–84	230
C_3H_8 (g)	–105	270
C_4H_{10} (g)	–126	310
C_8H_{18} (g)	–209	467
C_8H_{18} (l)	–250	361
C_2H_4 (g)	52	220
C_2H_2 (g)	228	201
CH_3OH (g)	–201	240
CH_3OH (l)	–238	127
C_2H_5OH (g)	–235	282
C_2H_5OH (l)	–277	161
HCHO (g)	–109	219
CH_3CHO (g)	–166	264
CH_3COCH_3 (g)	18	295
CH_3COCH_3 (l)	–248	200
HCOOH (g)	–379	249
HCOOH (l)	–409	128
CH_3COOH (g)	–433	283
CH_3COOH (l)	–487	160
C_6H_6 (g)	83	269
C_6H_6 (l)	49	173
$C_6H_5CH_3$ (g)	50	321
$C_6H_5CH_3$ (l)	12	220
C_6H_5OH (s)	–155	142
$C_6H_5NH_2$ (g)	87	319
$C_6H_5NH_2$ (l)	35	192
$C_6H_5CH{=}CH_2$ (l)	104	180
Glucose (s)	–1 273	212
Saccharose (s)	–2 222	360

Periodensystem der Elemente

mittlere Atommasse in u: 197,0 — **Au** — Ordnungszahl: 79 — Elektronegativität (Pauling): 2,4

	I	II											III	IV	V	VI	VII	VIII
1	1,0 **H** 1 2,1																	4,0 **He** 2
2	6,9 **Li** 3 1,0	9,0 **Be** 4 1,5											10,8 **B** 5 2,0	12,0 **C** 6 2,5	14,0 **N** 7 3,0	16,0 **O** 8 3,5	19,0 **F** 9 4,0	20,2 **Ne** 10
3	23,0 **Na** 11 0,9	24,3 **Mg** 12 1,2											27,0 **Al** 13 1,5	28,1 **Si** 14 1,8	31,0 **P** 15 2,1	32,1 **S** 16 2,5	35,5 **Cl** 17 3,0	39,9 **Ar** 18
4	39,1 **K** 19 0,8	40,1 **Ca** 20 1,0	45,0 **Sc** 21 1,3	47,9 **Ti** 22 1,5	50,9 **V** 23 1,6	52,0 **Cr** 24 1,6	54,9 **Mn** 25 1,5	55,8 **Fe** 26 1,8	58,9 **Co** 27 1,8	58,7 **Ni** 28 1,8	63,5 **Cu** 29 1,9	65,4 **Zn** 30 1,6	69,7 **Ga** 31 1,6	72,6 **Ge** 32 1,8	74,9 **As** 33 2,0	79,0 **Se** 34 2,4	79,9 **Br** 35 2,8	83,8 **Kr** 36
5	85,5 **Rb** 37 0,8	87,6 **Sr** 38 1,0	88,9 **Y** 39 1,3	91,2 **Zr** 40 1,4	92,9 **Nb** 41 1,6	95,9 **Mo** 42 1,8	(98) **Tc** 43 1,9	101,1 **Ru** 44 2,2	102,9 **Rh** 45 2,2	106,4 **Pd** 46 2,2	107,9 **Ag** 47 1,9	112,4 **Cd** 48 1,7	114,8 **In** 49 1,7	118,7 **Sn** 50 1,8	121,8 **Sb** 51 1,9	127,6 **Te** 52 2,1	126,9 **I** 53 2,5	131,3 **Xe** 54
6	132,9 **Cs** 55 0,7	137,3 **Ba** 56 0,9	**La – Lu** 57–71	178,5 **Hf** 72 1,3	180,9 **Ta** 73 1,5	183,8 **W** 74 1,57	186,2 **Re** 75 1,9	190,2 **Os** 76 2,2	192,2 **Ir** 77 2,2	195,1 **Pt** 78 2,2	197,0 **Au** 79 2,4	200,6 **Hg** 80 1,9	204,4 **Ti** 81 1,8	207,2 **Pb** 82 1,8	209,0 **Bi** 83 1,9	(209) **Po** 84 2,0	(210) **At** 85 2,2	(222) **Rn** 86
7	(223) **Fr** 87 0,7	(226) **Ra** 88 0,9	**Ac – Lr** 89–103	(260) **Rf** 104	(260) **Db** 105	(266) **Sg** 106	(262) **Bh** 107	(265) **Hs** 108	(268) **Mt** 109	(273) **Ds** 110	(272) **Rg** 111							

Lanthaniden	138,9 **La** 57 1,1	140,1 **Ce** 58 1,1	140,9 **Pr** 59 1,1	144,2 **Nd** 60 1,2	(145) **Pm** 61	150,4 **Sm** 62 1,2	152,0 **Eu** 63	157,2 **Gd** 64 1,1	158,9 **Tb** 65 1,2	162,5 **Dy** 66 1,2	164,9 **Ho** 67 1,2	167,3 **Er** 68 1,2	168,9 **Tm** 69 1,2	173,0 **Yb** 70 1,1	175,0 **Lu** 71 1,2
Actiniden	(227) **Ac** 89 1,1	(232) **Th** 90 1,3	(231) **Pa** 91 1,5	238,0 **U** 92 1,7	(237) **Np** 93 1,3	(244) **Pu** 94 1,3	(243) **Am** 95 1,3	(247) **Cm** 96	(247) **Bk** 97	(251) **Cf** 98	(254) **Es** 99	(253) **Fm** 100	(258) **Md** 101	(256) **No** 102	(256) **Lr** 103

Abiturprüfung (Baden-Württemberg): Profil-/Neigungsfach Chemie
Themengruppe I: Energetik (LP 1), chemische Gleichgewichte (LP 2 und LP 3) und Redoxreaktionen (LP 8)

Aufgabe 1: Chemische Gleichgewichte, Aromaten (Benzoesäure)

1 Der pH-Wert einer wässrigen Benzoesäure-Lösung der Konzentration $c = 0{,}01\ mol \cdot L^{-1}$ beträgt 3,1.

1.1 Formulieren Sie die Reaktionsgleichung für das Protolysengleichgewicht in wässriger Lösung unter Verwendung von Strukturformeln mit bindenden und nichtbindenden Elektronenpaaren.

1.2 Geben Sie das Massenwirkungsgesetz dieser Reaktion an und berechnen Sie die Säurekonstante der Benzoesäure. Erläutern Sie dabei den Rechenweg und begründen Sie eventuelle Vereinfachungen.

2 Um die Konzentration einer wässrigen Lösung von Benzoesäure zu ermitteln, werden 100 mL dieser Lösung mit einigen Tropfen Phenolphthalein-Lösung versetzt und mit einer Natriumhydroxid-Lösung der Konzentration $c = 0{,}1\ mol \cdot L^{-1}$ titriert. Nach Zugabe von 8,5 mL der Natronlauge färbt sich die Lösung rotviolett.

2.1 Formulieren Sie die Reaktionsgleichung mit Strukturformeln und berechnen Sie die Konzentration der Benzoesäure-Lösung.

2.2 Begründen Sie, weshalb die Verwendung von Methylorange ($pK_S = 3{,}7$) als Indikator bei dieser Titration zu einem falschen Ergebnis führen würde.

3 Benzoesäure kann hergestellt werden, indem man Toluol mit Kaliumpermanganat in schwefelsaurer Lösung oxidiert. Formulieren Sie die Reaktionsgleichung unter Verwendung von Strukturformeln mit bindenden und nichtbindenden Elektronenpaaren und geben Sie Oxidationszahlen an.

Lösung

1.1

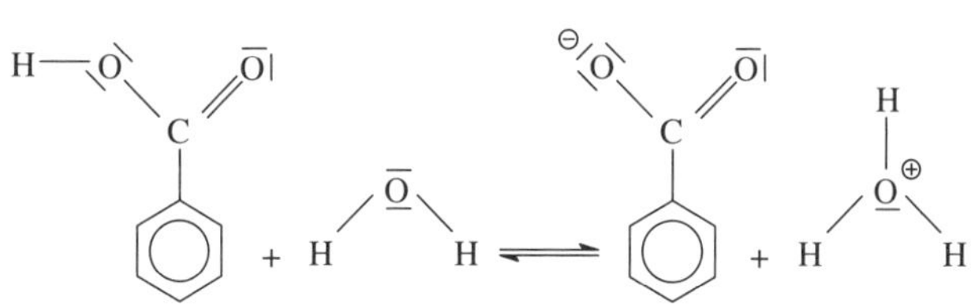

1.2 **Massenwirkungsgesetz**

Mit der Abkürzung 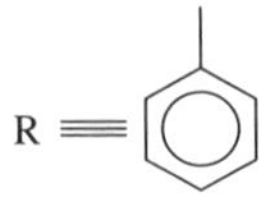 ergibt sich:

$$\frac{c(H_3O^+) \cdot c(R-COO^-)}{c(H_2O) \cdot c(R-COOH)} = K \quad \text{oder} \quad \frac{c(H_3O^+) \cdot c(R-COO^-)}{c(R-COOH)} = K_S$$

Es gilt: $c(H_3O^+) = 10^{-pH}$, $c(H_3O^+) = 10^{-3,1}\ mol \cdot L^{-1}$

Aus der Reaktionsgleichung entnimmt man: $c(H_3O^+) = c(R-COO^-)$

Mit den Zahlenwerten liefert das Massenwirkungsgesetz:

$$\frac{10^{-3,1}\ mol \cdot L^{-1} \cdot 10^{-3,1}\ mol \cdot L^{-1}}{10^{-2}\ mol \cdot L^{-1}} = 10^{-4,2}\ mol \cdot L^{-1} = 10^{-5} \cdot 10^{0,8}\ mol \cdot L^{-1}$$

$$= 6{,}3 \cdot 10^{-5}\ mol \cdot L^{-1}\ ;\ pK_S = 4{,}2$$

Die Konzentration der Benzoesäure im Gleichgewicht wäre:

$c(R-COOH) = 10^{-2}\ mol \cdot L^{-1} - c(H_3O^+)$

Das zweite Glied kann jedoch gegen das erste Glied vernachlässigt werden. Die Konzentration der Benzoesäure im Gleichgewicht ist somit ungefähr gleich der Ausgangskonzentration.

2.1 **Reaktionsgleichung**

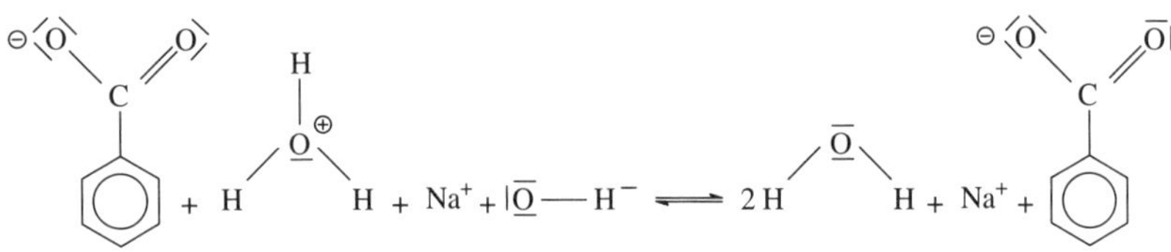

1. Möglichkeit der Berechnung:

1 mL NaOH-Lösung enthält 10^{-4} mol NaOH; in 8,5 mL sind $8{,}5 \cdot 10^{-4}$ mol NaOH enthalten; diese Menge entspricht $8{,}5 \cdot 10^{-4}$ mol Benzoesäure.

Mit $c(\text{Säure}) = \frac{n}{V}$ erhält man $c(\text{Säure}) = \frac{8{,}5 \cdot 10^{-4}\ mol}{0{,}1\ L} = 8{,}5 \cdot 10^{-3}\ mol \cdot L^{-1}$

2. Möglichkeit der Berechnung:

$c(NaOH) \cdot V(NaOH) = c(\text{Säure}) \cdot V(\text{Säure})$ oder $c(\text{Säure}) = \frac{c(NaOH) \cdot V(NaOH)}{V(\text{Säure})}$

Die Zahlenwerte liefern: $0{,}1\ mol^{-1} \cdot 8{,}5\ mL \cdot 10^{-2}\ mL^{-1} = 8{,}5 \cdot 10^{-3}\ mol \cdot L^{-1}$

2.2 **Reaktionsgleichung für die Protolyse des Anions**

Der Umschlagspunkt liegt somit im alkalischen Bereich, pH > 7.
Der Umschlagsbereich mit Methylorange wäre $pK_S \pm 1$, also im sauren Bereich.

3 Oxidation:

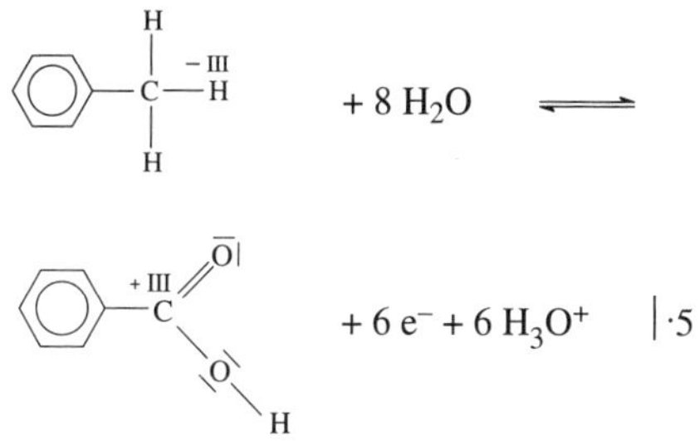

Reduktion: $\overset{+VII}{Mn}O_4^- + 8\,H_3O^+ + 5\,e^- \rightleftharpoons Mn^{2+} + 12\,H_2O$ $|\cdot 6$

Gesamtreaktion:

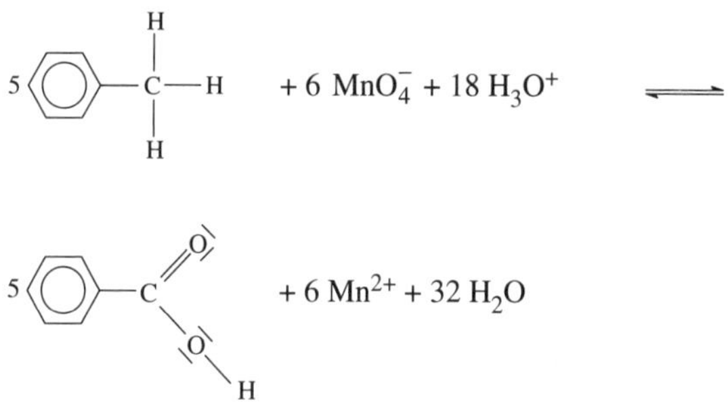

(Anmerkung: Die Teilreaktionen sind Ergänzungen)

Aufgabe 2: Energetik, chemische Gleichgewichte

1 Wasserstoffperoxid (H_2O_2) ist sowohl in reiner Form als auch in wässriger Lösung eine metastabile Verbindung.
Sie neigt dazu, in Wasser und Sauerstoff zu zerfallen.
Gibt man zu wässriger Wasserstoffperoxid-Lösung bei Zimmertemperatur etwas Kaliumiodid, so tritt eine stürmische Sauerstoffentwicklung ein.

1.1 Formulieren Sie eine Reaktionsgleichung für den Zerfall von Wasserstoffperoxid.
Wie kann man den dabei entstehenden Sauerstoff nachweisen?
Was versteht man unter einer metastabilen Verbindung?
Erläutern Sie die Rolle des Kaliumiodids bei dieser Zerfallsreaktion.

2 Um den zeitlichen Verlauf der Wasserstoffperoxidzersetzung verfolgen zu können, wird in einem Experiment Wasserstoffperoxid-Lösung mit Kaliumiodid-Lösung versetzt und das Volumen des entstehenden Sauerstoffs in verschiedenen Zeitabständen gemessen. Man erhält folgende Messergebnisse:

Zeit in min	0	2	4	5	7	10
Volumen $V(O_2)$ in mL	0	115	190	210	225	235

bei 20 °C

Das molare Volumen des Sauerstoffs beträgt bei $\vartheta = 20\,°C$ $V_m = 24{,}1\ L \cdot mol^{-1}$.

Die Ausgangskonzentration der Wasserstoffperoxid-Lösung beträgt $c_0(H_2O_2) = 1{,}0\ mol \cdot L^{-1}$.
Das Volumen der Wasserstoffperoxid-Lösung beträgt $V(H_2O_2) = 50\ mL$

Hinweis: Zur Vereinfachung kann das bei der Reaktion entstehende Wasser bei der Berechnung der Konzentration des Wasserstoffperoxids vernachlässigt werden.

2.1 Skizzieren Sie eine geeignete Versuchsanordnung.
Beschreiben Sie die Durchführung des Versuchs.

2.2 Zeichnen Sie das Zeit-Volumen-Diagramm.
t-Achse: 1 min. ≙ 1 cm, $V(O_2)$-Achse: 20 mL ≙ 1 cm
Interpretieren Sie den Kurvenverlauf im Hinblick auf die Sauerstoffbildung pro Zeiteinheit.

2.3 Berechnen Sie die Konzentration der Wasserstoffperoxid-Lösung nach zwei und vier Minuten und berechnen Sie damit die mittlere Reaktionsgeschwindigkeit zwischen der zweiten und vierten Minute. (Wahlbereich)

2.4 Zeichnen Sie den nach der RGT-Regel zu erwartenden Kurvenverlauf für eine um 10 K niedrigere Reaktionstemperatur in das Diagramm ein, und begründen Sie Ihre Angaben.

Lösung

1.1 **Reaktionsgleichung:** $2\ H_2O_2 \longrightarrow 2\ H_2O + O_2$

Nachweis des Sauerstoffs: Glimmspanprobe;
alkalische Pyrogallol-Lösung wird braun gefärbt.

Metastabile Verbindungen: Verbindungen, die thermodynamisch möglich, aber bei Zimmertemperatur kinetisch gehemmt sind. Die „Freie Enthalpieänderung“ ΔG ist $\Delta G < 0$, die Aktivierungsenergie ist jedoch sehr hoch.

Kaliumiodid: ist Katalysator; setzt die Aktivierungsenergie herab.

2.1

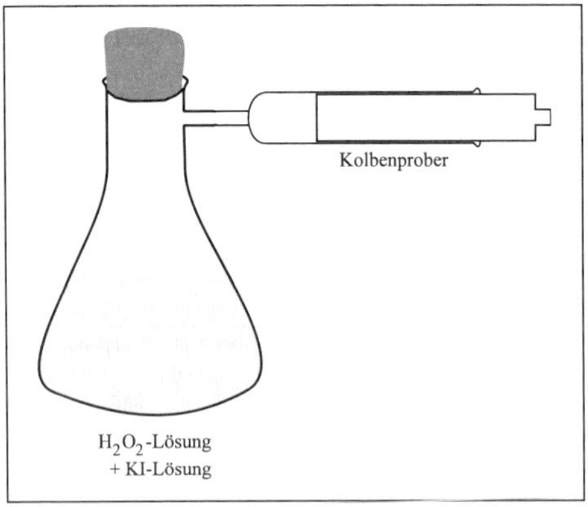

Versuchsanordnung:

Zu der Wasserstoffperoxid-Lösung gibt man den Katalysator Kaliumiodid-Lösung. Ein Reagenzglas oder Erlenmeyer-Kolben mit seitlichem Ansatz wird anschließend verschlossen. Die gebildete Sauerstoffmenge misst man mit dem Kolbenprober.

2.2 **Zeit-Volumen Diagramm:**

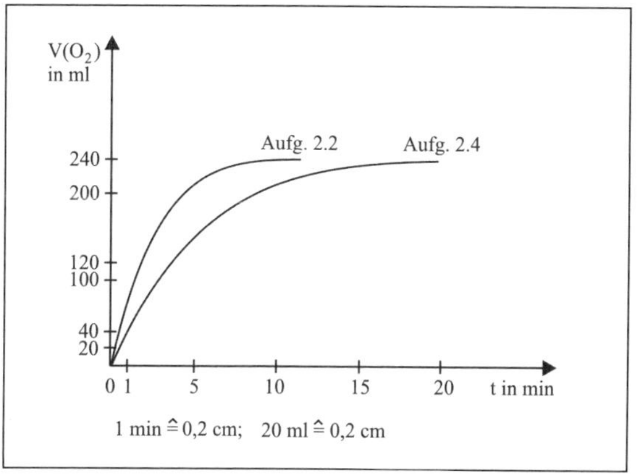

Am Anfang ist die in der Zeiteinheit gebildete Sauerstoffmenge groß; das Volumen nimmt jedoch im Verlauf der Reaktion immer mehr ab. Dies liegt am Verbrauch des Ausgangsstoffes – die Stoffmenge des Wasserstoffperoxids wird kleiner.

2.3 Wahlbereich: Es gilt: $n(O_2) = \frac{V(O_2)}{V_0}$

Nach 2 Minuten: $n(O_2) = \frac{115 \cdot 10^{-3}\,L}{24{,}1\,L}\,mol = \frac{0{,}115}{24{,}1}\,mol = 0{,}0047\,mol$

Aus der Reaktionsgleichung entnimmt man:

$\frac{n(H_2O_2)}{n(O_2)} = \frac{2}{1}$ oder $n(H_2O_2) = 2\,n(O_2)$, $n(H_2O_2) = 0{,}0095\,mol$

für die Konzentrationsänderung erhält man mit

$c = \frac{n}{V}$: $\Delta c_1\,(H_2O_2) = \frac{0{,}0095\,mol}{50 \cdot 10^{-3}\,L} = 0{,}19\,mol \cdot L^{-1}$

die Konzentration der Wasserstoffperoxid-Lösung ist nach 2 Minuten:

$c_1 = c_0 - \Delta c_1 = 1\,mol \cdot L^{-1} - 0{,}19\,mol \cdot L^{-1} = 0{,}81\,mol \cdot L^{-1}$

Nach vier Minuten:

$n(O_2) = \frac{190 \cdot 10^{-3}}{24{,}1\,L}\,mol = 7{,}88 \cdot 10^{-3}\,mol$; $n(H_2O_2) = 2\,n(O_2)$

$n(H_2O_2) = 7{,}88 \cdot 10^{-3} \cdot 2\,mol = 15{,}75 \cdot 10^{-3}\,mol$

Für die Konzentrationsänderung ergibt sich:

$$\Delta c_2(H_2O_2) = \frac{15{,}76 \cdot 10^{-3}\ \text{mol}}{50 \cdot 10^{-3}\ \text{L}} = 0{,}315\ \text{mol} \cdot \text{L}^{-1}$$

die Konzentration der Wasserstoffperoxid-Lösung nach 4 Minuten ist:

$c_2 = c_0 - \Delta c_2;\ c_2 = 1\ \text{mol} \cdot \text{L}^{-1} - 0{,}315\ \text{mol} \cdot \text{L}^{-1} = 0{,}68\ \text{mol} \cdot \text{L}^{-1}$

Mittlere Geschwindigkeit:

$$\bar{v} = \frac{\Delta c}{\Delta t} = \frac{c_2 - c_1}{\Delta t} = \frac{(0{,}68 - 0{,}81)\ \text{mol} \cdot \text{L}^{-1}}{2\ \text{min}} = 0{,}065\ \text{mol} \cdot \text{L}^{-1} \cdot \text{min}^{-1}$$

2.4 Die Reaktionszeit wird doppelt so groß; die Reaktionsgeschwindigkeit halbiert sich. Die gemessenen Sauerstoffvolumina werden in der doppelten Zeit erreicht.

Aufgabe 3: Energetik, Redoxreaktionen

1 Kupfersulfat ($CuSO_4$) kann durch Reaktion von konzentrierter Schwefelsäure (H_2SO_4) mit Kupfer hergestellt werden. Dabei entsteht unter anderem Schwefeldioxid.

1.1 Formulieren Sie eine Reaktionsgleichung, und zeigen Sie, dass es sich um eine Redoxreaktion handelt.

1.2 Schätzen Sie ab, ob diese Reaktion unter Entropiezunahme oder Entropieabnahme verläuft, und begründen Sie Ihre Entscheidung.

1.3 Kupfer reagiert dagegen nicht mit verdünnter Schwefelsäure; ($c(H_2SO_4) \cong 1\ \text{mol} \cdot \text{L}^{-1}$). Geben Sie dafür eine Begründung.

2 Kristallwasserfreies Kupfersulfat kann als Trocknungsmittel verwendet werden. Um aus dem kristallwasserhaltigen Salz ($CuSO_4 \cdot 5\ H_2O$) das kristallwasserfreie Kupfersulfat zu erhalten, muss es längere Zeit auf eine Temperatur von mehr als 100 °C erhitzt werden.

2.1 Berechnen Sie die Mindesttemperatur in ° C, die zur Herstellung des kristallwasserfreien Kupfersulfats erforderlich ist.
Verwenden Sie die nachfolgende Tabelle. Die angegebenen Zahlenwerte für die Bildungsenthalpien und Entropien der Substanzen sind als temperaturabhängig anzusehen.

Substanz	$\Delta_f H^0$ in $kJ \cdot mol^{-1}$	S^0 in $J \cdot mol^{-1} \cdot K^{-1}$
$CuSO_4 \cdot 5\ H_2O$	−2 280	300
$CuSO_{4(s)}$	−771	109
$H_2O_{(g)}$	−242	189

3 In einem Kalorimeter wird eine Stoffportion Schwefel der Masse m = 2 g verbrannt. Zur Aufnahme der Reaktionsenthalpie ist das Kalorimeter mit einer Wasserportion m = 400 g gefüllt. Es wird eine Temperaturerhöhung von $\Delta\vartheta = 8{,}9$ K gemessen. Die Wärmekapazität des Gerätes beträgt
$C_{Kal} = 390\ J \cdot K^{-1}$, die spezifische Wärmekapazität von Wasser beträgt
$c_W = 4{,}19\ J \cdot g^{-1} \cdot K^{-1}$

Lösungen

Aufgabe 1: Energetik, Chemische Gleichgewichte

1.1 $2\,CH_3OH \longrightarrow 2\,CH_2O + 2\,H_2$

$2\,H_2 + O_2 \longrightarrow 2\,H_2O$

$$2\,\overset{-II}{C}H_3OH + \overset{0}{O}_2 \longrightarrow 2\,\overset{0}{C}H_2\overset{-II}{O} + 2\,H_2O$$

Die Oxidationszahlen ändern sich beim Kohlenstoffatom von –II zu 0 und beim Sauerstoffatom von 0 zu –II.

1.2 (1) MWG: $K = \dfrac{c^2(H_2O)\cdot c^2(CH_2O)}{c(O_2)\cdot c^2(CH_3OH)}$

damit der Term konstant bleibt, müssen bei einer Erhöhung der Konzentrationen der Ausgangsstoffe auch die Konzentrationen der Produkte größer werden.
oder:
Werden die Konzentrationen der Ausgangsstoffe vergrößert, so können mehr Teilchen zusammenstoßen und zu den Produkten reagieren.

(2) Druckverminderung führt zu Volumenvergrößerung – Verschiebung des Gleichgewichts auf die Seite des größeren Volumens, also nach rechts.

(3) Bei Temperaturerniedrigung Verschiebung des Gleichgewichts auf die Seite des wärmeliefernden Vorganges; bei exothermer Reaktion nach rechts.

1.3 **Reaktionsgleichung:** $CH_3OH + \frac{1}{2}\,O_2 \longrightarrow CH_2O + H_2O$

Für die Änderung der Reaktionsenthalpie gilt:

$\Delta_R H^0 = \Sigma\, \Delta_f H^0(\text{Produkte}) - \Sigma\, \Delta_f H^0\,(\text{Edukte})$ oder

$\Delta_R H^0 = \Delta_f H^0(H_2O) + \Delta_f H^0(CH_2O) - \Delta_f H^0(CH_3OH)$

$\Delta_f H^0(H_2O) = \Delta_R H^0 - \Delta_f H^0(CH_2O) + \Delta_f H^0(CH_3OH)$

$\Delta_f H^0(H_2O) = -159\ kJ \cdot mol^{-1} + 116\ kJ \cdot mol^{-1} - 201\ kJ \cdot mol^{-1}$

$\Delta_f H^0(H_2O) = -244\ kJ \cdot mol^{-1}$

Möglichkeit 2 nach dem Satz von Hess:

(1) $CH_3OH + \frac{1}{2}\,O_2 \longrightarrow CH_2O + H_2O$ $\quad \Delta_{R_1}H^0$

(2) $H_2 + \frac{1}{2}\,O_2 \longrightarrow H_2O$ $\quad \Delta_f H^0(H_2O)$

(3) $CH_3OH \longrightarrow CH_2O + H_2$ $\quad \Delta_{R_2}H^0$

Addition von (1) und (2), von der Summe Subtraktion von (3)

$H_2 + O_2 \longrightarrow 2\,H_2O - H_2$ oder

$2\,H_2 + O_2 \longrightarrow 2\,H_2O$

Für die Enthalpien gilt:

$\Delta_{R_1}H^0 + \Delta_f H^0\,(H_2O) - \Delta_{R_2}H^0 = 2\,\Delta_f H^0\,(H_2O)$

$\Delta_{R_1}H^0 - \Delta_{R_2}H^0 = \Delta_f H^0(H_2O)$

$(-159 - 85)\ kJ = \Delta_f H^0(H_2O)$

$-244\ kJ\ mol^{-1} = \Delta_f H^0(H_2O)$

1.4 **Reaktionsgleichung:** $CH_3OH \longrightarrow CH_2O + H_2$

$\Delta_R G = \Delta_R H - T \cdot \Delta_R S$ unter den angegebenen Bedingungen gilt:

$\Delta_R G = \Delta_R H - T \cdot \Delta_R S^0 = \Delta_R H^0 - T\,[\Sigma\, S^0\,(Pr.) - \Sigma\, S^0\,(Ed.)]$

$\Delta_R G = \Delta_R H - T\,[S^0(H_2) + S^0(CH_2O) - S^0(CH_3OH)]$

$\Delta_R G = 85\ kJ - 873\ K\ \ [131 + 219 - 240]\ J \cdot K^{-1}$

$\Delta_R G = 85\ kJ - 873 \cdot 110\ J = -11\ kJ$ $\Delta_R G < 0$, exergonische Reaktion.

2

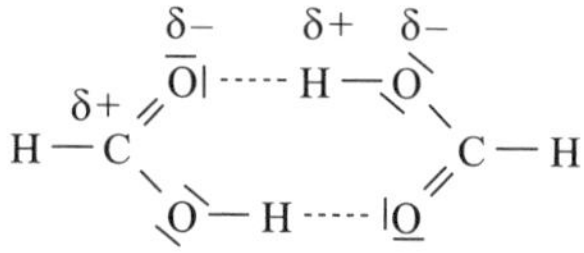

bei Methansäure: Wasserstoffbrückenbindungen (s. o.) und van-der-Waals-Kräfte
bei Methanal: Dipolkräfte (permanente Dipole) und van-der-Waals-Kräfte
Die Wasserstoffbrückenbindungen sind stärker als die Dipolkräfte – die Methansäure zeigt den höheren Siedepunkt an.

3 $H{-}COOH + H_2O \rightleftharpoons H_3O^+ + H{-}COO^-$

$CaCO_3(s) + 2\,H_3O^+ \rightleftharpoons H_2CO_3 + Ca^{2+} + 2\,H_2O$

$H_2CO_3 \downarrow H_2O + CO_2$

Protolysereaktion: CO_3^{2-}, H_2O Baseteilchen
H_3O^+, H_2CO_3 Säureteilchen

Kohlensäure zerfällt und Kohlenstoffdioxid entweicht, sodass die Reaktion nach rechts abläuft. Ameisensäure ist eine stärkere Säure als Kohlensäure.

Aufgabe 2: Chemische Gleichgewichte, Redoxreaktionen

1 Reaktionsgleichung:

$3\,H_2 + N_2 \rightleftharpoons 2\,NH_3$

Massenwirkungsgesetz: $\dfrac{c^2(NH_3)}{c^3(H_2) \cdot c(N_2)} = K_c$

1.2 Die Reaktionsgeschwindigkeit ist unter Standardbedingungen zu gering, das Gleichgewicht kann sich nicht einstellen.

1.3 **Katalysator:** Herabsetzung der Aktivierungsenergie – die Reaktionsgeschwindigkeit nimmt zu.
Temperaturerniedrigung: Bei einer exothermen Reaktion verschiebt sich das Gleichgewicht auf die Seite des wärmeliefernden Vorganges. Katalysatoren wirken jedoch erst bei höheren Temperaturen genügend beschleunigend, deshalb Kompromiss etwa 500 °C.
Druckerhöhung: Volumenverkleinerung, Gleichgewicht verschiebt sich auf die Seite des kleineren Volumens, Ammoniakausbeute nimmt zu.
Entnahme von Ammoniak aus dem Gleichgewicht.

2.1 $$8\,\overset{-III}{N}\overset{+I}{H_3} + 6\,\overset{+IV}{N}\overset{-II}{O_2} \longrightarrow 7\,\overset{0}{N_2} + 12\,\overset{+I}{H_2}\overset{-II}{O}$$

$$4\,\overset{-III}{N}\overset{+I}{H_3} + 6\,\overset{+II}{N}\overset{-II}{O} \longrightarrow 5\,\overset{0}{N_2} + 6\,\overset{+I}{H_2}\overset{-II}{O}$$

Redoxreaktionen, da sich die Oxidationszahlen ändern.

2.2 Aus der Reaktionsgleichung ergibt sich:

$$\frac{n(NO_2)}{n(NH_3)} = \frac{6}{8} \text{ oder } n(NO_2) = \frac{6}{8} \cdot n(NH_3); \text{ mit } n = \frac{m}{M} \text{ erhält man:}$$

$$\frac{m(NO_2)}{M(NO_2)} = \frac{6}{8} \cdot \frac{m(NH_3)}{M(NH_3)} \text{ oder } m(NO_2) = \frac{3}{4} \cdot \frac{m(NH_3)}{M(NH_3)} \cdot M(NO_2)$$

$$m(NO_2) = \frac{3}{4} \cdot \frac{10^6\ g \cdot mol \cdot 46\ g}{17\ g \cdot mol} = 2{,}03 \cdot 10^6\ g = 2{,}03\ t$$

3 $$3\,Mg + N_2 \longrightarrow Mg_3N_2$$

$$Mg_3N_2 + 6\,H_2O \longrightarrow 3\,Mg(OH)_2 + 2\,NH_3$$

4 **Reaktionsgleichung**

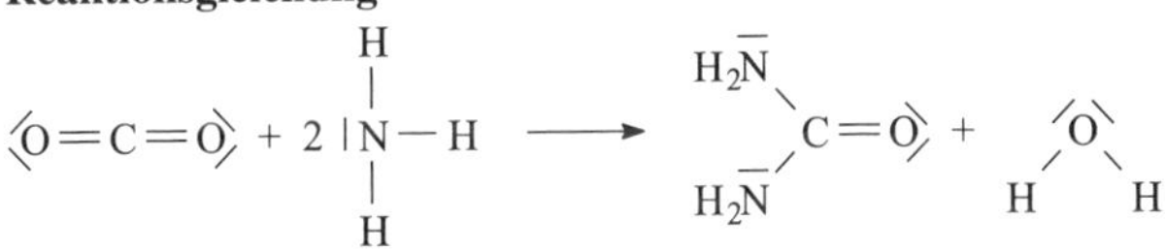

Begründung der unterschiedlichen Basizität
Aufgrund des –I-Effektes des Sauerstoffatoms sind die freien Elektronenpaare an den Stickstoffatomen weniger verfügbar (Verschiebung in Richtung Kohlenstoffatom).

oder:

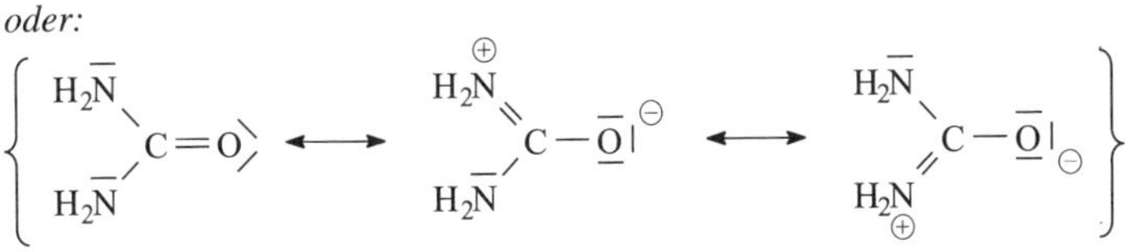

Mesomere Grenzstrukturen; die freien Elektronenpaare an den Stickstoffatomen sind z. T. nicht mehr verfügbar, geringere Basizität.

Aufgabe 3: Chemische Gleichgewichte, Protolysen

1 $CaCO_3 + CO_2 + H_2O \rightleftharpoons Ca^{2+} + 2\,HCO_3^-$ (1)

2 Kohlenstoffdioxid entweicht, Gleichgewicht verschiebt sich nach links unter Bildung von Calciumcarbonat;

$CO_2 + H_2O \rightleftharpoons H_2CO_3$ (2) $\Delta H < 0$; (oder: $CO_2 + H_2O \rightleftharpoons CO_2 \cdot H_2O$)

bei Temperaturerhöhung verschiebt sich das Gleichgewicht 2 auf die Seite des wärmeverbrauchenden Vorganges, also nach links – Kohlenstoffdioxid entweicht; auch Gleichgewicht 1 verschiebt sich auf die linke Seite unter Bildung von Calciumcarbonat.

3.1 $CO_2 + H_2O \rightleftharpoons H_2CO_3$

1. Stufe: $H_2CO_3 + H_2O \rightleftharpoons H_3O^+ + HCO_3^-$ oder:

($CO_2 + 2\,H_2O \rightleftharpoons CO_2 \cdot H_2O + H_2O \rightleftharpoons H_3O^+ + HCO_3^-$)

2. Stufe: $HCO_3^- + H_2O \rightleftharpoons H_3O^+ + CO_3^{2-}$

3.2 $\dfrac{c(H_3O^+) \cdot c(HCO_3^-)}{c(H_2CO_3)} = K_S$; es gilt $c(H_3O^+) = c(HCO_3^-)$ und

$c(H_2CO_3) = c_0(H_2CO_3) - c(H_3O^+) \approx c_0(H_2CO_3)$

damit ergibt sich aus dem Massenwirkungsgesetz:

$c(H_3O^+) = \sqrt{K_S \cdot c_0(H_2CO_3)} = 5{,}62 \cdot 10^{-5}\ mol \cdot L^{-1}$

$pH = -\lg c(H_3O^+) = 4{,}25$

4 $CO_2 + 2\,H_2O \rightleftharpoons H_2CO_3 + H_2O \rightleftharpoons H_3O^+ + HCO_3^-$

Puffersystem: H_2CO_3 Säure; HCO_3^- korrespondierende Base

Zugabe Säure: $H_3O^+ + HCO_3^- \longrightarrow H_2CO_3 + H_2O$

verstärkte Reaktion von H_3O^+ mit HCO_3^--Ionen zu Kohlensäure, die in Kohlenstoffdioxid und Wasser zerfällt.

Zugabe Lauge: $H_3O^+ + OH^- \longrightarrow 2\,H_2O$

5 $CaCO_3 \longrightarrow CaO + CO_2$

$CaO + H_2O \longrightarrow Ca(OH)_2$

$n(CaCO_3) = n(Ca(OH)_2)$; $n(Ca(OH)_2) = \dfrac{m(Ca(OH)_2)}{M(Ca(OH)_2)} = \dfrac{100\,000\ g}{74\ g}\ mol = 1\,351{,}35\ mol$

$m(CaCO_3) = n(CaCO_3) \cdot M(CaCO_3) = 1\,351{,}35\ mol \cdot 100\ g \cdot mol^{-1} = 135{,}14\ kg$

$\dfrac{m_K}{m(CaCO_3)} = \dfrac{10}{9}$ oder $m_K = \dfrac{10}{9} \cdot m(CaCO_3) = 150{,}1\ kg$

Aufgabe 4: Chemische Gleichgewichte, Aromaten (Benzoesäure)

1

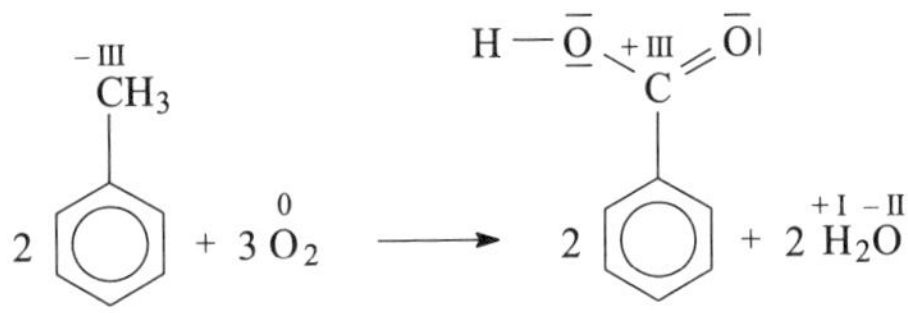

Änderung der Oxidationszahlen: beim Element C von –III zu +III, Oxidation; Sauerstoff von 0 zu –II, Reduktion.

2.1 $C_6H_5-COOH + H_2O \rightleftharpoons C_6H_5-COO^- + H_3O^+$

$$K_S = \frac{c(H_3O^+) \cdot c(C_6H_5-COO^-)}{c(C_6H_5-COOH)}; \text{ es gilt: } n = \frac{m}{M} = \frac{0{,}244\text{ g}}{122\text{ g}} \text{mol} = 2 \cdot 10^{-3} \text{ mol},$$

die Konzentration ist $c = \frac{n}{V} = \frac{2 \cdot 10^{-3}}{2 \cdot 10^{-1}} \text{mol} \cdot L^{-1} = 10^{-2} \text{mol} \cdot L^{-1}$

Für schwache Säuren gilt: $c(H_3O^+) = \sqrt{K_S \cdot c_0}$

Logarithmieren und Multiplikation mit –1 ergibt:

$$-\lg c(H_3O^+) = \left(-\frac{1}{2}\lg K_S\right) - \frac{1}{2}\lg c_0 \text{ oder } pH = \frac{pK_S - \lg c_0}{2} = \frac{4{,}22 + 2}{2} = 3{,}11$$

2.2 Bei steigendem pH-Wert nimmt $c(H_3O^+)$ ab, $c(H_3O^+) = 10^{-pH}$, und damit auch $c(C_6H_5-COO^-)$, die Konstante K_S wird kleiner.

2.3 Bei Temperaturerhöhung verschiebt sich das Gleichgewicht nach Le Chatelier auf die Seite des wärmeverbrauchenden Vorganges, dies ist nach 2.1 die linke Seite. Die Dissoziation ist exotherm.

3 $c(C_6H_5-COOH) = 10^{-2} \text{mol} \cdot L^{-1}$. Es gilt: $c = \frac{n}{V}$ und daraus: $c \cdot V = n$

die Zahlenwerte liefern: $n = 10^{-2} \text{mol} \cdot L^{-1} \cdot 200 \cdot 10^{-3} L$

$$\text{aus } c = \frac{n}{V} \text{ ergibt sich: } V = \frac{n}{c}; \quad V(HCl(aq)) = \frac{n(HCl(aq))}{c(HCl(aq))} = \frac{2 \cdot 10^{-3} \text{mol}}{1 \text{ mol}} \cdot L = 2 \text{ mL}$$

4

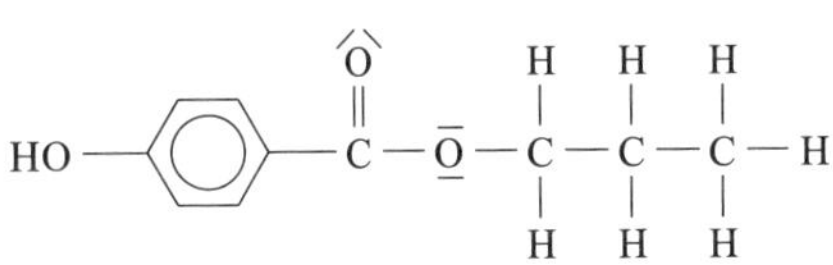

5

Ergänzung: Mechanismus

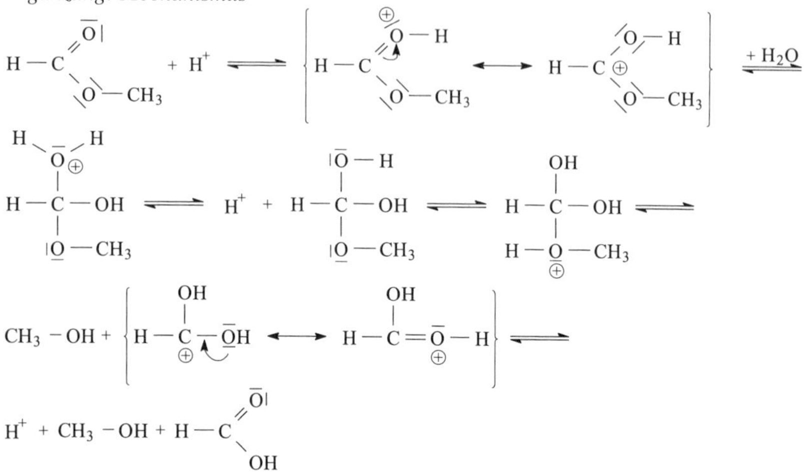

Versuchsansatz bei konstanter Temperatur. Messung der Konzentrationen zu verschiedenen Zeiten z. B. durch Säure-Base-Titration einer Probe.

Berechnung der Konzentrationsänderungen Δc in Abhängigkeit von den Zeitintervallen Δt.

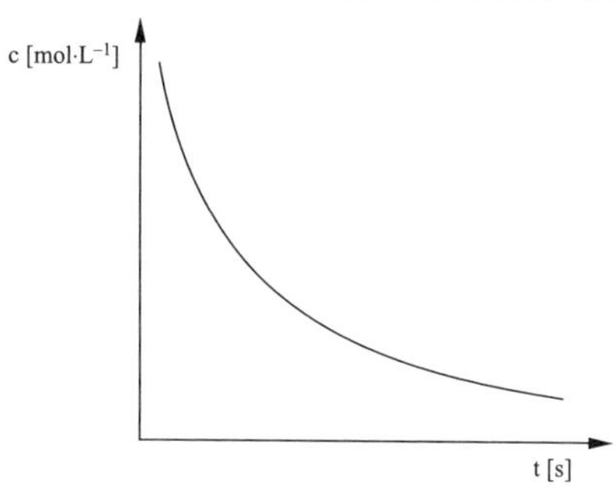

Konzentrations-Zeit-Diagramm

Aufgabe 5: Energetik, Redoxreaktionen

1.1 $\overset{-III\ +I\ +V\ -II}{NH_4NO_3} \longrightarrow \overset{+I\ -II}{N_2O} + 2\,\overset{+I\ -II}{H_2O}$

Die Oxidationszahlen der Stickstoffatome ändern sich.

1.2 Aus $n = \frac{V}{V_0}$ folgt: $n(N_2O) = \frac{V(N_2O)}{V_0} = \frac{1\,L}{22{,}4\,L}$ mol = 0,045 mol

$n(NH_4NO_3) = n(N_2O) = 0{,}045\,mol$; aus $n = \frac{m}{M}$ ergibt sich:

$m(NH_4NO_3) = n(NH_4NO_3) \cdot M(NH_4NO_3) = 0{,}045\,mol \cdot 80\,g \cdot mol^{-1} = 3{,}6\,g$

1.3 II $CH_3{-}OH + 3\,N_2O \longrightarrow CO_2 + 2\,H_2O + 3\,N_2$

I $CH_3{-}OH + \frac{3}{2}\,O_2 \longrightarrow CO_2 + 2\,H_2O$

Es gilt: $\Delta_R H = \Sigma\,\Delta_f H^0(\text{Pr.}) - \Sigma\,\Delta_f H^0(\text{Ed.})$

$\Delta_R H\ (I) = \Delta_f H^0(CO_2) + 2\,\Delta_f H^0(H_2O) - \Delta_f H^0(CH_3OH)$

$\Delta_R H\ (I) = (-393 - 484 + 201)\ kJ = -676\ kJ$

$\Delta_R H\ (II) = \Delta_f H^0(CO_2) + 2\,\Delta_f H^0(H_2O) - \Delta_f H^0(CH_3OH) - 3\,\Delta_f H^0(N_2O)$

$\Delta_R H\ (II) = \Delta_R H\ (I) - 3\,\Delta_R H\ (N_2O) = (-676 - 246)\ kJ = -922\ kJ$

Bei der Verbrennung mit N_2O werden zusätzlich $3 \cdot \Delta_f\,H^0(N_2O)$ kJ freigesetzt.

2.1 $CO + 2\,H_2 \longrightarrow CH_3OH$; es gilt: $\Delta_R G = \Delta_R H - T \cdot \Delta_R S^0$ oder

$\Delta_R G = [\Sigma\,\Delta_f H^0(\text{Pr.}) - \Sigma\,\Delta_f H^0(\text{Ed.})] - T \cdot [\Sigma\,S^0(\text{Pr.}) - \Sigma\,S^0(\text{Ed.})]$

$\Delta_R G = [\Delta_f H^0(CH_3OH) - \Delta_f\,H^0(CO)] - T\,[S^0(CH_3OH) - S^0(CO) - 2\,S^0(H_2)]$

$\Delta_R G = (-201 + 111)\ kJ - T \cdot (240 - 198 - 262)\ J \cdot K^{-1} = -90\ kJ - T\,(-220)\ J \cdot K^{-1}$

$\Delta_R G_{(1)} = -90\ kJ + 348\ K \cdot 220\ J \cdot K^{-1} = -13{,}44\ kJ$

$\Delta_R G_{(2)} = -90\ kJ - 673\ K\,(-220)\ J \cdot K^{-1} = 58{,}06\ kJ$

2.2 **Exergonisch:** $\Delta_R G < 0$, wenn $\Delta H < 0$ und $\Delta S < 0$, aber

$|\Delta H| > T \cdot |\Delta S|$ oder $T < \left|\frac{\Delta H}{\Delta S}\right|$; $T < \frac{90\ kJ \cdot K}{0{,}22\ kJ} = 409\ K$

Ergebnis: $0\ K < T < 409\ K$

2.3 Druckerhöhung hat Volumenverkleinerung zur Folge; nach Le Chatelier verschiebt sich das Gleichgewicht auf die Seite des kleineren Volumens, also nach rechts, Ausbeute nimmt zu. Katalysatoren sind erst bei höheren Temperaturen wirksam. Bei höheren Temperaturen verschiebt sich das Gleichgewicht auf die Seite des wärmeverbrauchenden Vorganges; bei der exothermen Reaktion nach links. Ausbeute nimmt ab. Kompromiss!

Aufgabe 6: Energetik, Elektrochemie (Brennstoffzellen)

1.1 Reaktion 1: $CH_{4\,(g)} + 2\,O_{2\,(g)} \longrightarrow CO_{2\,(g)} + 2\,H_2O_{(l)}$

Reaktion 2: $C_2H_5OH_{(l)} + 3\,O_{2\,(g)} \longrightarrow 2\,CO_{2\,(g)} + 3\,H_2O_{(l)}$

1.2 Reaktion 1: $\Delta_R H = \Sigma\,\Delta_f H^0(\text{Pr.}) - \Sigma\,\Delta_f H^0(\text{Ed.})$

$\Delta_R H = \Delta_f H^0(CO_2) + 2\,\Delta_f H^0(H_2O) - \Delta_f H^0(CH_4)$

$\Delta_R H = -890\ kJ$

Reaktion 2: $\Delta_R H = 2\,\Delta_f H^0(CO_2) + 3\,\Delta_f H^0(H_2O) - \Delta_f H^0(C_2H_5OH)$

$\Delta_R H = -1\,366$ kJ

$$H_1^* = \frac{\Delta_{R_1} H \cdot 1000 \cdot kJ \cdot mol^{-1}}{16\,g \cdot mol^{-1}} = -55{,}625\,kJ \cdot g^{-1} = -55625\,kJ \cdot kg^{-1}$$

$$H_2^* = \frac{\Delta_{R_2} H \cdot 1000 \cdot kJ \cdot mol^{-1}}{46\,g \cdot mol^{-1}} = -29{,}696\,kJ \cdot g^{-1} = -29696\,kJ \cdot kg^{-1}$$

1.3 Skizze:

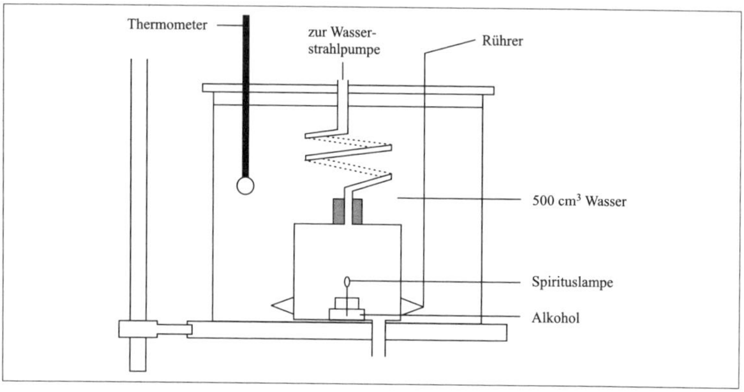

Beispiel: Verbrennung von Ethanol

Eine bestimmte Alkoholportion wird verbrannt (die Luftzufuhr wird mit der Wasserstrahlpumpe eingestellt). Die Masse m des verbrannten Alkohols erhält man folgendermaßen: Bestimmung der Masse z. B. der Spirituslampe vor der Verbrennung, Bestimmung der Masse der Lampe nach der Verbrennung einer Portion Ethanol, aus der Differenz ergibt sich die Masse m.

Temperaturerhöhung aus der Vor- und Nachperiode ermitteln.
Die vom Wasser aufgenommene Wärme Q ist:
$Q = (c_p \cdot m_W + C_{Kal})\,\Delta T$

H* ergibt sich aus: $H^* = \frac{Q}{m} 1\,000$

1.4 $$\Delta Q = \frac{(H_1^*) \cdot m}{1000} = \frac{55\,625\,kJ \cdot 0{,}1\,g}{1\,000\,g} = 5\,562{,}5\,J$$

$$\Delta Q = (c_P \cdot m_W + C_{Kal}) \cdot \Delta T \quad \text{oder} \quad \Delta T = \frac{\Delta Q}{(c_P \cdot m_W + C_{Kal})}$$

$$\Delta T = \frac{5\,562{,}5\,J}{4{,}18\,\frac{J}{g \cdot K} \cdot 500\,g + 60\,\frac{J}{K}} = \frac{5\,562{,}5\,J}{2\,150\,J} \cdot K = 2{,}59\,K$$

2.1 Elektroden aus Nickeldrahtnetzen mit Palladium beschichtet.

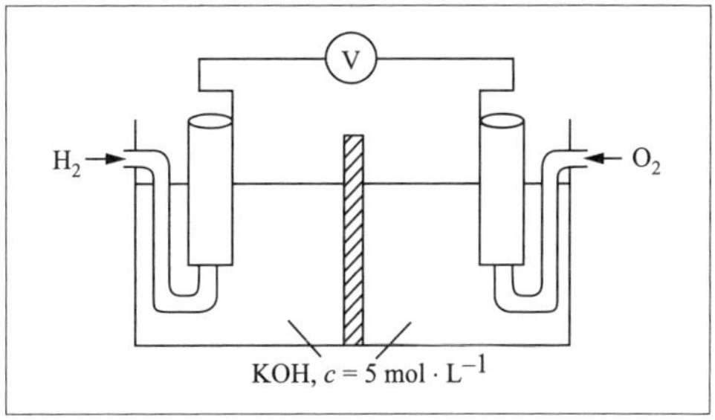

–Pol:	$2\,H_2 + 4\,OH^-$	$\longrightarrow$	$4\,H_2O + 4\,e^-$
+Pol:	$O_2 + 2\,H_2O + 4\,e^-$	$\longrightarrow$	$4\,OH^-$
Gesamtreaktion:	$2\,H_2 + O_2$	$\longrightarrow$	$2\,H_2O$

2.2 Berechnung der Freien Reaktionsenthalpie:

$2\,H_2(g) + O_2(g) \longrightarrow 2\,H_2O(l)$

$\Delta_R G^0 = \Delta_R H^0 - T\,\Delta_R S^0 = \Sigma\Delta_f H^0(Pr.) - \Sigma\Delta_f H^0(Ed.) - T\,[\Sigma\,S^0(Pr.) - \Sigma\,S^0(Ed.)]$

$\Delta_R G^0 = 2 \cdot \Delta_f H^0(H_2O(l)) - T[2 \cdot S^0(H_2O(l)) - 2\,S^0(H_2(g)) - S^0(O_2(g))]$

$\Delta_R G^0 = 2 \cdot (-286)\ kJ - 298\,(2 \cdot 70 - 2 \cdot 131 - 205)\ J$

$\Delta_R G^0 = -572\ kJ + 97{,}45\ kJ = -474{,}55\ kJ$

2.3 Die Reaktion ist exergonisch, da $\Delta G < 0$ ist. Sie müsste bei Zimmertemperatur nach den Aussagen der Thermochemie also freiwillig ablaufen. Die Reaktion ist jedoch kinetisch gehemmt. Solche Vorgänge nennt man metastabile Vorgänge.

Aufgabe 7: Chemische Gleichgewichte, Protolysen, pH-Werte, Indikatoren

1.1 $NH_4Cl + NaOH \longrightarrow NH_3 + NaCl + H_2O$

1.2 1. Nachweis: Angefeuchtetes Indikatorpapier färbt sich blau – alkalisch reagierende Lösung;

$NH_3 + H_2O \rightleftharpoons NH_4^+ + OH^-$

2. Nachweis: Ein Quarzrohr enthält auf gegenüberliegenden Seiten einen mit Ammoniaklösung getränkten Wattebausch bzw. einen mit Salzsäure getränkten Wattebausch; daraus entweichen Ammoniak- bzw. Chlorwasserstoff-Gas – beide Gase reagieren durch Protolyse miteinander, es bildet sich ein weißer Feststoff (NH_4Cl):

$NH_{3\,(g)} + HCl_{(g)} \rightleftharpoons NH_4Cl_{(s)}$

2.1 Bei 170 °C zerfällt Ammoniumhydrogencarbonat in Wasserdampf, Ammoniak und Kohlendioxid:

$NH_4HCO_{3\,(s)} \longrightarrow NH_{3\,(g)} + H_2O_{(g)} + CO_{2\,(g)}$

Diese Gase treiben den Teig auf.

2.2 $n(NH_4HCO_3) = \frac{m(NH_4HCO_3)}{M(NH_4HCO_3)} = \frac{10\,g}{79\,g}\,mol = 0{,}126\,mol$

$n(Gase) = 3 \cdot n(NH_4HCO_3) = 0{,}378\,mol$

aus $n(Gase) = \frac{V(Gase)}{V_m}$ folgt

$V(Gase) = n(Gase) \cdot V_m = 0{,}378\,mol \cdot 32\,L \cdot mol^{-1} = 12{,}1\,L$

3.1 $NH_3 + H_2O \rightleftharpoons NH_4^+ + OH^-$

Eine Erhöhung der Konzentration an Ammonium-Ionen bewirkt eine Störung des Gleichgewichtes (ein Zwang wird ausgeübt). Nach Le Chatelier weicht das Gleichgewicht diesem Zwang dadurch aus, dass Ammonium-Ionen mit Hydroxid-Ionen unter verstärkter Rückbildung von Ammoniak und Wasser reagieren. Die Konzentration an Hydroxid-Ionen wird geringer.
Der pOH-Wert wird größer und damit, nach pOH + pH = 14, der pH-Wert kleiner.

Argumentation über das MWG

$$\frac{c(NH_4^+) \cdot c(OH^-)}{c(NH_3)} = K_B$$

Wenn $c(NH_4^+)$ größer wird, dann muss auch $c(NH_3)$ zunehmen; dies geschieht durch Reaktion der NH_4^+-Ionen mit OH^--Ionen unter Bildung von Ammoniak und Wasser. Die Konzentration an OH^--Ionen wird geringer, der pH-Wert nimmt ab.

Argumentation über die Stoßvorgänge:
Wird die Konzentration an NH_4^+-Ionen erhöht, können – weil die Wahrscheinlichkeit eines Zusammenstoßes zunimmt – verstärkt OH^--Ionen mit NH_4^+-Ionen unter Bildung von Ammoniak und Wasser reagieren. Das Gleichgewicht verschiebt sich nach links.

3.2 Die Lösung bildet ein Puffersystem:

$NH_3 + H_2O \rightleftharpoons NH_4^+ + OH^-$

Bei Zugabe von H_3O^+-Ionen wird ein Teil der OH^--Ionen neutralisiert:

$H_3O^+ + OH^- \rightleftharpoons 2\,H_2O$, das Gleichgewicht verschiebt sich nach rechts;

oder: $\underset{B_1}{NH_3} + \underset{S_2}{H_3O^+} \rightleftharpoons \underset{S_1}{NH_4^+} + \underset{B_2}{H_2O}$

bei Zugabe von OH^--Ionen verschiebt sich das Gleichgewicht nach links, da ein Teil mit den NH_4^+-Ionen reagiert

oder: $\underset{S_1}{NH_4^+} + \underset{B_2}{OH^-} \rightleftharpoons \underset{B_1}{NH_3} + \underset{S_2}{H_2O}$

4.1 Indikatoren sind schwache Säuren, bei denen das undissoziierte Molekül HInd eine andere Farbe zeigt als das Anion Ind^-:

$HInd + H_2O \rightleftharpoons H_3O^+ + Ind^-$

HInd: farblos bei Phenolphthalein; Ind^-: rot bei Phenolphthalein

In saurer Lösung liegt das Gleichgewicht auf der linken Seite, $c(HInd) > c(Ind^-)$; in alkalischer Lösung liegt das Gleichgewicht auf der rechten Seite, $c(Ind^-) > c(HInd)$; die Bedingung am Umschlagspunkt ist $c(HInd) = c(Ind^-)$.

4.2 Neutralisation einer schwachen Base mit einer starken Säure:

$NH_3(aq) + HCl(aq) \rightleftharpoons NH_4^+ + Cl^-$

am Äquivalenzpunkt liegen Ammonium- und Chlorid-Ionen vor.

Die Ammonium-Ionen reagieren sauer:

$NH_4^+ + H_2O \rightleftharpoons NH_3 + H_3O^+$

der Äquivalenzpunkt verschiebt sich dadurch in den sauren Bereich; der Umschlagbereich für Phenolphthalein liegt im alkalischen Bereich bei $pK_S \pm 1$ (also zwischen 8,5 und 10,5); ein für die Titration zu verwendender Indikator müsste einen Umschlagbereich zwischen pH = 4 und pH 6 haben.

Ergänzung:

Berechnung des pH-Wertes einer Ammoniumchlorid-Lösung der Konzentration $c(NH_4Cl) = 0{,}1\ mol \cdot L^{-1}$:

Es gilt: $c(H_3O^+) = \sqrt{K_S \cdot c(Salz)}$ $\quad c(H_3O^+) = \sqrt{5{,}8 \cdot 10^{-10} \cdot 10^{-1}\ (mol \cdot L^{-1})^2}$

$c(H_3O^+) = 7{,}6 \cdot 10^{-6}\ mol \cdot L^{-1}$; aus $pH = -\lg c(H_3O^+)$ folgt $pH = 6 - \lg 7{,}6 = 5{,}12$

Aufgabe 8: Chemische Gleichgewichte

1.1 Reaktionsgleichungen: (A) $C + H_2O \rightleftharpoons CO + H_2$

(B) $CO + H_2O \rightleftharpoons CO_2 + H_2$

1.2 **Erhöhung der Konzentration der Edukte** – neue Gleichgewichtseinstellung durch Konzentrationserhöhung der Produkte (oder: die Wahrscheinlichkeit günstiger Zusammenstöße nimmt zu);
Erniedrigung der Konzentrationen der Produkte durch Entfernung aus dem Gleichgewicht – neue Gleichgewichtseinstellung durch Nachlieferung der Produkte unter Verminderung der Konzentration der Edukte;
Temperaturerniedrigung verschiebt das Gleichgewicht auf die Seite des wärmeliefernden Vorgangs, also nach rechts.

2.1 Massenwirkungsgesetz:

$$K = \frac{c(CO_2) \cdot c(H_2)}{c(CO) \cdot c(H_2O)}$$

Im Gleichgewicht gilt: $c(CO_2) = c(H_2) = 0{,}05\ mol \cdot L^{-1}$

$c(CO) = 0{,}1\ mol \cdot L^{-1} - 0{,}05\ mol \cdot L^{-1} = 0{,}05\ mol \cdot L^{-1}$

$c(H_2O) = 0{,}1\ mol \cdot L^{-1} - 0{,}05\ mol \cdot L^{-1} = 0{,}05\ mol \cdot L^{-1}$

Diese Werte in den Term für K eingesetzt ergibt $K = 1$.

2.2 Es gilt: $c(CO_2) = x\ mol \cdot L^{-1}$, $c(H_2) = x\ mol \cdot L^{-1}$, $c(CO) = (0{,}1 - x)\ mol \cdot L^{-1}$ $c(H_2O) = (0{,}2 - x)\ mol \cdot L^{-1}$ und für K

$$K = \frac{x \cdot x}{(0{,}1 - x) \cdot (0{,}2 - x)}$$

Für K = 1 ergibt sich:

$x^2 = (0{,}1 - x) \cdot (0{,}2 - x)$

$0{,}3\,x = 0{,}02$

$x = 0{,}067\ mol \cdot L^{-1} = c(H_2) = c(CO_2)$

$c(CO) = 0{,}033\ mol \cdot L^{-1}$, $c(H_2O) = 0{,}133\ mol \cdot L^{-1}$

3 $Ca^{2+} + 2\,OH^- + CO_2 \longrightarrow CaCO_{3(s)}\downarrow + H_2O$

weißer Niederschlag aus Calciumcarbonat

4 Nach $C + 2\,H_2O \rightleftharpoons CO_2 + 2\,H_2$ (= Bilanz aus A und B) gilt für das Stoffmengenverhältnis:

$$\frac{n(C)}{n(H_2)} = \frac{1}{2} \text{ oder } n(H_2) = 2 \cdot n(C) \text{ oder } n(H_2) = 2 \cdot \frac{m(C)}{M(C)},$$

für das Volumen $V(H_2) = n(H_2) \cdot V_m = 2 \cdot \frac{m(C)}{M(C)} \cdot V_m$

$$V(H_2) = 2 \cdot \frac{10^6\,g \cdot mol}{12\,g} \cdot 22{,}4\ L \cdot mol^{-1} = 3{,}73 \cdot 10^6\ L$$

5 Methan: $CO + 3\,H_2 \longrightarrow CH_4 + H_2O$

Methanol: $CO + 2\,H_2 \longrightarrow CH_3OH$

Ethansäure: $2\,CO + 2\,H_2 \longrightarrow CH_3COOH$

Profil-/Neigungsfach Chemie – Baden-Württemberg
Übungsaufgaben: Themengruppe II

Thema: Naturstoffe (LP 4)

Aufgabe 1: Mono-, Di- und Polysaccharide

1 In Zuckerrüben ist Saccharose enthalten, die durch säurekatalysierte Hydrolyse in Invertzucker umgewandelt werden kann.
Zeichnen Sie die Strukturformel des Saccharosemoleküls nach Haworth.
Erläutern Sie die bei der Hydrolyse der Saccharose auftretende Inversion.
Nennen Sie eine weitere Möglichkeit, die erfolgte Hydrolyse der Saccharose nachzuweisen.

2 Es gibt ein zur Fructose isomeres Monosaccharid, die Tagatose, deren Moleküle sich von denen der Fructose nur durch die Stellung der Hydroxylgruppe am Kohlenstoffatom C_4 unterscheidet.

2.1 Zeichnen Sie in Fischer-Projektion die Strukturformeln der D-Fructose und der D-Tagatose sowie das Pyranosid (Sechsring) der α-D-Tagatose nach Haworth.

2.2 Bei einem der Disaccharide aus α-D-Glucose und α-D-Tagatose verläuft die Fehling'sche Probe negativ.
Geben Sie die Strukturformel des Moleküls dieses Disaccharids nach Haworth an.

3 Mono- und Polysaccharide unterscheiden sich hinsichtlich ihrer Löslichkeit in Wasser.
Geben Sie dafür eine Erklärung.

Aufgabe 2: Saccharide

Raffinose ist ein Trisaccharid mit folgender Strukturformel:

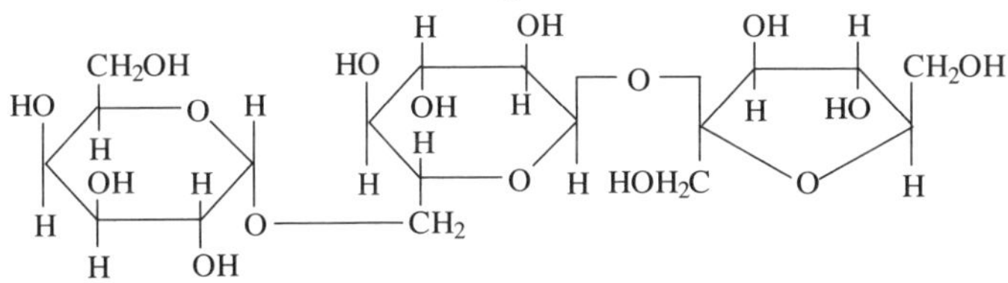

1 Welche der folgenden Mono- bzw. Disaccharide können bei der hydrolytischen Spaltung der Raffinose entstehen, welche nicht?
Begründen Sie Ihre Aussage.
a) D-Glucose
b) D-Fructose
c) D-Ribose
d) Saccharose
e) Maltose

2 Zeichnen Sie die Strukturformeln aller bei der Spaltung der Raffinose entstehenden Monosaccharide in der Fischer-Projektion und benennen Sie zwei davon.

3* Alle Monosaccharide des Hydrolysats zeigen optische Aktivität.
Was versteht man unter optischer Aktivität; worauf beruht sie? Lässt sich aus der jeweiligen Strukturformel eine Aussage über die Drehrichtung machen?

4 Die Raffinose-Lösung und ihr Hydrolysat werden getrennt der Fehling-Probe unterzogen.
Welche Versuchsergebnisse erwarten Sie? Begründen Sie Ihre Aussagen.

5 Geben Sie ein Verfahren an, mit dem die im Hydrolysat vorliegenden Saccharide getrennt und identifiziert werden könnten.
Erklären Sie das Prinzip der Trennung und Identifizierung bei diesem Verfahren.

Aufgabe 3: Saccharide

1 In der Leber entsteht durch enzymatische Oxidation des Monosaccharids D-Glucose die Glucuronsäure.
Die Oxidation erfolgt an einem bestimmten C-Atom des Glucose-Moleküls.
Glucuronsäure zeigt gegenüber Fehling-Reagenz das gleiche Verhalten wie Glucose selbst.

1.1 An welchem C-Atom des Glucose-Moleküls findet die Oxidation statt?
Begründen Sie Ihre Angabe.
Geben Sie eine Strukturformel der Glucuronsäure als offene Kette an.

1.2 In wässriger Lösung liegen die Moleküle der Glucuronsäure überwiegend als Sechsringe (Pyranoseform) vor.
Geben Sie die Strukturformel der α-Glucuronsäure in Haworth-Projektion an.

2 Mithilfe der Glucuronsäure werden in der Leber giftige Hydroxylverbindungen in ungiftige Verbindungen überführt, die ausgeschieden werden. So entsteht z. B. aus dem Halbacetal der α-Glucuronsäure und Phenol ein Glycosid.
Formulieren Sie die Reaktionsgleichung für diese Glycosidbildung unter Verwendung von Strukturformeln.
Begründen Sie, wie die Fehling-Probe mit diesem Glycosid verläuft.

3 D-Galactose ist ein zu D-Glucose isomeres Monosaccharid. Die beiden Isomere unterscheiden sich lediglich in der Stellung der Hydroxylgruppe am dritten asymmetrischen C-Atom. Beide Monosaccharide lassen sich durch katalytische Hydrierung in sechswertige Alkohole überführen. Aus Glucose entsteht auf diese Weise Sorbit, der als Diabetikersüßstoff verwendet wird. Aus Galactose entsteht auf entsprechende Weise Galaktit.
Zeichnen Sie die Strukturformeln der beiden Polyalkohole Sorbit und Galaktit in Fischer-Projektion.

4 Wässrige Lösungen von Sorbit bzw. Galaktit werden im Polarimeter untersucht. Während sich Sorbit-Lösung als optisch aktiv erweist, ist Galaktit-Lösung optisch inaktiv.

4.1* Erläutern Sie Bau und Funktionsweise eines Polarimeters.
Geben Sie mindestens drei Faktoren an, von denen der Drehwinkel α einer optisch aktiven Lösung abhängt.

4.2* Bringen Sie die optische Aktivität bzw. die fehlende optische Aktivität der Lösung der beiden Polyalkohole in Zusammenhang mit ihren Molekülstrukturen.

Aufgabe 4: Aminosäuren, Peptide

Ein Oligopeptid ist aus vier Aminosäuren in folgender Sequenz aufgebaut:
Alanin – Glycin – Cystein – Glutaminsäure

Die Carboxylgruppe des Alanins ist an der Peptidbindung beteiligt.

1.1 Zeichnen Sie die Strukturformeln der vier Aminosäuren mit bindenden und nichtbindenden Elektronenpaaren. Die Aminosäuren sind durch folgende Reste R (Seitenketten) gekennzeichnet:
Alanin: $-CH_3$
Glycin: $-H$
Cystein: $-CH_2-SH$
Glutaminsäure: $-(CH_2)_2-COOH$

1.2* Welche dieser Aminosäuren sind optisch aktiv? Geben Sie eine Begründung.

1.3 Zeichnen Sie eine Strukturformel des Oligopeptids.

1.4 Die an einer Peptidgruppe beteiligten Atome liegen in einer Ebene. Geben Sie dafür eine Erklärung.

2 Das Oligopeptid wird vollständig hydrolysiert. Wie lässt sich diese Hydrolyse durchführen? Beschreiben Sie ausführlich, wie die im Hydrolysat vorliegenden Aminosäuren getrennt und identifiziert werden können.

3* Eine wässrige Lösung von Alanin besitzt im sauren Bereich Pufferwirkung. Geben Sie die Strukturformel der unter dieser Bedingung vorliegenden Alaninteilchen an und erklären Sie die Puffereigenschaft der Lösung.

4* Butansäure ist bei Zimmertemperatur flüssig, während sich Alanin als kristalline Substanz nicht unzersetzt schmelzen lässt.
Geben Sie dafür eine Erklärung.

Aufgabe 5: Kohlenhydrate, Peptide, Ester

1 Im Ernährungsplan für Diabetiker und Übergewichtige spielt *Isomalt* als Ersatzstoff für Saccharose eine Rolle. Ausgangsstoff für die Herstellung von Isomalt ist die Isomaltulose, die bei der enzymatischen Spaltung von Polysacchariden anfällt. Isomaltulose ist ein Disaccharid, bei dem ein α-D-Glucose-Molekül über das C-Atom 1 mit dem C-Atom 6 eines D-Fructose-Moleküls glycosidisch verknüpft ist.

1.1 Zeichnen Sie die Strukturformel eines Saccharosemoleküls nach Haworth.

1.2 Geben Sie für das Isomaltulosemolekül eine Strukturformel an, in welcher der Fructosebaustein offenkettig, der Glucosebaustein als Sechsring vorliegt.

2.1 Zur Herstellung von Isomalt wird Isomaltulose am C-Atom 2 des offenkettigen Fructosebausteins katalytisch hydriert.
Erklären Sie, weshalb bei dieser Reaktion zwei verschiedene isomere Hydrierungsprodukte entstehen und geben Sie deren strukturelle Unterschiede an.

2.2 Zeigen Sie in geeigneter Weise, dass es sich bei dieser Hydrierung um eine Redoxreaktion handelt.

3 Mit Saccharose, Isomaltulose und Isomalt wird jeweils die Fehling-Probe durchgeführt. Begründen Sie die zu erwartenden Beobachtungen.

4 Ein weiterer Zuckerersatzstoff mit 140-mal stärkerer Süßkraft als Saccharose ist *Aspartam*. Es handelt sich dabei um den Methylester eines Dipeptids, welches aus den Aminosäurebausteinen Asparaginsäure (2-Aminobutandisäure) und Phenylalanin (2-Amino-3-phenylpropansäure) aufgebaut ist.
Die Aminosäuren sind durch folgende Reste R (Seitenketten) gekennzeichet:
Asparaginsäure: $-CH_2-COOH$
Phenylalanin: $-CH_2-C_6H_5$
Geben Sie die Strukturformel des Dipeptidmoleküls an, wobei die Peptidbindung zwischen der Aminogruppe des Phenylalanins und dem C-Atom 1 der Asparaginsäure ausgebildet wird.
Zeichnen Sie die Strukturformel für das Aspartammolekül mit bindenden und nichtbindenden Elektronenpaaren. Die Veresterung erfolgt am Phenylalanin-Baustein.

Aufgabe 6: Kohlenhydrate

1 Chitin, der makromolekulare Gerüststoff der Krebse und Insekten, ist aus Acetylglucosamin-Bausteinen aufgebaut. Diese sind β-1,4-glycosidisch verknüpft.

1.1 Zeichnen Sie einen Formelausschnitt des Chitins in Haworth-Schreibweise, der zwei Bausteine umfasst.

1.2 Zeichen Sie ein Acetylglucosamin-Molekül in offenkettiger Fischer-Projektion und kennzeichnen Sie die asymmetrischen C-Atome.
Entscheiden Sie, ob das angegebene Acetylglucosamin in die Reihe der D- oder L-Zucker gehört und erläutern Sie Ihre Entscheidung.

1.3 Vergleichen Sie die Anzahl der asymmetrischen C-Atome in der Kettenform mit der Anzahl der asymmetrischen C-Atome in der Ringform des Acetylglucosamin-Moleküls und begründen Sie Ihre Aussage.

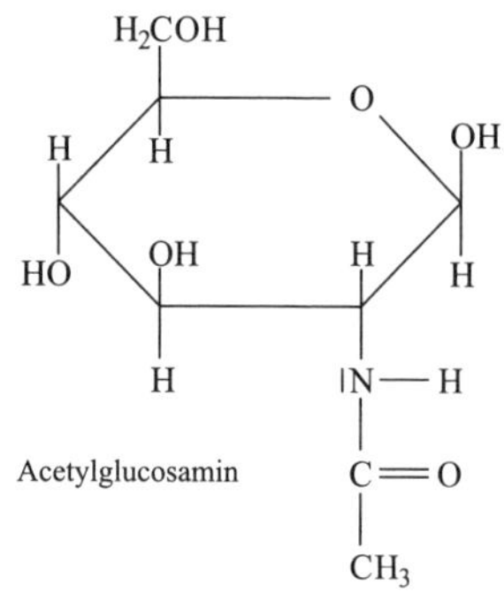

Acetylglucosamin

2 Bei der Hydrolyse des Acetylglucosamins entstehen ein Zuckerderivat und eine Säure.

2.1 Formulieren Sie für diese Hydrolyse eine Reaktionsgleichung und geben Sie den Namen der Säure an.

2.2 Aus dem Produktgemisch lässt sich die Säure durch Destillation entfernen.
Begründen Sie dies mithilfe der Struktur der Teilchen.

3 In Celluloseacetat sind Hydroxylgruppen der Cellulose mit Ethansäure verestert. Bei der Hydrolyse von 57,6 g dieses Esters erhält man neben Cellulose auch 36 g Ethansäure.

3.1 Zeichnen Sie einen Strukturformelausschnitt eines Celluloseacetatmoleküls.

3.2 Berechnen Sie die Anzahl der Estergruppen pro Glucosebaustein.

Aufgabe 7: Kohlenhydrate, Proteine

1 Bei der Herstellung von Joghurt aus Milch wird das Disaccharid Milchzucker (Lactose) durch Bakterien zu Milchsäure (2-Hydroxypropansäure) abgebaut. In Lactose-Molekülen ist ein β-D-Galactosemolekül über das Kohlenstoffatom 1 glykosidisch mit dem Kohlenstoffatom 4 eines β-D-Glucosemoleküls verknüpft.
Das Galactosemolekül unterscheidet sich vom Glucosemolekül in der Stellung der Hydroxylgruppe am Kohlenstoffatom 4.

1.1 Zeichnen Sie die Strukturformel eines β-D-Galactosemoleküls und eines Lactosemoleküls in der Haworth-Schreibweise.

1.2 Beim bakteriellen Abbau wird Lactose zunächst hydrolysiert. Danach werden die Hydrolyseprodukte vollständig zu L-Milchsäure umgewandelt.
Formulieren Sie für beide Vorgänge eine Reaktionsgleichung.
Geben Sie für die entstehende L-Milchsäure die Strukturformel in Fischer-Projektion an.

1.3 Um den Säuregehalt eines Joghurts zu bestimmen, wird eine Joghurtportion der Masse $m = 20$ g mit Wasser vermischt und mit $V = 17{,}8$ mL Natronlauge der Konzentration $c = 0{,}1 \text{ mol} \cdot \text{L}^{-1}$ bis zum Äquivalenzpunkt titriert.
Berechnen Sie den prozentualen Massenanteil w % der Milchsäure im Joghurt. Andere Säurebestandteile im Joghurt können dabei vernachlässigt werden.

2.1 Milch enthält neben den Kohlenhydraten auch Proteine, z. B. das Eiweiß Casein.
Geben Sie einen Strukturformelausschnitt aus einem Caseinmolekül an, der die Bausteine Cystein, Serin und Glutaminsäure enthält. Der Serinbaustein ist zusätzlich über die Hydroxylgruppe mit Phosphorsäure

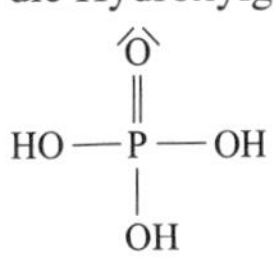

verestert.
Die Aminosäuren sind durch folgende Reste (Seitenketten) charakterisiert:
Cystein: $-CH_2-SH$
Serin: $-CH_2OH$
Glutaminsäure: $-(CH_2)-COOH$
Berücksichtigen Sie auch, dass bei einem pH-Wert der Milch von 6,7 die Säurereste als Anionen vorliegen.

2.2 Sinkt der pH-Wert infolge der bakteriellen Bildung von Milchsäure auf 4,7 so kommt es zu einer Zusammenballung von Caseinmolekülen und das Casein flockt aus.
Erklären Sie diesen Vorgang.

3* Proteine können als Ausgangsstoffe zur Synthese von Tensiden eingesetzt werden. Die bei der Hydrolyse entstehenden Aminosäuren werden dazu in einer Kondensationsreaktion mit Fettsäuren umgesetzt. Anschließend wird mit Natronlauge neutralisiert.
Geben Sie für eine solche Tensidsynthese aus Alanin und Hexadecansäure die Reaktionsgleichungen unter Verwendung von Strukturformeln an.
Erklären Sie mithilfe beschrifteter Skizzen die emulgierende Wirkung dieses Tensids.

Aufgabe 8: Kohlenhydrate, Energetik

1 Zur schnellen und spezifischen Bestimmung von D-Glucose im Harn werden Teststreifen verwendet.
Der Nachweis beruht auf der Oxidation des Glucose-Moleküls am Kohlenstoff-Atom 1.

1.1 Geben Sie die Strukturformeln des D-Glucose-Moleküls und seines Oxidationsproduktes in der Fischer-Projektion an.
Zeigen Sie, dass eine Oxidation stattgefunden hat.

1.2 In einem Experiment wird in ein Reagenzglas D-Fructose-Lösung, in ein zweites Saccharose-Lösung gegeben. Beide werden mit Natronlauge versetzt und über Nacht stehen gelassen. Danach werden beide Lösungen neutralisiert und mit dem Glucose-Teststreifen untersucht.
Begründen Sie die jeweils zu erwartende Beobachtung.

2 Zur Herstellung vieler Süßwaren wird Invertzucker verwendet.
Zu dessen Gewinnung wird Saccharose mit einer Säure und Wasser vermischt und 30 Minuten auf etwa 80 °C erhitzt. Es entsteht ein zäher Sirup. Diesem wird Natriumhydrogencarbonat zugesetzt. Nach kurzem Aufschäumen ist das Produkt gebrauchsfertig.
Formulieren Sie für die Bildung von Invertzucker eine Reaktionsgleichung unter Verwendung von Strukturformeln nach Haworth.
Benennen Sie den Reaktionstyp.
Geben Sie für das Aufschäumen eine Reaktionsgleichung an.
Vergleichen Sie bei beiden Reaktionen die jeweilige Funktion der Säure.

3 Die Reaktionsenthalpie für die vollständige Verbrennung von Glucose soll experimentell bestimmt werden. Dazu wird eine Stoffportion der Masse $m_1(\text{Glucose}) = 1$ g in einem mit $m_2 = 500$ g Wasser gefüllten Kalorimeter verbrannt. Die Verbrennung erfolgt bei konstantem Druck, und der entstehende Wasserdampf kondensiert. Das Wasser im Kalorimeter erwärmt sich um $\Delta\vartheta = 7$ K.

$c(H_2O) = 4{,}18\ J \cdot g^{-1} \cdot K^{-1}$ $\qquad$ $C(\text{Kalorimeter}) = 148{,}6\ J \cdot K^{-1}$

$\Delta_f H^0(CO_2)_{(g)} = -393\ kJ \cdot mol^{-1}$ $\qquad$ $\Delta_f H^0(H_2O)_{(l)} = -285\ kJ \cdot mol^{-1}$

Geben Sie eine Reaktionsgleichung für die Verbrennung von Glucose an.
Berechnen Sie die Verbrennungsenthalpie von 1 mol Glucose.
Berechnen Sie daraus die molare Standard-Bildungsenthalpie von Glucose.

4 „Energy-Drinks“ enthalten neben Glucose und Saccharose auch Taurin (2-Aminoethansulfonsäure; $H_2N-CH_2-CH_2-SO_3H$).

4.1* Taurin lässt sich nicht unzersetzt schmelzen, und seine wässrige Lösung zeigt eine geringe elektrische Leitfähigkeit.
Erklären Sie diese Sachverhalte und geben Sie dazu auch eine Strukturformel an.

4.2* Geben Sie für die Moleküle von α-Alanin (2-Aminopropansäure) und β-Alanin (3-Aminopropansäure) je eine Strukturformel in Fischer-Projektion an.
Kennzeichnen Sie in den Strukturformeln von α-Alanin, β-Alanin und Taurin eventuell vorhandene Chiralitätszentren.

Lösungen

Aufgabe 1: Mono-, Di- und Polysaccharide

1 **Strukturformel für Saccharose**

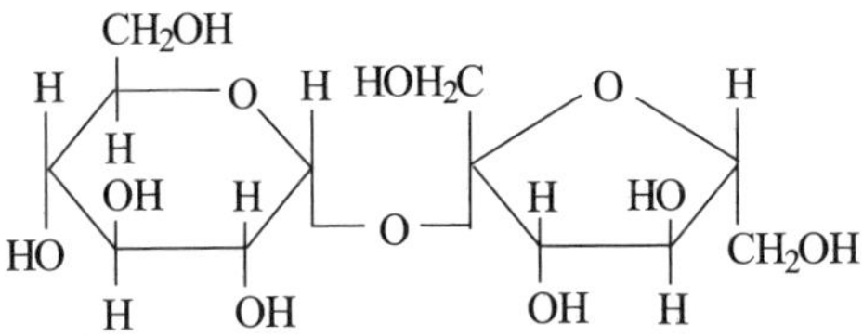

D(+)-Saccharosemolekül

Bei der Spaltung des Saccharosemoleküls entstehen α-D-Glucose und β-D-Fructose. Das Saccharosemolekül dreht die Ebene des polarisierten Lichtes nach rechts. Nach der Spaltung: α-D-Glucose dreht nach rechts, β-D-Fructose nach links und zwar mehr als α-D-Glucose nach rechts dreht. Somit geht die Rechtsdrehung in eine Linksdrehung über. Die Nachweisreaktion mit Fehling I und Fehling II ist bei Saccharose negativ; nach der Spaltung ist diese Nachweisreaktion positiv.

2.1

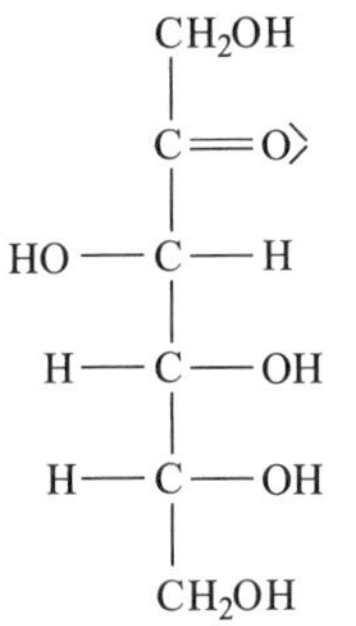

D-Fructose

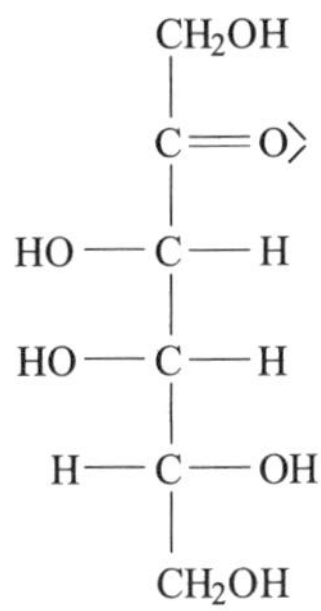

D-Tagatose

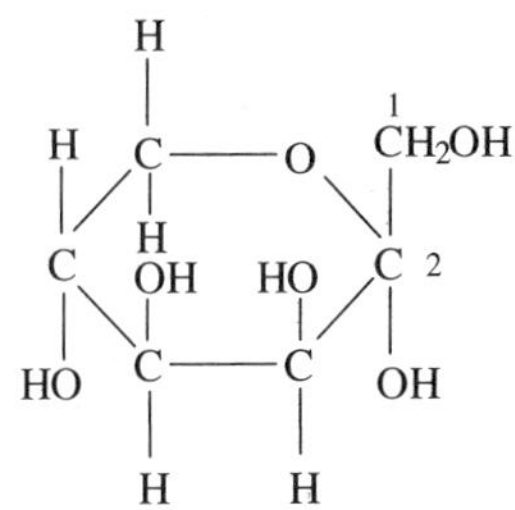

α-D-Tagatose

2.2 Darstellung mit Tagatose als Pyranosid

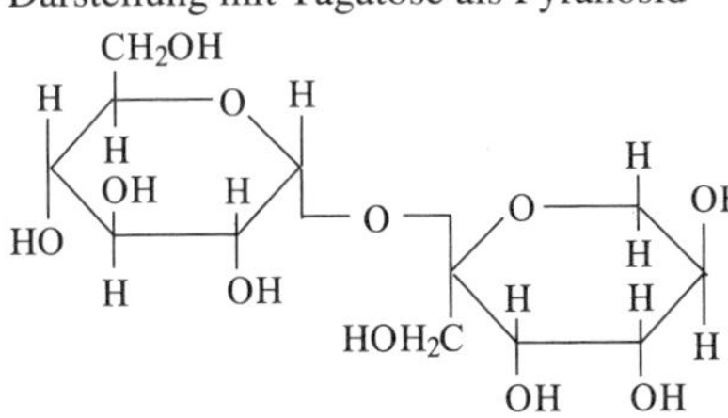

oder

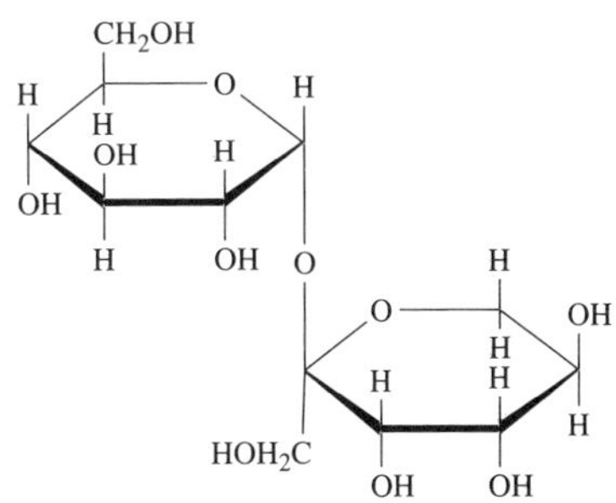

Darstellung mit Tagatose als Furanosid

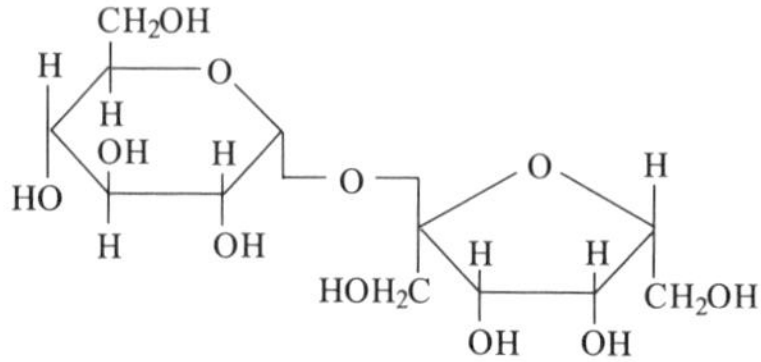

3 **Monosaccharide**
Die Hydroxy-Gruppen der Zuckermoleküle können mit den Wasserdipolen in Wechselwirkung treten. Es bilden sich Wasserstoffbrückenbindungen aus.
Polysaccharide
Die aus β-D-Glucose aufgebaute Cellulose bildet langgestreckte Ketten. Benachbarte Ketten sind über Wasserstoffbrückenbindungen der seitlichen Hydroxy-Gruppen aneinandergelagert. Dadurch entstehen unlösliche Fasern. Bei Stärke löst sich die Amylose in heißem Wasser kolloidal, während Amylopektin unlöslich ist. Hier kommen neben [α-(1 → 4)]-Verknüpfungen in der Kette [α-(1 → 6)]-Verknüpfungen vor, sodass verzweigte Ketten entstehen.
Glykogen hat eine ähnliche Struktur wie Amylopektin. Neben [α-(1 → 4)]-Verknüpfungen gibt es [α-(1 → 6)]-Verknüpfungen. Insgesamt sind die Verzweigungen zahlreicher. Dadurch haben die Makromoleküle die Gestalt eines flachen Ellipsoids. Diese Struktur bedingt hier die Wasserlöslichkeit.

Aufgabe 2: Saccharide

1 Bei der hydrolytischen Spaltung entsteht als Disaccharid die Saccharose und an Monosacchariden D-Glucose, D-Fructose (und D-Galactose). Nicht enthalten sind:
D-Ribose, dieser Zucker ist eine Pentose; Maltose, Maltose ist ein Disaccharid und würde aus zwei D-Glucose-Bausteinen bestehen.

2 **Strukturformeln**

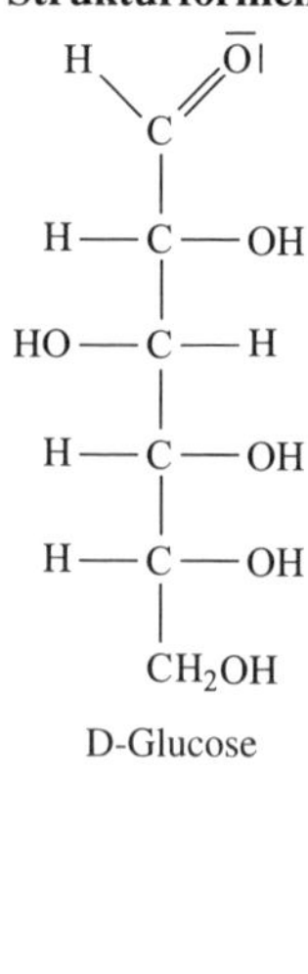

D-Glucose

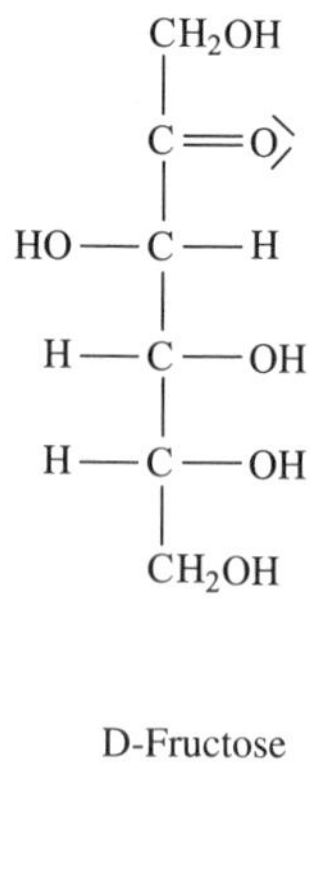

D-Fructose

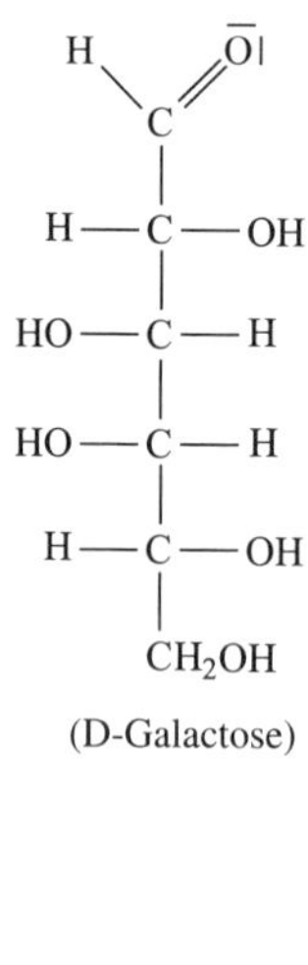

(D-Galactose)

3 Unter der optischen Aktivität versteht man die Drehung der Schwingungsebene des polarisierten Lichts; die Drehung beruht auf asymmetrischen Kohlenstoffatomen. Die Strukturformel erlaubt keine Aussage über die Drehrichtung, diese kann nur experimentell ermittelt werden.

4 Die Fehling-Probe bei Raffinose ist negativ, da alle halbacetalischen Hydroxy-Gruppen blockiert sind.
Hydrolysat: Bei D-Glucose und D-Galactose sind die Proben positiv; beide Monosaccharide sind reduzierende Zucker bei denen eine Ringöffnung möglich ist. Durch die Ringöffnung können die Formyl-Gruppen oxidiert werden. D-Fructose wandelt sich im alkalischen Medium in D-Glucose um, damit ist die Reaktion positiv. Bei Saccharose sind die beiden halbacetalischen Hydroxy-Gruppen blockiert, eine Ringöffnung ist nicht möglich. Durch die reduzierende Monosaccharide ist die Probe mit dem Hydrolysat positiv.

5 **Trennung durch Dünnschicht-Chromatografie**
Auf einer Startlinie einer dünnen Schicht gibt man je mit einer Kapillare eine kleine Probe wässriger Lösungen von D-Glucose, D-Fructose, D-Galactose, Saccharose und von dem Hydrolysat. Das mit Kieselgel beschichtete Plättchen bringt man in einen Tank mit Laufmittel z. B. aus Essigsäureethylester, konz. Essigsäure und Wasser. Die Zucker werden je nach Löslichkeit im Laufmittel und Adsorption an der Schicht getrennt. Das Chromatogramm wird mit Anilinphthalat besprüht und im Trockenschrank bei 100 °C entwickelt, wobei braune bis rotbraune Farbtöne entstehen. Die Identifizierung erfolgt durch Zuordnung von Flecken auf gleicher Höhe.

Aufgabe 3: Saccharide

1.1

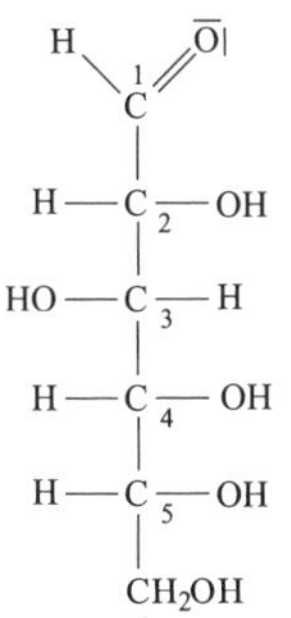

α-D-Glucose

Oxidation am C-Atom Nr. 6;

Formylgruppe bleibt erhalten – diese wird bei der Nachweisreaktion mit Fehling-Reagenz zur Carboxyl-Gruppe oxidiert.

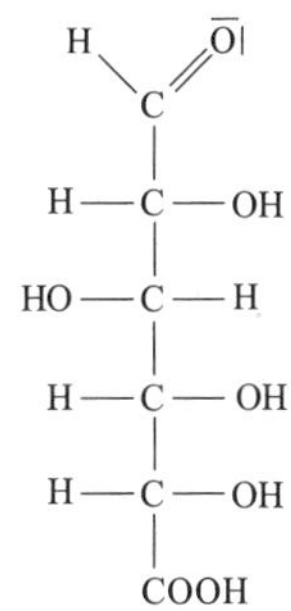

α-D-Glucuronsäure

1.2

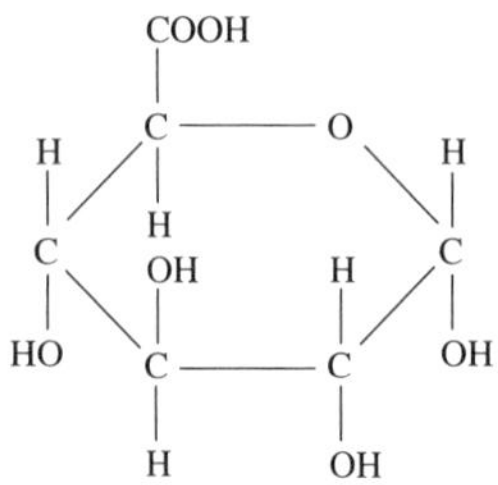

α-D-Glucuronsäure

2

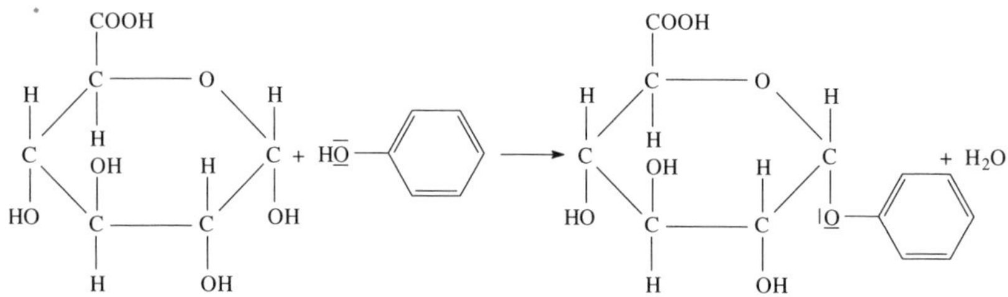

α-D-Glucuronsäure Phenol Glycosid

Fehling-Probe negativ; halbacetalische Hydroxylgruppe blockiert, keine Ringöffnung möglich.

3

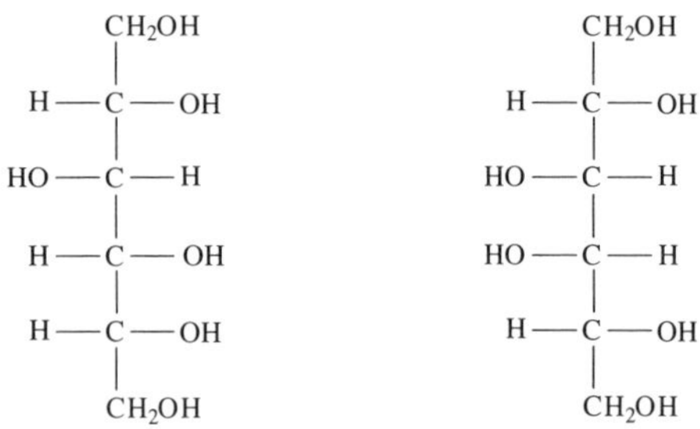

Sorbit Galaktit

4.1 **Aufbau z. B. eines Halbschattenpolarimeters**

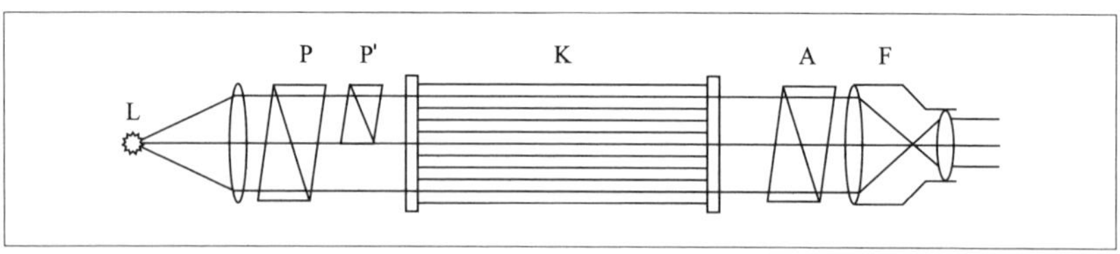

L: Lampe; P: Polarisator; P': Halbprisma; K: Küvette mit der optisch aktiven Substanz;
A: Analysator; F: Fernrohr

Das am Polarisator ankommende Licht schwingt in alle Richtungen:

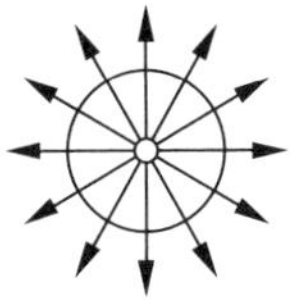

Im Polarisator wird nur Licht einer Schwingungsebene durchgelassen:

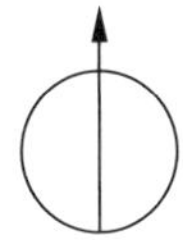

Das Halbprisma P' bedeckt die Hälfte des Gesichtsfeldes. Die Kante diese Prismas P' ist in der Mitte des Gesichtsfeldes als scharfe Trennungslinie sichtbar. Wird der Analysator A zu P gekreuzt, dann entsteht in der einen Gesichtshälfte Dunkelheit, während die andere noch hell ist (1). Kreuzt man P' mit A, so sind die Verhältnisse genau umgekehrt (2). Dreht man A schließlich so, dass der Analysator senkrecht zur Winkelhalbierenden zwischen P und P' steht, so werden beide Felder gleich hell (3), was mit dem Auge gut erkennbar ist.

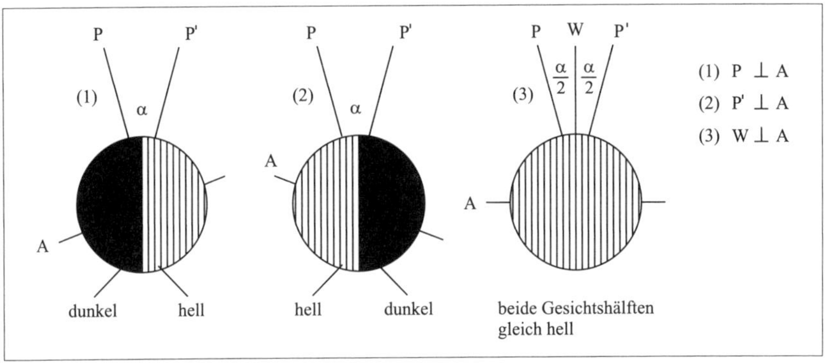

Die optisch aktive Substanz in der Küvette dreht zusätzlich die Ebene des polarisierten Lichtes. Der Analysator muss um den Drehwinkel nachgedreht werden. Der Drehwinkel hängt ab: Von der Konzentration (Massenkonzentration), von der Länge der durchstrahlten Küvette und vom spezifischen Drehwinkel (Stoffkonstante).

Für den Drehwinkel gilt

$$\alpha = [\alpha_D] \frac{c \cdot l}{100}$$

$[\alpha_D]$: spezifische Drehung in $\frac{\text{Grad}}{\text{dm} \cdot \text{g} \cdot (100\ \text{mL})^{-1}}$

c: Konzentration in $g \cdot (100\ mL)^{-1}$

l: Länge des Polarimeterrohrs in dm

4.2 Die **Sorbitmoleküle** sind chiral. Bild- und Spiegelbild können nicht zur Deckung gebracht werden. (Bild- und Spiegelbild bilden ein Enantiomerenpaar). Die Lösung ist optisch aktiv.
Galaktit: Bild- und -Spiegelbild können durch Drehung zur Deckung gebracht werden. (Oder: Mesoform, Symmetrieebene vorhanden – Bild- und Spiegelbild sind identisch – keine Enantiomere). Die Lösung ist optisch nicht aktiv.

Aufgabe 4: Aminosäuren, Peptide

1.1 L-Alanin (1) Glycin (2) L-Cystein (3) Glutaminsäure (4)

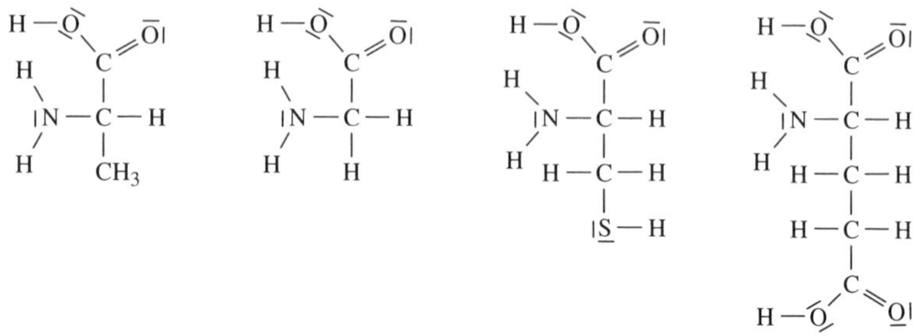

1.2 Optische Aktivität zeigen die Aminosäuren (1), (3) und (4); diese besitzen vier verschiedene Atome bzw. Atomgruppen am α-C-Atom.

1.3 **Strukturformel**

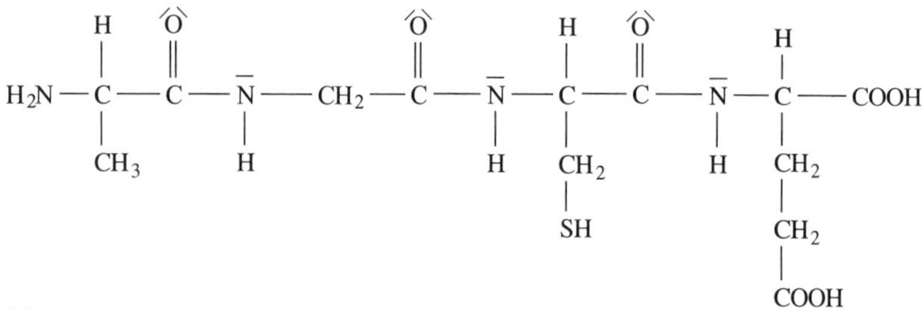

1.4 **Mesomere Formen**

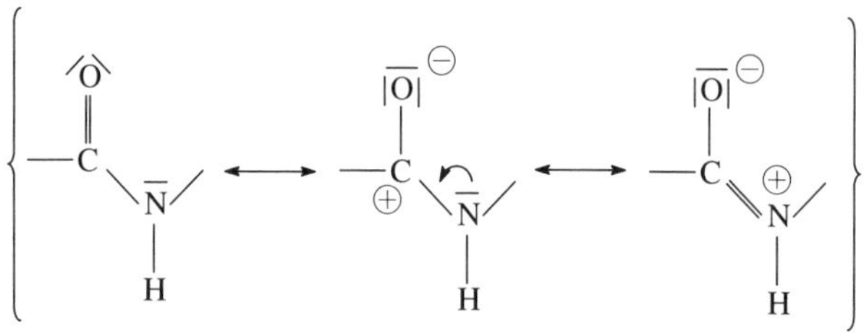

Die Bindung zwischen dem Kohlenstoffatom und dem Stickstoffatom hat etwa 40 % Doppelbindungscharakter. Die freie Drehbarkeit wird durch die π-Elektronenwolke eingeschränkt.

2 Zunächst saure Hydrolyse bei höheren Temperaturen in einem geschlossenen Röhrchen. Die Trennung des Hydrolysats erfolgt z. B. durch Papier- oder Dünnschicht-Chromatografie. Nach der Trennung wird mit Ninhydrin angefärbt. Alle Aminosäuren geben mit Ninhydrin violette Flecken. Aus der Lage der Flecken im Chromatogramm ergeben sich die Aminosäuren.

3 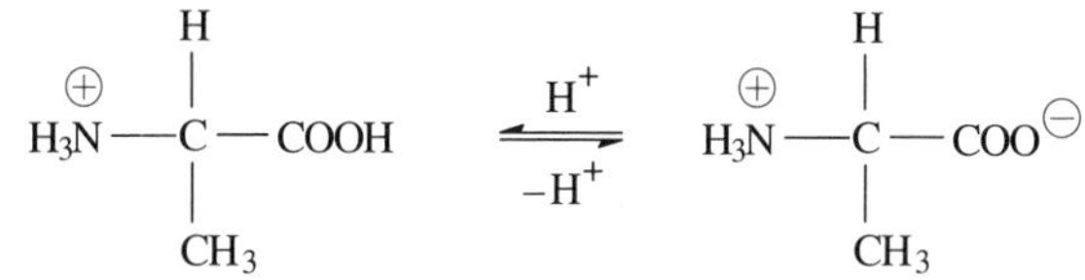

saurer Bereich, protonierte Aminosäure; die Alaninteilchen liegen als Kationen vor

Zwitterion im schwach sauren Bereich

Im sauren Bereich liegen Kationen und Zwitterionen vor – ein Gemisch aus einer schwachen Säure und ihrer korrespondierenden Base. Ein solches Gemisch wirkt als Puffer.

4 Die Zwitterionen sind infolge starker elektrostatischer Wechselwirkung in einem Kristallgitter angeordnet – Feststoff. Bei Butansäure liegen van-der-Waals-Kräfte und Wasserstoffbrückenbindungen vor.

Aufgabe 5: Kohlenhydrate, Peptide, Ester

1.1 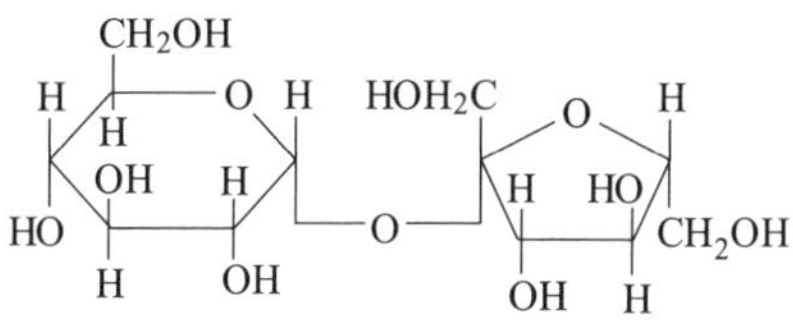

D(+)-Saccharosemolekül

1.2 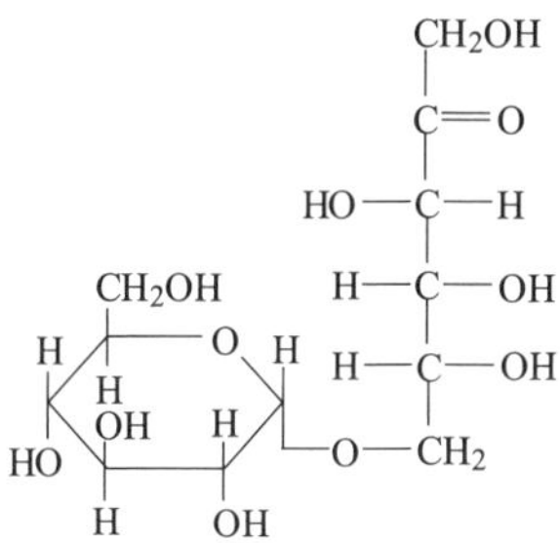

2.1 Bei der katalytischen Hydrierung entsteht eine neue Hydroxyl-Gruppe am C-Atom Nr. 2, die rechts oder links orientiert sein kann (Stellungsisomerie der Hydroxyl-Gruppe).

2.2 Zum Beispiel: $\overset{+II}{C}=\overset{-II}{O} + \overset{0}{H_2} \longrightarrow \overset{+I}{H}-\overset{0}{C}-\overset{-I}{OH}$

Die Oxidationszahl des Kohlenstoffatoms verringert sich von +II auf Null (Reduktion), die Oxidationszahl des Wasserstoffatoms erhöht sich von Null auf +I (Oxidation).

3 **Saccharose:** Fehling-Probe negativ; halbacetalische Hydoxyl-Gruppen sind blockiert, keine Ringöffnung möglich.
Isomaltulose: Fehling-Probe positiv; halbacetalische Hydroxyl-Gruppe am C-Atom Nr. 2 des Fructose-Bausteins ist nicht blockiert, die Fructose lagert sich in alkalischer Lösung in Glucose um.
Isomalt: Fehling-Probe negativ; Ausbildung einer entsprechenden reduzierenden Gruppe nicht möglich.

4

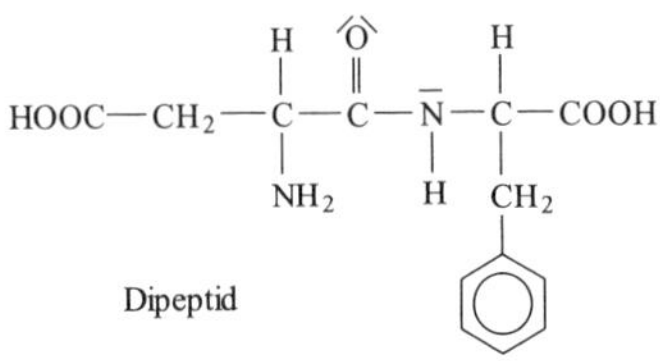

Dipeptid

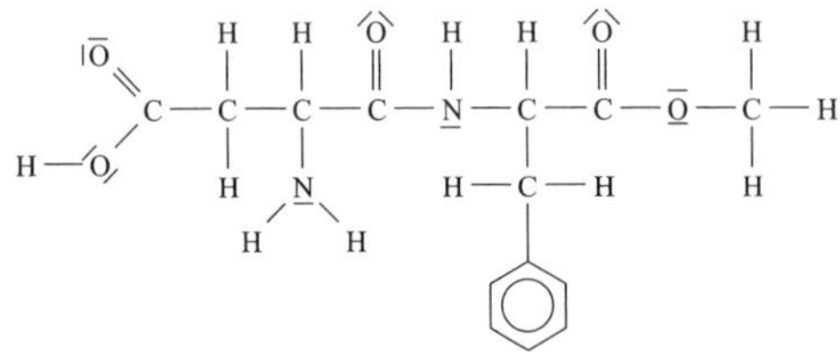

Aspartam

Aufgabe 6: Kohlenhydrate

1.1

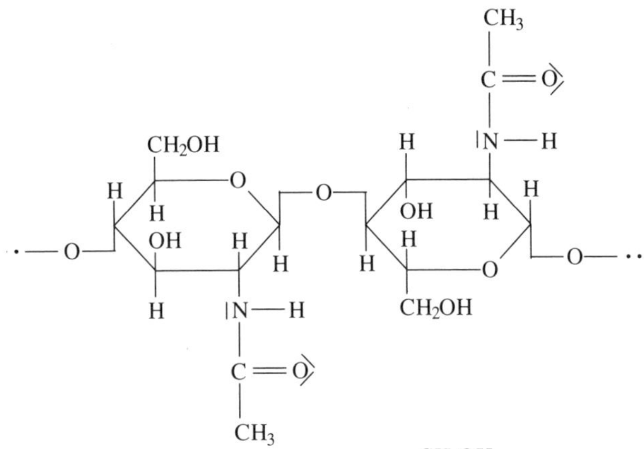

oder

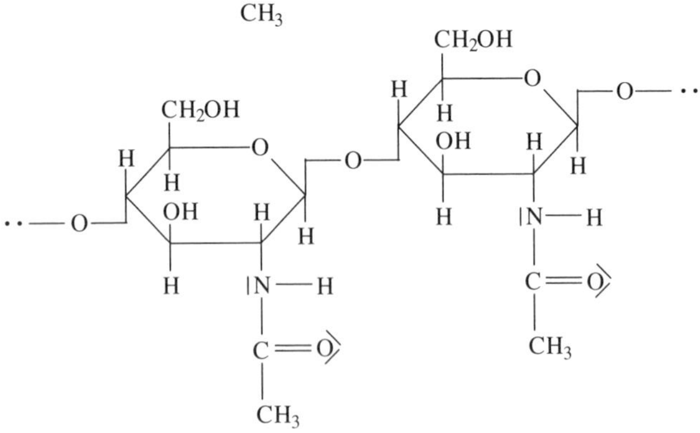

1.2

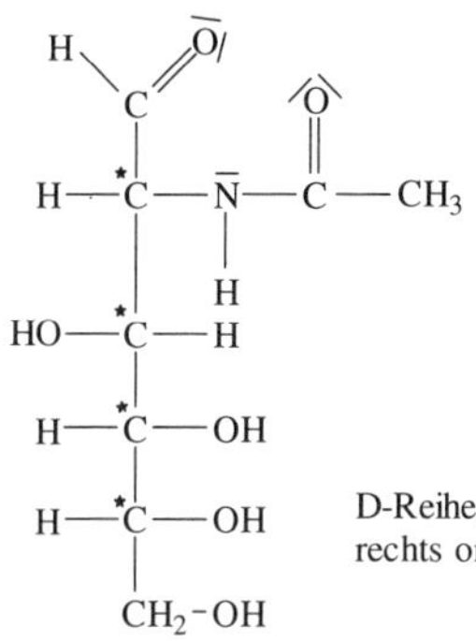

D-Reihe, da die OH-Gruppe am C-Atom Nr. 5 rechts orientiert ist.

1.3 Durch die Ringbildung kann am C-Atom Nr. 1 die Hydroxy-Gruppe nach unten oder nach oben orientiert sein. Aus dem ursprünglichen Carbonyl-Kohlenstoff-Atom ist ein weiteres asymmetrisches Kohlenstoff-Atom entstanden. Die Verbindungen werden als α- und β-Form bezeichnet.

2.1

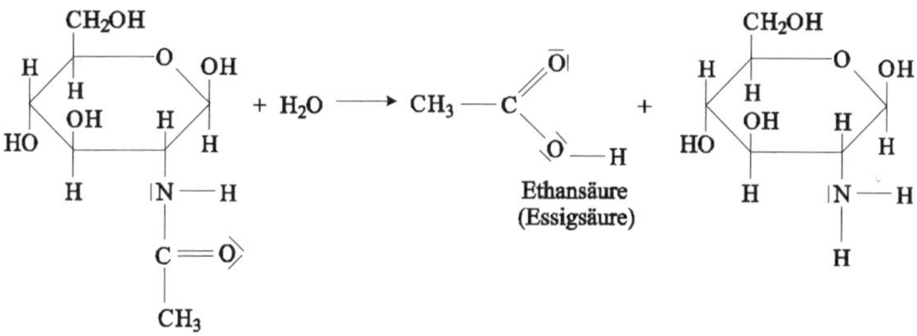

2.2 Die Wasserstoffbrückenbindungen sind zwischen den Glucosederivat-Molekülen zahlreicher, die van-der-Waals-Kräfte sind wegen größerer Oberflächen stärker ausgeprägt; die intermolekularen Kräfte sind bei der Ethansäure schwächer, der Siedepunkt liegt tiefer.

3.1

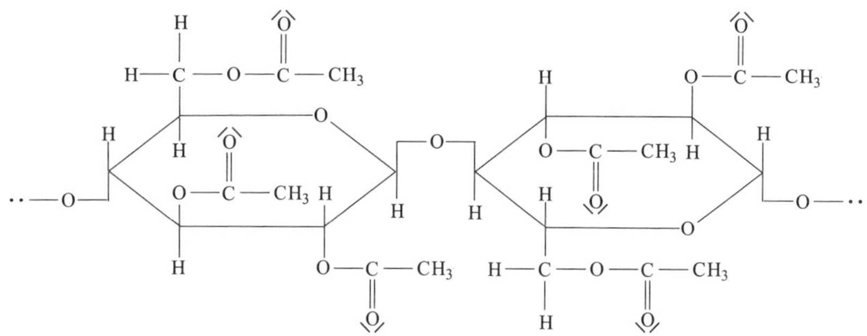

3.2 Es gilt: $n = \frac{m}{M}$

$n(\text{Ethans.}) = \frac{m(\text{Ethans.})}{M(\text{Ethans.})} = \frac{36\ g}{60\ g} \text{mol} = 0,6\ \text{mol}$

n(Ethans.) = n(Wasser)

m(Wasser) = n(Wasser) · M(Wasser) = 0,6 mol · 18 g · mol^{-1} = 10,8 g

Aus der Massenbilanz, m(Ester) + m(Wasser) = m(Cellulose) + m(Ethansäure), folgt:

m(Cellulose) = m(Ester) + m(Wasser) – m(Ethans.) = 32,4 g

Dies ergibt: $n(\text{Bausteine}) = \frac{32,4\ g}{M(\text{Bausteine})} = \frac{32,4\ g}{162\ g} \text{mol} = 0,2\ \text{mol}$

$z = \frac{0,6\ \text{mol}}{0,2\ \text{mol}} = 3$, die Anzahl der Estergruppen ist 3.

oder:

Cellulose: $(C_6H_{10}O_5)_n$; M(Baustein) = 162 g · mol^{-1}
auf ein Mol Glucoseeinheiten kommen z Mol Ethansäure und z Mol Wasser sowie ein Mol Estereinheiten:

0,6 mol Ethansäure $\triangleq \frac{0,6}{z}$ mol Estereinheiten; aus

m(Ester) = n(Einheiten) · M(Estereinheit) folgt:

$57,6\ g = \frac{0,6}{z} \text{mol} \cdot (162 + 42 \cdot z)\ g \cdot \text{mol}^{-1}$ oder $57,6\ z = 162 \cdot 0,6 + 42 \cdot 0,6 \cdot z$

$\Rightarrow$ z = 3 (Anmerkung: $M(CH_3{-}CO{-}) = 43\ g \cdot \text{mol}^{-1}$, ein Mol H-Atome müssen subtrahiert werden)

Aufgabe 7: Kohlenhydrate, Proteine

1.1

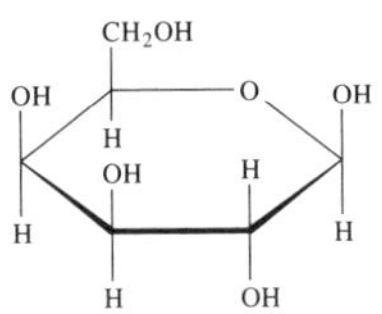

β-D-Galactose

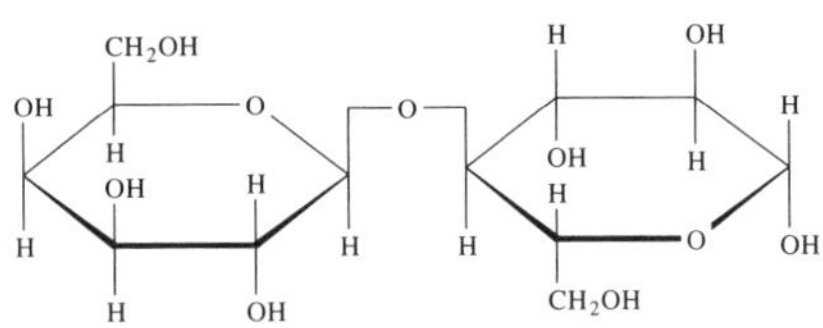

Lactose

oder:

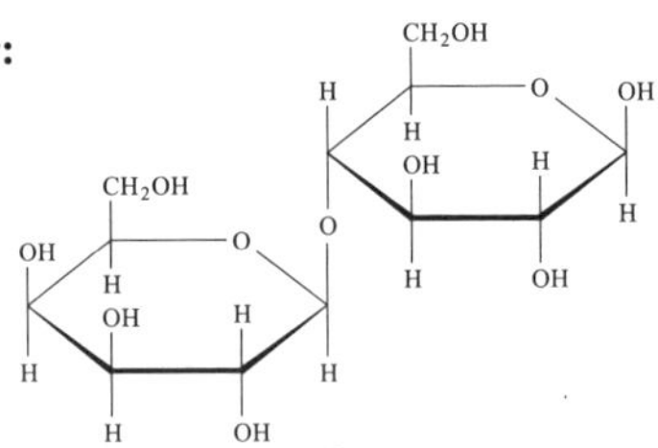

Lactose

Ergänzung

Stachyose ist ein Tetrasaccharid. In diesem sind zwei α-D-Galactose-Moleküle (α, 1 → 6) zu einem Baustein verknüpft. Dieser Baustein ist dann mit dem Glucosebaustein eines Saccharosemoleküls – (α 1 → 6) – verknüpft.

Eine mögliche Strukturformel:

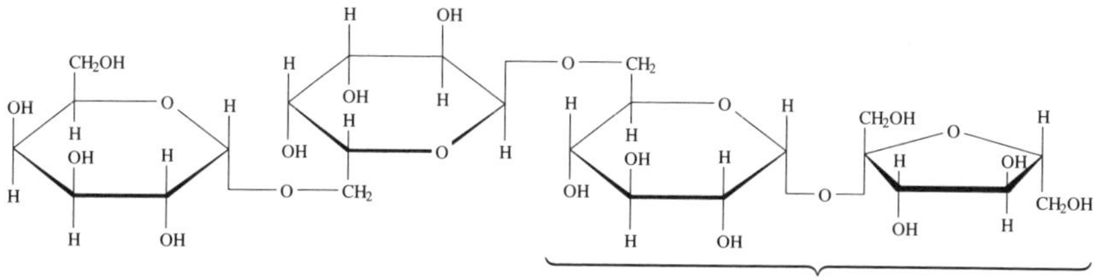

α-D-Galactose α-D-Galactose Saccharose

1.2

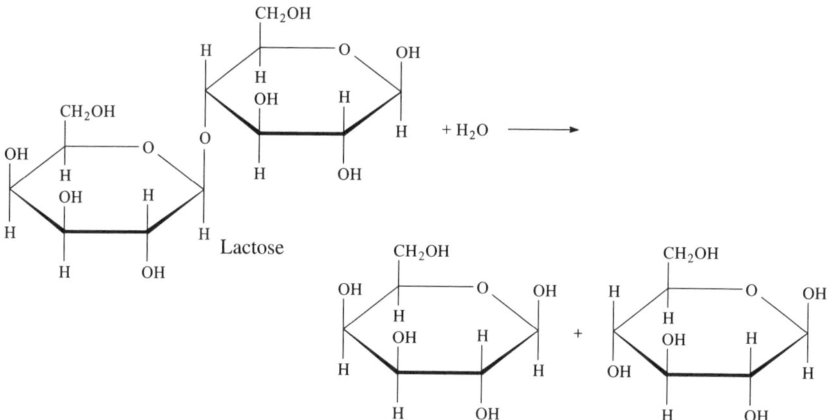

Lactose

β-D-Galactose β-D-Glucose

oder: $C_{12}H_{22}O_{11} + H_2O \longrightarrow 2\ C_6H_{12}O_6$

Lactose Hexosen

$2\ C_6H_{12}O_6 \longrightarrow 4\ C_3H_6O_3$

Hexosen Milchsäure

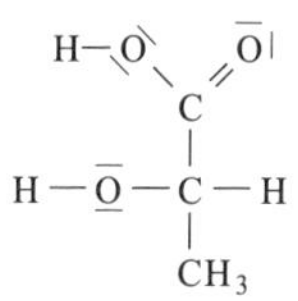

L-Milchsäure

1.3 Aus $c = \frac{n}{V}$ erhält man $n = c \cdot V$ (MS ≙ Milchsäure)

$n(NaOH) = n(MS) = 17{,}8 \cdot 10^{-3}\ L \cdot 0{,}1\ mol \cdot L^{-1} = 1{,}78 \cdot 10^{-3}\ mol$

$m(MS) = n(MS) \cdot M(MS) = 1{,}78 \cdot 10^{-3}\ mol \cdot 90\ g \cdot mol^{-1} = 0{,}1602\ g$

$$w = \frac{0{,}16\ g}{20\ g} \cdot 100\,\% = 0{,}8\ \%$$

2.1 **Bausteine**

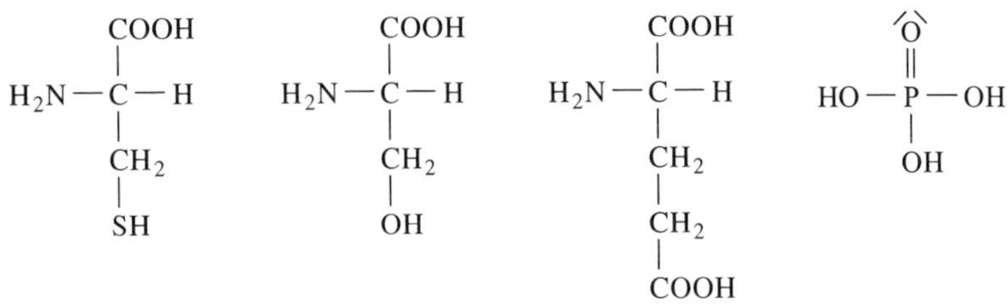

Cystein Serin Glutaminsäure Phosphorsäure

2.2 Durch die pH-Wert-Änderung werden z. T. Bindungen aufgebrochen (z. B. Ionenbindungen duch Protonierung). Die Moleküle entfalten sich. Vorher nach innen gerichtete Gruppen gelangen nach außen. Sie assoziieren mit anderen Gruppen zu Netzwerken, die in Wasser unlöslich sind.

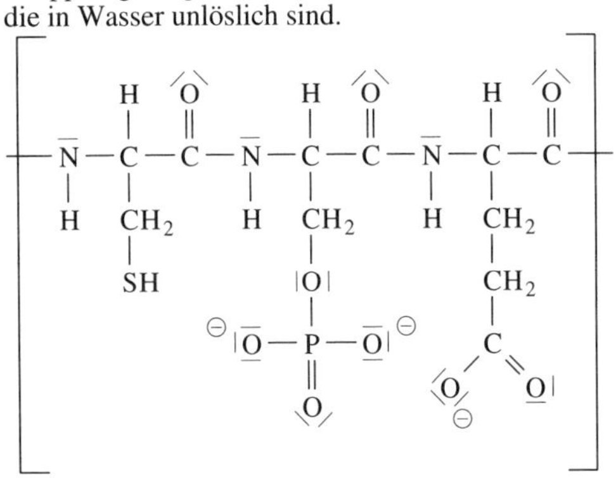

3 **Kondensation**

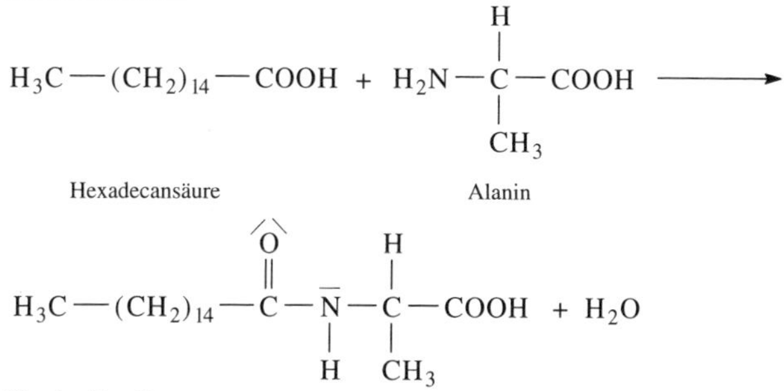

Neutralisation

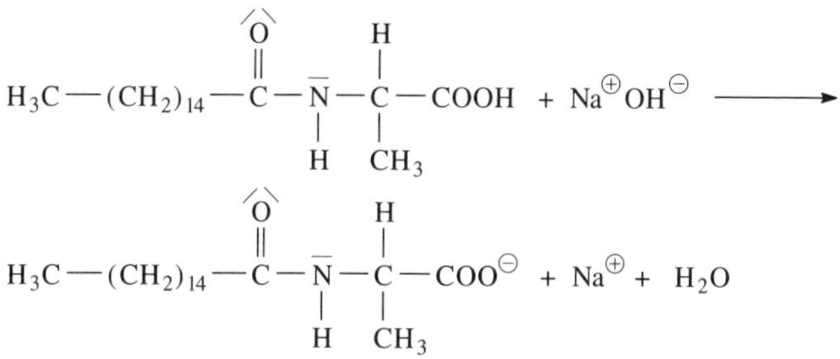

Das Tensid-Molekül besteht aus einem polaren Teil (überwiegend Carboxylat-Ion) und einem unpolaren Teil (Alkylrest):

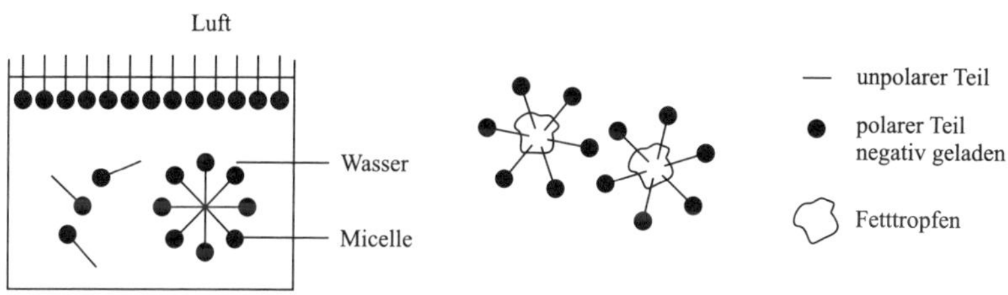

polare Gruppen wechselwirken mit Wasserdipolen, unpolare Teile assoziieren über van-der-Waals-Kräfte, es bilden sich Micellen

Fetttröpfchen werden in Micellen eingeschlossen, diese stoßen sich ab und bilden eine stabile Emulsion

Aufgabe 8: Kohlenhydrate, Energetik

1.1 **Strukturformeln:**

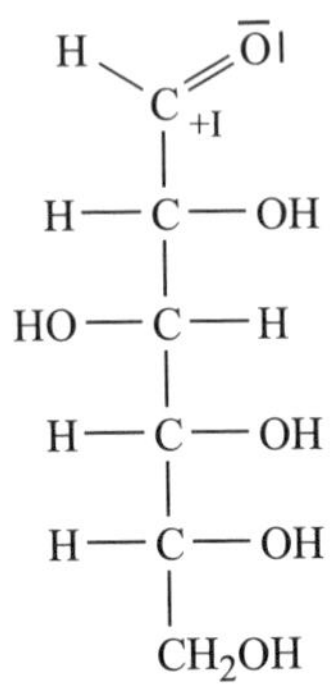

Glucose

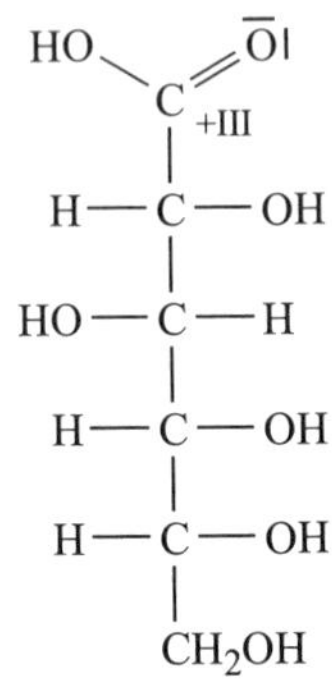

Gluconsäure

Die Oxidationszahl am C-Atom Nr. 1 ändert sich von +I zu +III. Die Erhöhung der Oxidationszahl entspricht der Oxidation.

1.2 **Fructose** wandelt sich über die Endiol-Form u. a. in Glucose um – der Test verläuft positiv. **Saccharose** ist gegen Lauge stabil, es findet keine Hydrolyse statt – der Test ist negativ.

2 **Reaktionsgleichung**

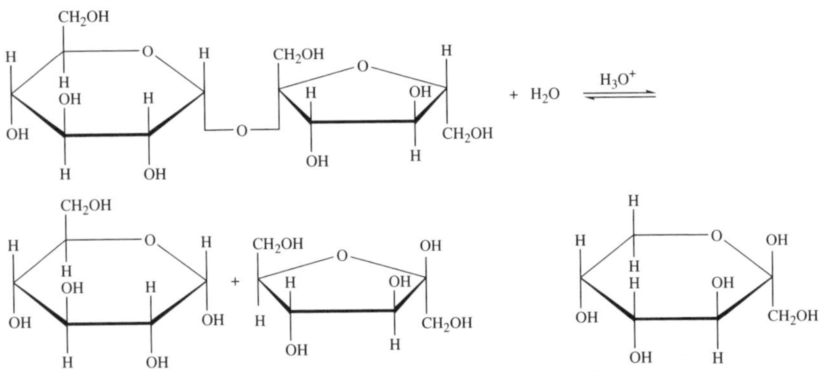

D-Glucose

D-Fructose (Furanose-Form)

Furanose-Form steht im Gleichgewicht mit der Pyranose-Form

Reaktionstyp: säurekatalysierte Hydrolyse

Aufschäumen: $NaHCO_3 + H_3O^+ \rightleftharpoons Na^+ + 2\,H_2O + CO_2(g)$

oder: $HCO_3^- + H_3O^+ \rightleftharpoons 2\,H_2O + CO_2(g)$

H_3O^+-Ionen wirken bei der Hydrolyse als Katalysator und bei der Reaktion mit Natriumhydrogencarbonat als Protonendonatoren.

3 Reaktionsgleichung für die Verbrennung:

$$C_6H_{12}O_6 + 6\,O_2 \longrightarrow 6\,CO_2 + 6\,H_2O$$

Für die Wärmemenge gilt:

$$Q = -(c_W \cdot m_W + C_{Kal}) \cdot \Delta T$$

$$Q = -(4{,}18\,J\cdot g^{-1}\cdot K^{-1}\cdot 500\,g\cdot 7\,K + 148{,}6\,J\cdot K^{-1}\cdot 7\,K)$$
$$= -(14\,630 + 1\,040{,}2)\,J = -15{,}67\,kJ$$

$$\Delta_R H = Q \cdot M = -15{,}67\,kJ\cdot g^{-1} \cdot 180\,g\cdot mol^{-1} = -2\,820{,}6\,kJ\cdot mol^{-1}\ \text{(Umsatz)}$$

$$\Delta_R H = \sum \Delta_f H^0(\text{Pr.}) - \sum \Delta_f H^0(\text{Ed.}) = 6 \cdot \Delta_f H^0(CO_2) + 6 \cdot \Delta_f H^0(H_2O_{(l)}) - \Delta_f H^0(\text{Glucose})$$

$$\Delta_f H^0(\text{Glucose}) = 6 \cdot \Delta_f H^0(CO_2) + 6 \cdot \Delta_f H^0(H_2O_{(l)}) - \Delta_R H$$
$$= \big(6(-393) + 6(-285) + 2\,820{,}6\big)\,kJ \cdot mol^{-1}$$
$$= -1\,247{,}4\,kJ \cdot mol^{-1}$$

4.1

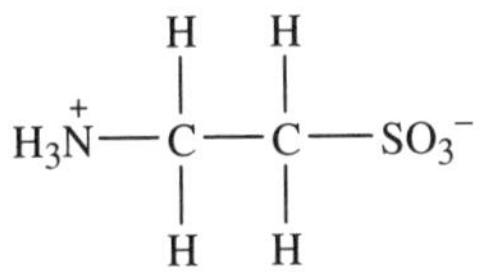

Bildung von Zwitterionen durch innermolekulare Protolyse. Starke elektrostatische Kräfte zwischen den Zwitterionen im Kristallgitter. Zwitterionen richten sich im elektrischen Feld nur aus, wandern aber nicht, woraus die geringe Leitfähigkeit resultiert. (Die Leitfähigkeit ändert sich jedoch in Abhängigkeit vom pH-Wert).

4.2

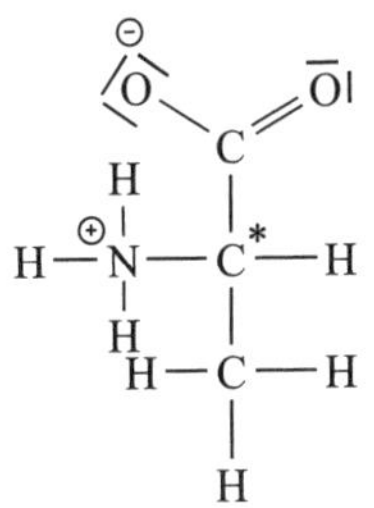

α-Alanin
* asymmetrisches C-Atom, Chiralitätszentrum

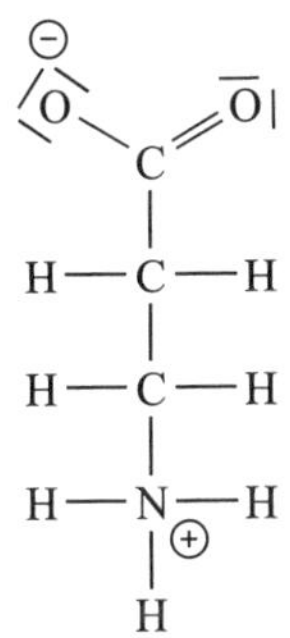

β-Alanin
keine asymmetrischen C-Atome

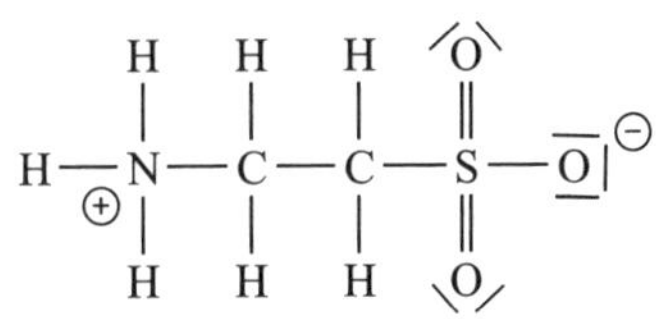

Taurin
(Bestandteil von Gallensäuren)
keine asymmetrischen C-Atome

Profil-/Neigungsfach Chemie – Baden-Württemberg
Übungsaufgaben: Themengruppe III

Thema: Kunststoffe (LP 7)

Aufgabe 1: Kunststoffe

Kunststoffe können so hergestellt werden, dass sie verschiedensten Ansprüchen genügen. Ihre Eigenschaften hängen unter anderem von der Art und dem Grad der Vernetzung ab.

1 Gegeben sind die zwei Stoffpaare A und B, aus denen sich durch Polykondensation ein thermoplastischer und ein duroplastischer Kunststoff herstellen lassen:
A: cis-2-Butendisäure und 1,4-Butandiol
B: 1,2-Benzoldicarbonsäure und 1,2,3-Propantriol.

1.1 Geben Sie für die beiden Kunststoffe, die sich aus den beiden Stoffpaaren A bzw. B herstellen lassen, geeignete Strukturformelausschnitte an, wobei für B ein aus vier Monomeren bestehender Formelausschnitt genügt.
Erklären Sie unter Zuhilfenahme der Formelausschnitte das unterschiedliche Verhalten der beiden Kunststoffe beim Erwärmen.

1.2 Durch Weiterreaktion mit Styrol kann der thermoplastische Kunststoff zu einem duroplastischen Kunststoff reagieren.
Erläutern Sie diese Tatsache.

1.3 Styrol allein reagiert ebenfalls zu einem makromolekularen Stoff.
Formulieren Sie den dieser Reaktion zugrunde liegenden Mechanismus.

2 Rohkautschuk enthält Makromoleküle, von denen folgender Formelausschnitt gegeben ist:

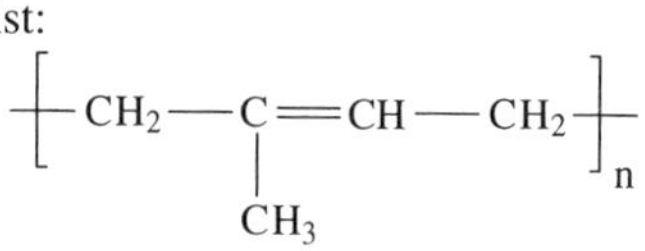

2.1 Zeichnen Sie einen geeigneten Ausschnitt aus der Formel eines vulkanisierten Gummis unter Verwendung des gegebenen Formelausschnitts von Rohkautschuk.

2.2 Erklären Sie die Eigenschaftsveränderung des Kautschuks, die beim Vulkanisieren auftritt und erläutern Sie, wie sich die Eigenschaften von Gummi beim Vulkanisieren beeinflussen lassen.

3 Polyurethane entstehen durch Reaktion bifunktioneller Alkyldiisocyanate mit bifunktionellen Alkoholen.
Formulieren Sie die Polyaddition am Beispiel der Reaktion von 1,6-Hexandiisocyanat mit 1,4-Butandiol.

Aufgabe 2: Kunststoffe

1 In manchen „Alleskleber“ ist Polyvinylacetat enthalten.

Vinylacetat:

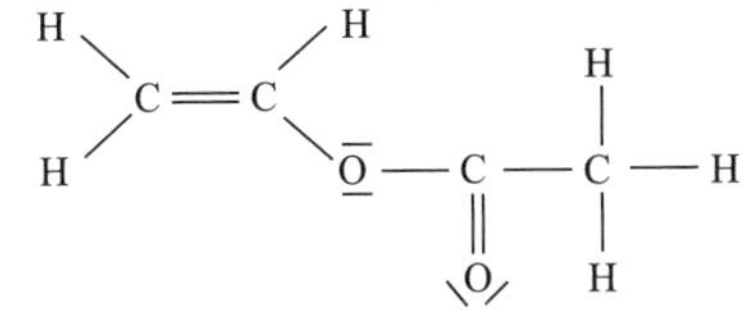

1.1 Erläutern Sie, wie aus dem Monomeren Vinylacetat das Polyvinylacetat-Makromolekül entsteht.
Geben Sie den Reaktionstyp an und skizzieren Sie einen charakteristischen Ausschnitt aus dem Makromolekül. Wie verhält sich das Polyvinylacetat beim Erhitzen?

1.2 Technisch wird ein großer Teil des Polyvinylacetats durch Hydrolyse in Polyvinylalkohol umgewandelt, wobei das Kettengerüst erhalten bleibt.
Geben Sie für die bei der Hydrolyse entstehenden Teilchen die Strukturformel bzw. einen geeigneten Strukturformelausschnitt mit allen bindenden und nichtbindenden Elektronenpaaren an.

2 Beschreiben Sie die Herstellung eines Polymerisats oder eines Polykondensats aus den Substanzen, die Sie bei Ihrem Praktikumsversuch verwendet haben.

3 Als chirurgisches Nähmaterial wird ein Kunststoff verwandt, dessen Makromoleküle durch folgenden Formelausschnitt dargestellt werden:

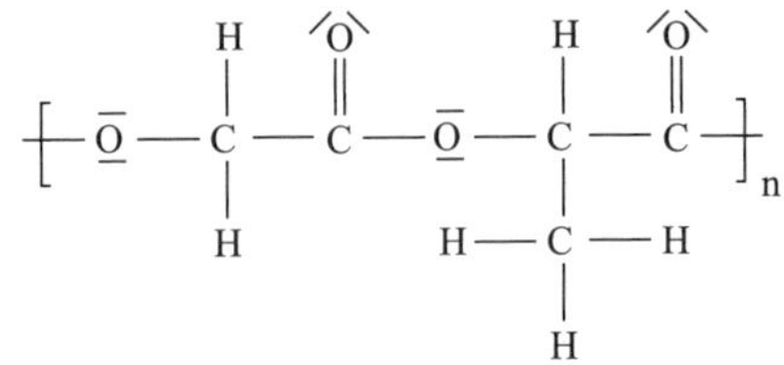

Er wird durch Enzyme hydrolytisch zu körperunschädlichen Stoffen abgebaut, wodurch ein späteres Ziehen der Fäden entfällt.

3.1 Klassifizieren Sie diesen Kunststoff nach Aufbau und nach dem Reaktionstyp seiner Entstehung aus den Monomeren.

3.2 Geben Sie die Strukturformeln der bei der Hydrolyse dieses Kunststoffs entstehenden Abbauprodukte in Fischer-Projektion an und benennen Sie diese.

Aufgabe 3: Kunststoffe

1 Bei der Synthese von Kunststoffen kommen unter anderem folgende Monomere zum Einsatz:
a) Chlorethen (Vinylchlorid)
b) Phenylethen (Styrol)
c) 1,6-Diaminohexan (Hexamethylendiamin)
d) 1,2,3-Propantriol (Glycerin)
e) Butandisäure (Bernsteinsäure)

1.1 Geben Sie für die Stoffe a bis e jeweils eine Strukturfomel mit bindenden und nichtbindenden Elektronenpaaren an.

1.2 Geben Sie sinnvolle Formelausschnitte der Makromoleküle an, die aus den Molekülen der Stoffe a bis e gebildet werden können (ohne Mischpolymerisate und Mischpolykondensate).

1.3 Beschreiben Sie das experimentelle Vorgehen für die Herstellung eines Kunststoffes ausgehend von Phenylethen und formulieren Sie den der Reaktion zugrunde liegenden Mechanismus.

2 Für Verpackungsmaterial sind Kunststoffe erwünscht, die nach Anwendung verschiedener Recycling-Verfahren wiederverwertet werden können. Diese Verfahren beruhen zum Beispiel auf Umschmelzprozessen oder auf hydrolytischer Spaltung.

2.1 Entscheiden Sie, welche der Kunststoffe aus Aufgabenteil 1.2 durch Umschmelzen, welche durch Hydrolyse der Wiederverwertung zugeführt werden können, und begründen Sie Ihre Entscheidung.

2.2 Neben dem Recycling spielt auch die Verbrennung von Kunststoffen bei der Abfallbeseitigung eine Rolle.
Nennen Sie einige Schadstoffe, die bei der Verbrennung der Kunststoffe aus Aufgabenteil 1.2 entstehen können.
Formulieren Sie für die Verbrennung von Chlorethen, stellvertretend für Polychlorethen (PVC), eine Reaktionsgleichung.
Beschreiben Sie für zwei bei der Verbrennung von PVC entstehende Produkte einen geeigneten experimentellen Nachweis.

Aufgabe 4: Kunststoffe

Polyurethane werden in vielfältiger Weise z. B. bei der Herstellung von Sportartikeln wie Skiern und Skischuhen verwendet.

1 Formulieren Sie einen sinnvollen Strukturformelausschnitt aus dem Polyurethanmolekül, das aus 1,4-Butandiol und Toluylen-2,6-diisocyanat hergestellt wird. Geben Sie den Reaktionstyp an, nach dem diese Synthese verläuft.

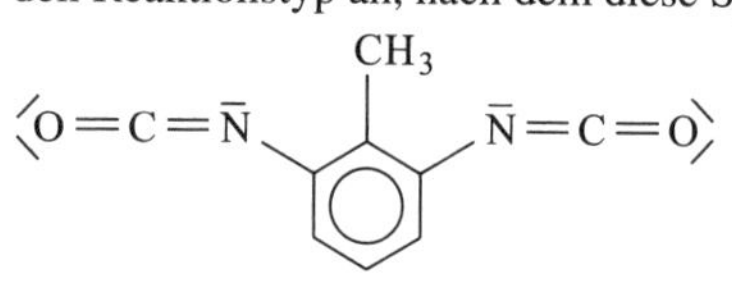

Toluylen-2,6-diisocyanat

2 Welches Verhalten zeigt der in Aufgabe 1 hergestellte Kunststoff bei Temperaturerhöhung?
Geben Sie dazu eine Erklärung.

3 Geben Sie die Strukturformel eines Alkohols an, der anstelle von 1,4-Butandiol zur Herstellung eines Polyurethans verwendet werden könnte, welches sich bei Temperaturerhöhung grundsätzlich anders verhält als der Kunststoff in Aufgabe 1.
Begründen Sie Ihre Angabe und erklären Sie das Verhalten des so hergestellten Kunststoffs beim Erwärmen.

4 Polyurethanschäume erhält man, wenn man dem Reaktionsgemisch etwas Wasser zumischt. Die bei der Reaktion von Wasser mit Diisocyanat entstehenden Kohlenstoffdioxid-Gasblasen werden dabei in die Kunststoffmasse eingeschlossen.
Formulieren Sie für diese Bildung von Kohlenstoffdioxid eine Reaktionsgleichung unter Verwendung von Strukturformeln.

5 Lässt man ein Gemsich aus verschiedenen Monomeren polymerisieren, so erhält man *Copolymere.*

5.1 Ein Copolymer wird aus Styrol und Ethen hergestellt. Geben Sie Strukturformeln der beiden Monomere an und zeichnen Sie einen Formelausschnitt, in dem die Monomerbausteine ständig wechseln (alternieren). Dieser Ausschnitt soll mindestens vier Bausteine umfassen.

5.2 Ein anderes Copolymer soll als Bausteine Styrol und 1,3-Butadien enthalten. Zeichnen Sie auch hier einen Formelausschnitt mit alternierenden Bausteinen. Dabei sollen nur die C-Atome 1 und 4 des Butadiens an der Verknüpfung beteiligt sein.

5.3 Erläutern Sie Aufbau und Eigenschaften von Elastomeren.
Erklären Sie, wie aus dem in 5.2 angegebenen Copolymer ein Elastomer hergestellt werden kann.

Aufgabe 5: Kunststoffe

Wegen besserer Umweltverträglichkeit und Wiederverwertbarkeit lösen Polyethen (PE), Polypropen (PP) und Polyethylenterephthalat (PET) zunehmend traditionelle Kunststoffmaterialien wie Polyvinylchlorid (PVC) ab.

1 Geben Sie jeweils einen sinnvollen Ausschnitt aus den Strukturformeln von PE-, PP- und PVC-Makromolekülen an.
Erläutern Sie, warum PE und PP bei der Verbrennung umweltverträglicher sind als PVC.

2 Der Synthese von PE, PP und PVC liegt ein gemeinsamer Reaktionsmechanismus zugrunde.
Benennen und formulieren Sie diesen am Beispiel der Synthese von PVC.

3 PET ist ein Polyester mit p-Benzoldicarbonsäure (Terephthalsäure) als einem Baustein.
Geben Sie den Namen und die Strukturformel des zweiten Bausteins an sowie einen Formelausschnitt, der den Bau des Polyestermoleküls erkennen lässt.

4 PET ist ein thermoplastischer Kunststoff. Durch Abwandlung je eines der Monomeren können duroplastische Polyester hergestellt werden.
Geben Sie für beide Fälle jeweils eine denkbare Strukturformel eines solchen Monomeren an und begründen Sie.

Aufgabe 6: Kunststoffe

1 UP-Harz-Lacke liefern qualitativ hochwertige Beschichtungen. Sie enthalten in Styrol gelöste ungesättigte Polyester (UP). Beim Aushärten reagieren die beiden Komponenten zum festen Lack.

1.1 Zeichnen Sie einen sinnvollen Ausschnitt aus der Strukturformel eines Polyestermoleküls, das aus den Monomeren Butendisäure und 1,4-Butandiol entstanden ist.

1.2 Erläutern Sie die Reaktion, die zwischen den Komponenten beim Aushärten abläuft.
Zeichnen Sie einen Ausschnitt aus der Strukturformel des ausgehärteten UP-Harz-Lackes.

1.3 Beschreiben Sie das Verhalten eines UP-Lackes, wenn eine Probe dieses Lackes im Reagenzglas allmählich erhitzt wird. Begründen Sie Ihre Aussage.

2 Zur Herstellung von Kunststoffen können jeweils zwei der folgenden Stoffe zur Reaktion gebracht werden: 1,3-Butadien, Decandisäure, Phenol, 1,6-Diaminohexan, 1,4-Benzoldiisocyanat, Methanal, wasserhaltiges Glycerin (Propantriol), Schwefel.

2.1 Nennen Sie aus den angegebenen Stoffen diejenigen, die
a) zur Herstellung einer reißfesten Faser,
b) zur Herstellung eines Hartschaums,
c) zur Herstellung von Gummi geeignet sind.

Zeichnen Sie für a, b und c die Strukturformeln der organischen Bausteine.

2.2 Die Reißfestigkeit der Faser nach a kann durch ein mechanisches Verfahren stark erhöht werden.
Zeichnen Sie einen Strukturformelausschnitt mit bindenden und nicht bindenden Elektronenpaaren.
Beschreiben Sie das Verfahren und erklären Sie, welche Vorgänge im molekularen Bereich die Reißfestigkeit erhöhen.

3 Beschreiben Sie einen experimentellen Nachweis, mit dem festgestellt werden kann, ob am Aufbau eines Kunststoffs Chlor beteiligt ist.

Aufgabe 7: Kunststoffe

1 Beim Erhitzen von Polystyrol entsteht Styrol (Vinylbenzol), eine farblose Flüssigkeit mit aromatischem Geruch, die man abdestillieren kann.

1.1 Formulieren Sie für diese Reaktion eine Gleichung mit Stukturformeln.

1.2 Mit Brom reagiert Styrol sofort.
Stellen Sie die Reaktionsgleichung für diese Reaktion auf. Verwenden Sie Strukturformeln.
Benennen Sie das Reaktionsprodukt.

1.3 Bei der Verbrennung von Styrol an der Luft kann man aus den Beobachtungen schließen, dass die Reaktion unvollständig verläuft.
Formulieren Sie eine Reaktionsgleichung mit Summenformel, die diese Beobachtung berücksichtigt.

2 Technisch wichtig ist die Polymerisation von Gemischen unterschiedlicher Monomere (Copolymerisation).

2.1 Copolymerisiert man Styrol im Gemisch mit 1,4-Divinylbenzol, so kann man die Eigenschaften des Kunststoffes gezielt verändern.
Beschreiben Sie, welche Eigenschaften des Kunststoffes sich durch eine dosierte Zugabe von 1,4-Divinylbenzol ändern lassen.
Erläutern Sie Ihre Aussage anhand eines Stukturformelausschnittes.

2.2 Auch Styrol und 1,3-Butadien können im Gemisch copolymerisiert werden.
Zeichnen Sie einen Ausschnitt aus der Strukturformel eines Makromoleküls, der je zwei der beiden unterschiedlichen Monomere in beliebiger Reihenfolge zeigt.

2.3 Die Synthese des Copolymerisats aus Aufgabe 2.2 kann über den Anteil an Butadien so gesteuert werden, dass ein Werkstoff mit sehr guten elastischen Eigenschaften entsteht.
Erklären Sie, wie die Elastizität zustande kommt.

Lösung

Aufgabe 1: Kunststoffe

1.1

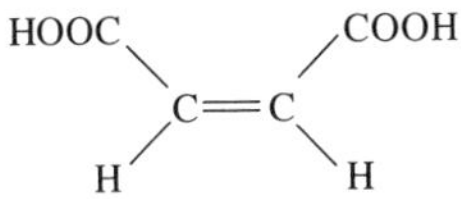

cis-2-Butendisäure

$HO—CH_2—CH_2—CH_2—CH_2—OH$

1,4-Butandiol

Formelausschnitt A

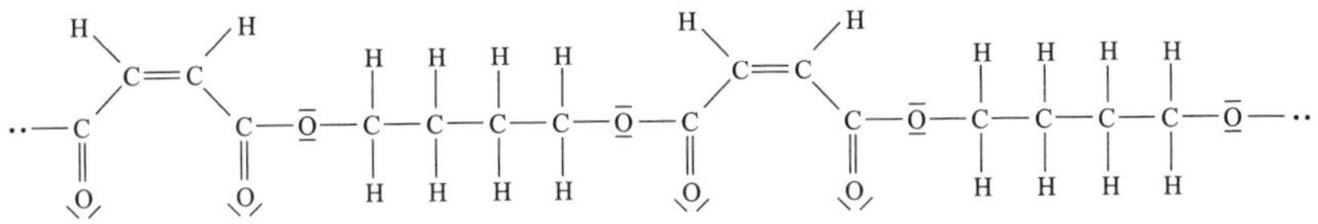

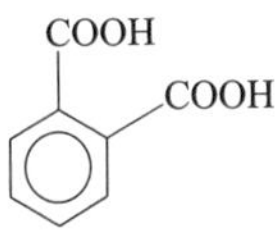

1,2-Benzoldicarbonsäure

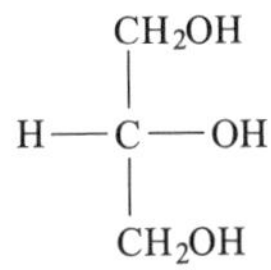

1,2,3-Propantriol

Formelausschnitt B

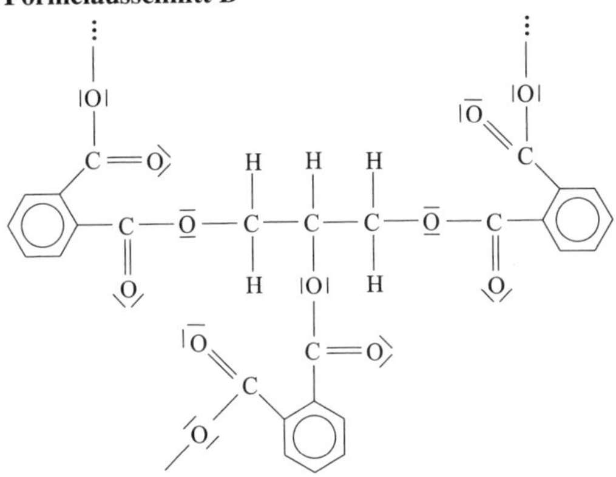

A: Aufgebaut aus linearen Molekülketten, thermoplastisches Verhalten, langsames Erweichen beim Erhitzen.

B: Engmaschiges Netzwerk, Duroplast; Erweichungsbereich und Fließbereich gibt es nicht; Zersetzung des Kunststoffes bei hohen Temperaturen.

1.2 Die Doppelbindungen in den Polyestermolekülketten können entkoppelt werden. Diese Reaktion kann mit Startradikalen oder durch Bestrahlen mit UV-Licht in Gang gebracht werden. Eine Polymerisation mit Styrol ist dadurch möglich.

Ergänzung:
Der Mechanismus ist eine Polymerisation des Styrols und eine Pfropfpolymerisation des Polystyrols mit dem Polyester.

Propfpolymerisation (Ergänzung):

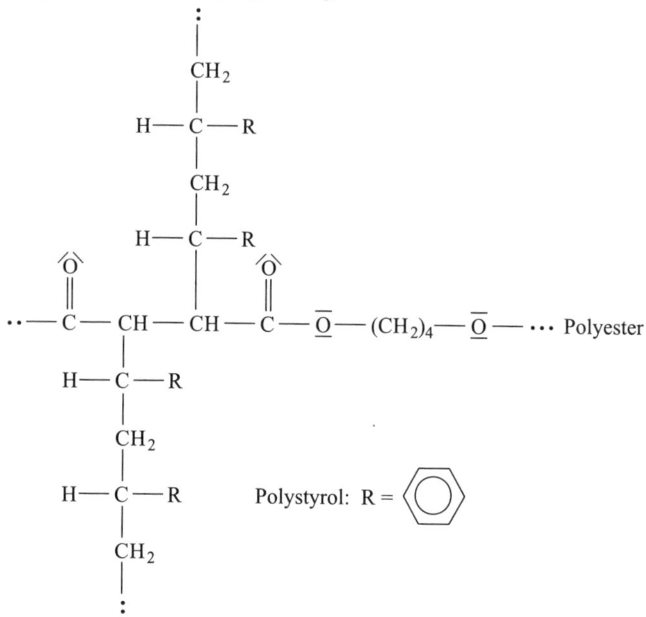

1.3 **Mechanismus**

Start: (R'• = Radikal)

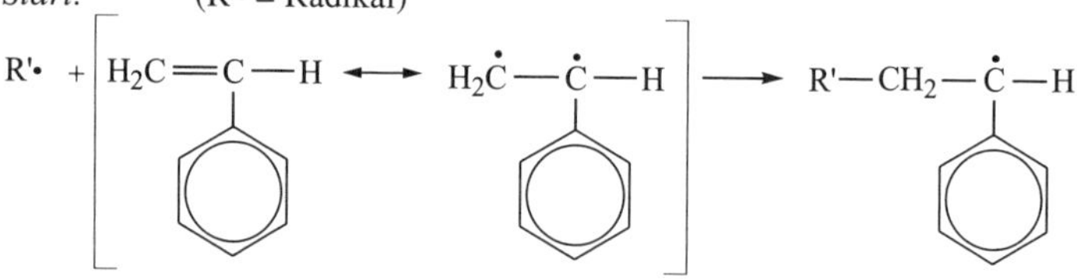

Kettenwachstum:

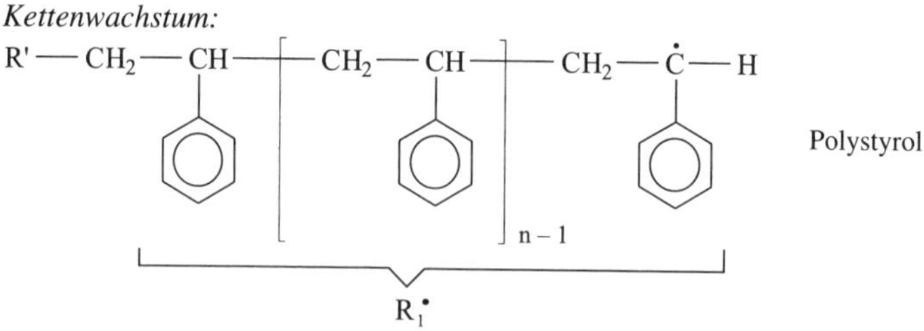

Abbruch:

– durch Kombination der Kette mit Katalysatorradikalen:

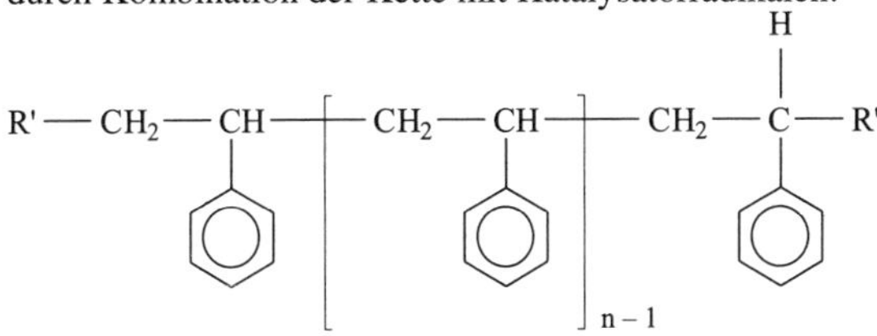

– durch Kombination zweier Kettenradikale:

$R_1^\bullet + R_2^\bullet \longrightarrow R_1—R_2$

2.1

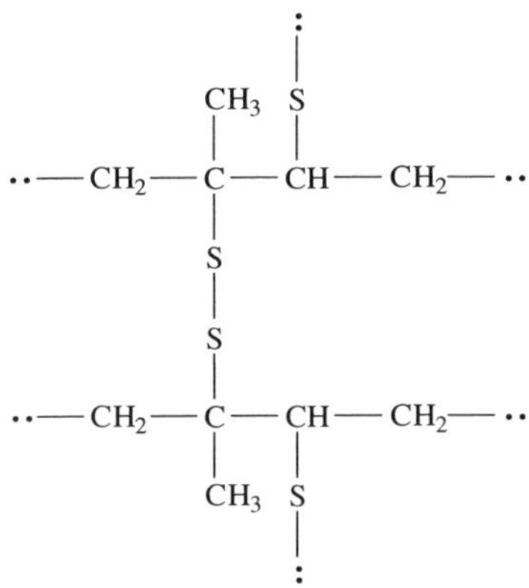

mit Schwefelbrücken
(unterschiedlicher Länge)

2.2 Bei der Reaktion mit Schwefel handelt es sich um eine Vernetzung, bei der die Makromolekülketten durch Schwefelbrücken unterschiedlicher Länge verbunden werden. Schwefel addiert an die Doppelbindungen der Polydiene und verküpft so deren Ketten. Je nach Schwefelgehalt entsteht ein harter (bis 30 % Schwefelgehalt) oder ein weicher Gummi (bis 2 % Gehalt) – ein Elastomer. Mit zunehmender Schwefelmenge steigt also der Vernetzungsgrad. Füllstoffe wie Ruß tragen zur Verfestigung bei, nicht nur zur inneren Verfestigung des Gefüges sondern auch zur Abriebfestigkeit.

3 $\langle O{=}C{=}\overline{N}-(CH_2)_6-\overline{N}{=}C{=}O\rangle$ — Hexamethylendiisocyanat, 1,6-Hexandiisocyanat

$HO—(CH_2)_4—OH$ — 1,4-Butandiol

$n\ \langle O{=}C{=}\overline{N}-(CH_2)_6-\overline{N}{=}C{=}O\rangle + n\ HO—(CH_2)_4—OH \longrightarrow$

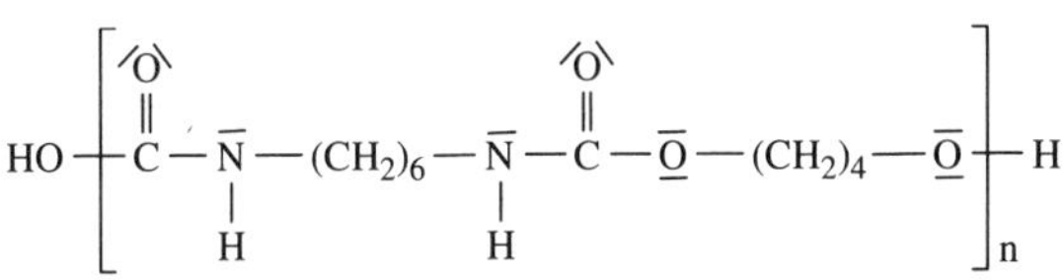

Aufgabe 2: Kunststoffe

1.1 **Kettenstart:**

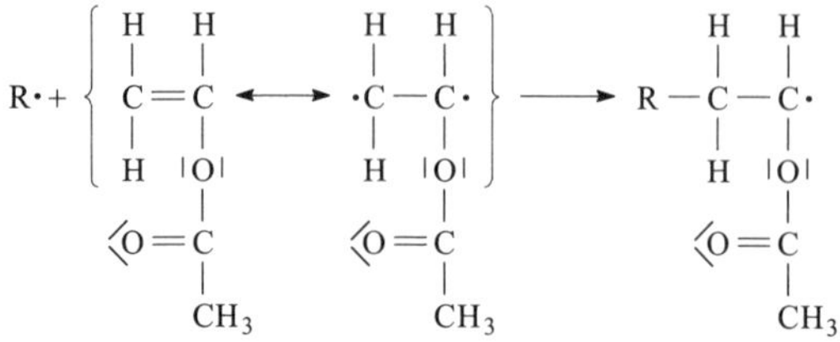

Starter-radikal — Entkopplung des π-Systems

Kettenwachstum:

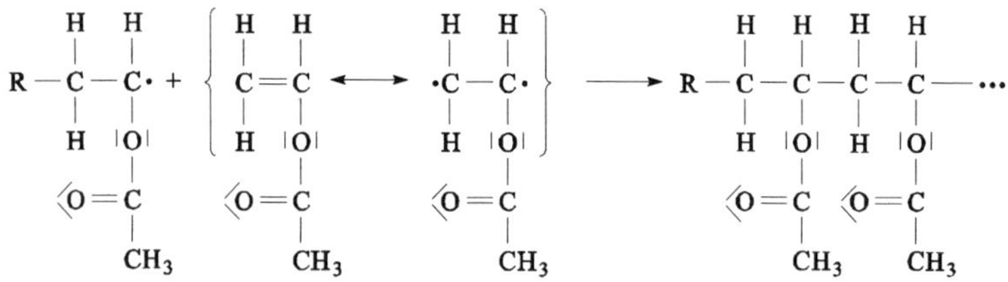

Entkopplung — Kette

Reaktionstyp: Radikalkettenpolymerisation.

Thermoplastischer Kunststoff
Bei Temperaturerhöhung nimmt die Zugfestigkeit ab – größere thermische Energie; der Kunststoff gelangt zum zähplastischen Fließen.

1.2

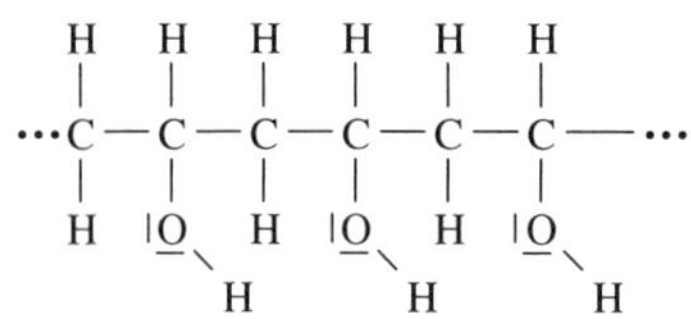

Polyvinylalkohol

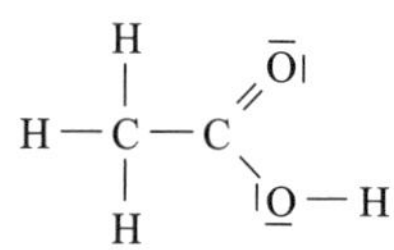

Essigsäure (Ethansäure)

2 Beispiel für Polymerisation:
Zu einigen mL Styrol gibt man eine Spatelspitze Dibenzoylperoxid als Katalysator. Das Gemisch erwärmt man im Wasserbad. Die Flüssigkeit wird zunächst viskos und dann fest (glasklarer fester Zustand).

Beispiel für Polykondensation:
Polyamid aus Adipinsäure (Hexandisäure) oder Sebacinsäure (Decandisäure) und Hexamethylendiamin (1,6-Diaminohexan). In der Praxis (Grenzflächenkondensation) verwendet man die Säurechloride:

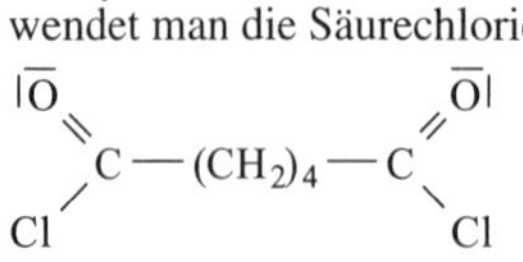

oder

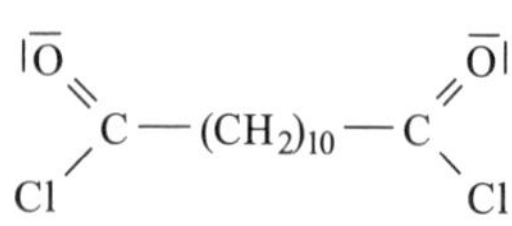

In einem Becherglas wird z. B. Sebacinsäuredichlorid in Tetrachlormethan gelöst und mit einer wässrigen Lösung von Hexamethylendiamin überschichtet. An der Grenzfläche kann mit einer Pinzette ein Polyamidfaden gezogen werden.

Ergänzung: Reaktionsgleichung (Ausschnitt):

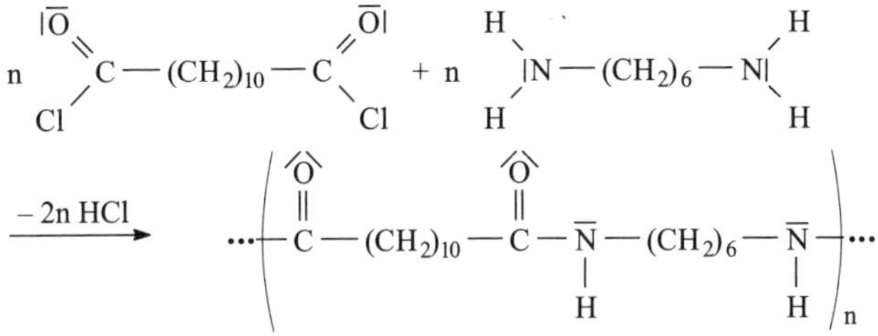

3.1 Linearer Aufbau – die Kettenmoleküle werden durch van-der-Waals-Kräfte zusammengehalten; Polykondensation; Thermoplast, Polyester.

3.2

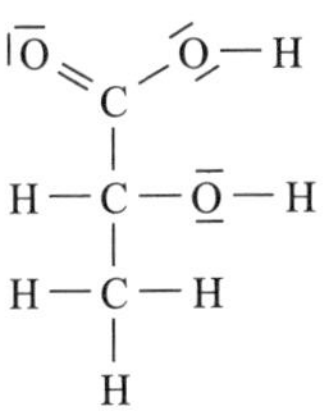

Milchsäure
2-Hydroxypropansäure

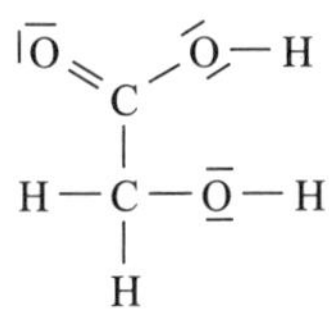

2-Hydroxyethansäure

Aufgabe 3: Kunststoffe

1.1 a)

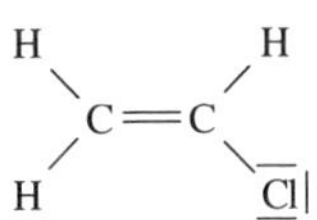

b)

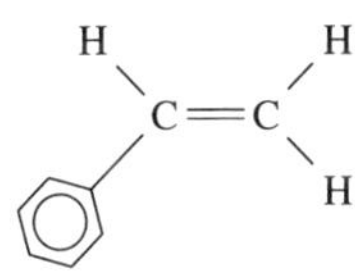

c)

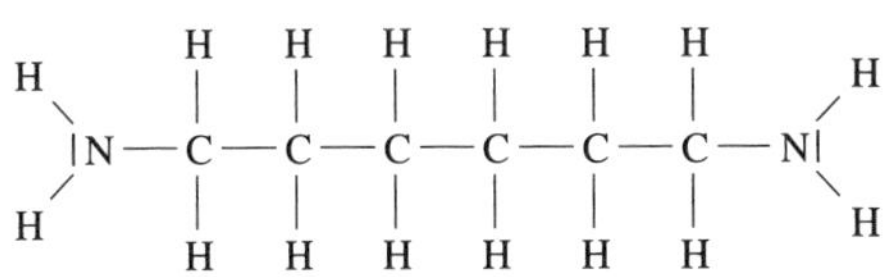

d)

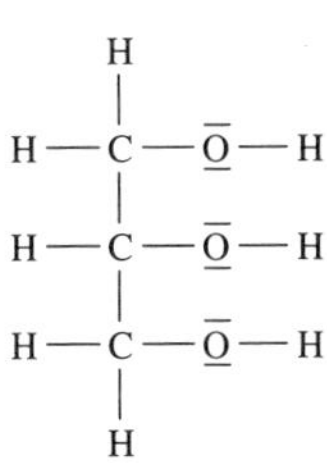

e)

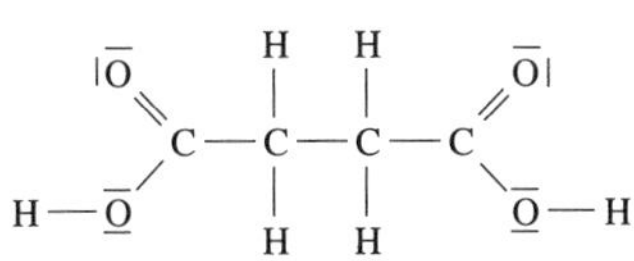

1.2 **Polyvinylchlorid**

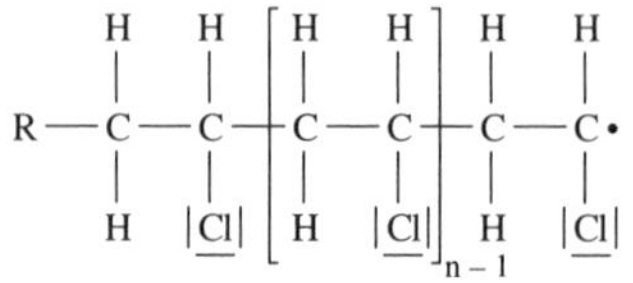

Polystyrol

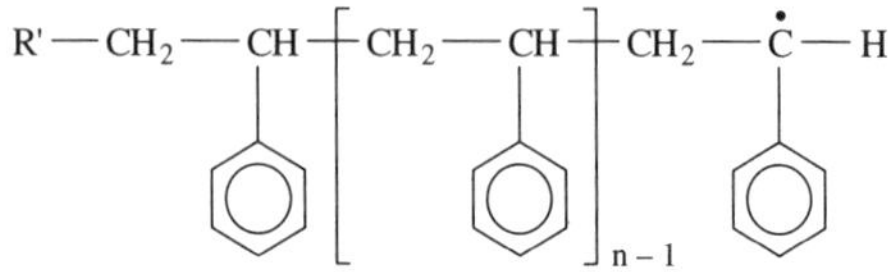

Polyamid (aus c und e)

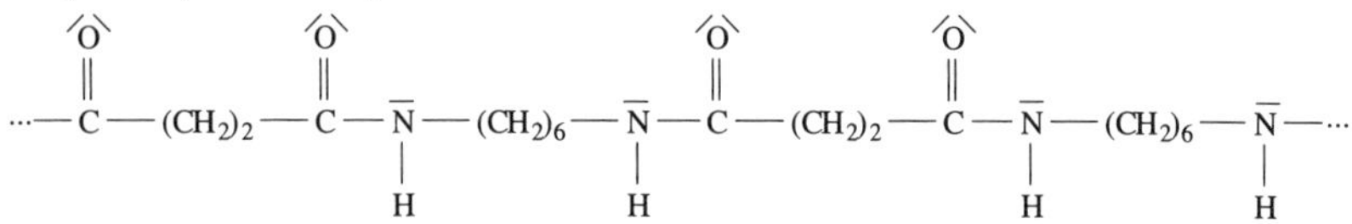

Polyester (aus d und e)

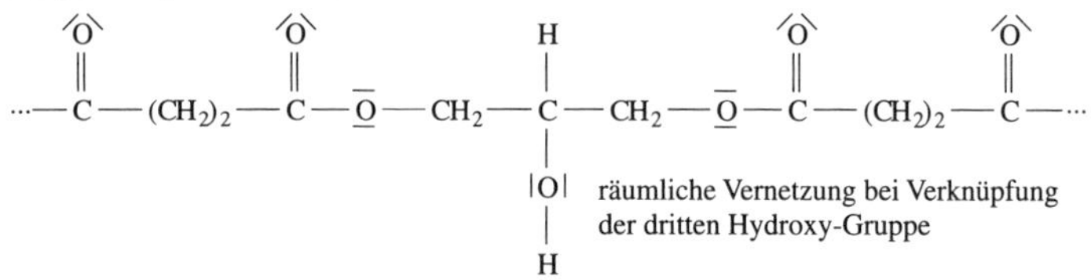

1.3 Zu Styrol gibt man z. B. einen Peroxid-Katalysator, rührt das Gemisch um und erhitzt. Die Radikale starten die Polymerisation:

Radikale

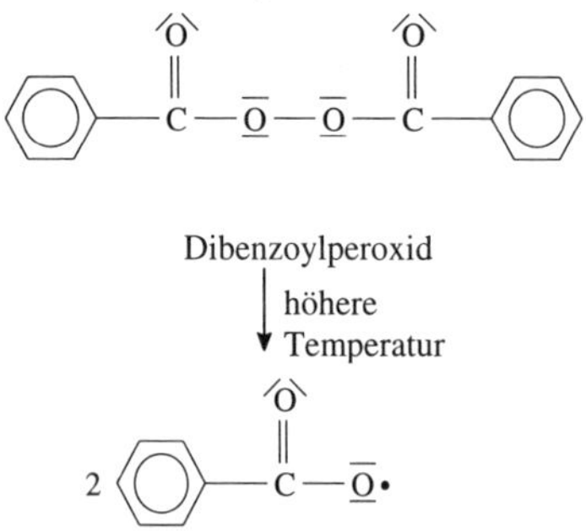

Benzoyloxyl-Radikale

oder

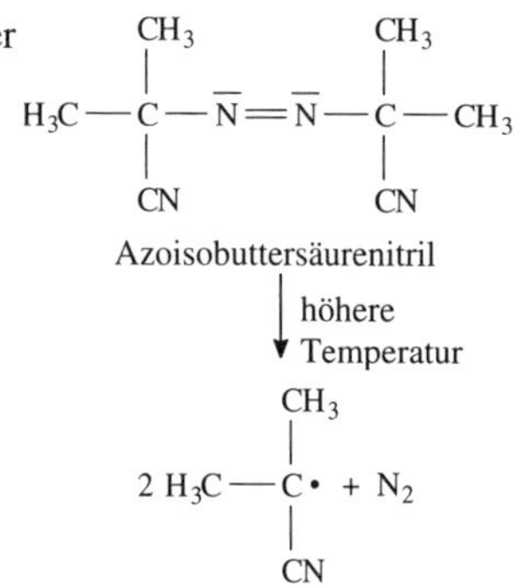

Mechanismus

Start: (R'• = Radikal)

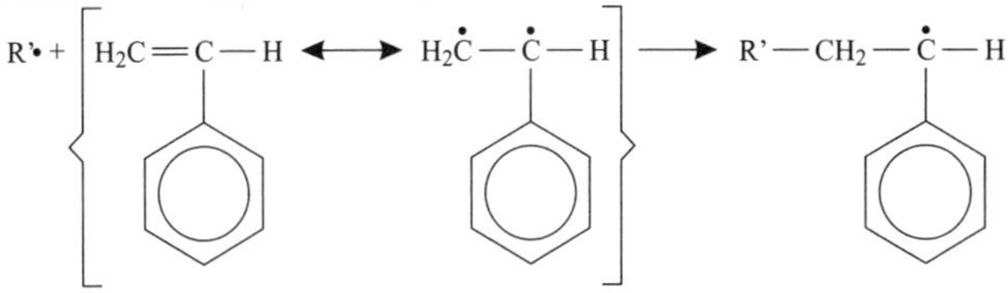

Kettenwachstum:

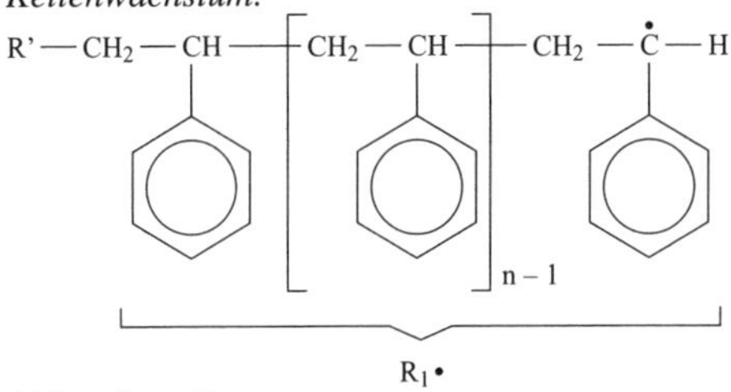

Polystyrol

Abbruch: z. B.

- durch Kombination der Kette mit Katalysatorradikalen

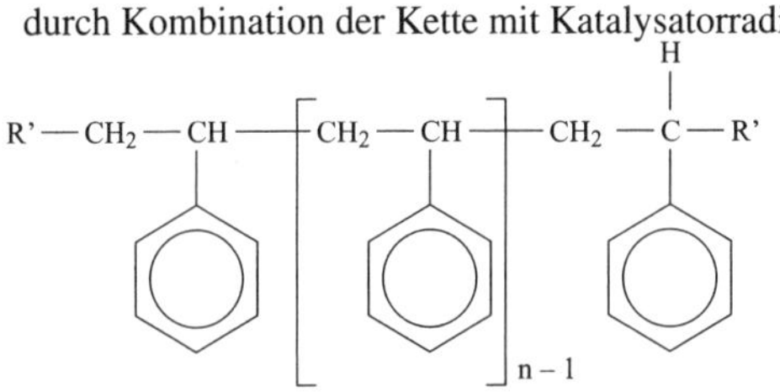

- Kombination zweier Kettenradikale:
  $R_1\bullet + R_2\bullet \longrightarrow R_1\text{—}R_2$

2.1 Durch Umschmelzen: Polyvinylchlorid und Polystyrol. Diese Kunststoffe sind Thermoplaste, sie erweichen bei Temperaturerhöhung.
Durch Hydrolyse: Polyamide z. B. Kunststoff aus c und e sowie Polyester z. B. Kunststoff aus d und e. Diese Kunststoffe sind durch Polykondensation entstanden, die Hydrolyse ist die Umkehrung der Kondensation.
Bei räumlicher Vernetzung funktioniert diese Methode nicht.

2.2 Schadstoffe: Vinylchlorid, C_2H_3Cl; Ruß, C; Kohlenstoffmonooxid, CO; Kohlenstoffdioxid, CO_2; Chlorwasserstoff, HCl; Ammoniak, NH_3; Stickstoffoxide, NO_2 und NO.
Außerdem können bei der Verbrennung noch Wasserstoff H_2, Stickstoff N_2 und Wasserdampf $H_2O(g)$ entstehen.
Reaktionsgleichung: $2\,CH_2{=}CHCl + 5\,O_2 \longrightarrow 2\,H_2O + 4\,CO_2 + 2\,HCl$

Nachweis von Kohlenstoffdioxid: Gas z. B. in Kalkwasser einleiten, Trübung weist auf Kohlenstoffdioxid hin.
Reaktionsgleichung: $CO_2 + Ca(OH)_2 \longrightarrow CaCO_3(s) + H_2O$

Nachweis von Chlorwasserstoff: Gas in Wasser einleiten, Universalindikator zeigt saure Reaktion an.
Reaktionsgleichung: $HCl + H_2O \longrightarrow H_3O^+ + Cl^-$

Aufgabe 4: Kunststoffe

1 **Ausschnitt**

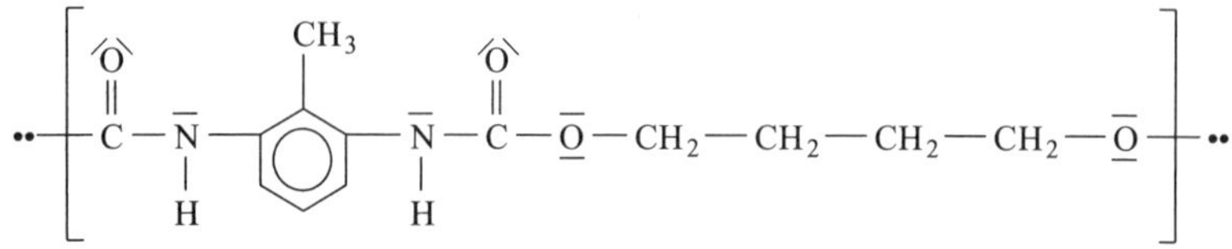

Reaktionstyp: Polyaddition

2 Dieser Kunststoff ist aus linearen Ketten aufgebaut und somit ein Thermoplast. Bei höherer Temperatur schwingen die Molekülketten stärker, so dass schließlich die zwischenmolekularen Kräfte überwunden werden können. Die Ketten gleiten gegeneinander ab. Der Kunststoff wird weich. Bei weiterer Temperaturzunahme bricht die elastische Rückstellkraft zusammen, der plastische Zustand ist erreicht („zähplastisches Fließen").

3

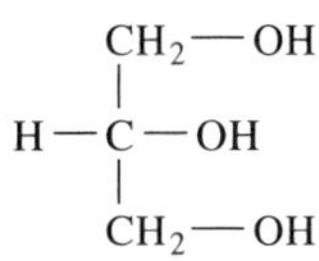

1,2,3-Propantriol (Glycerin)

Durch die dritte Hydroxyl-Gruppe entstehen dreidimensionale Vernetzungen – ein Duroplast. In diesen Duroplasten sind die Molekülketten nicht mehr vollkommen frei, sondern an einzelnen Stellen miteinander verknüpft. In diesen steifen und unbeweglichen Strukturen können die Molekülketten bei Temperaturerhöhung nicht aneinander abgleiten. Der Kunststoff kann nicht in eine zähflüssige Schmelze überführt werden.

4

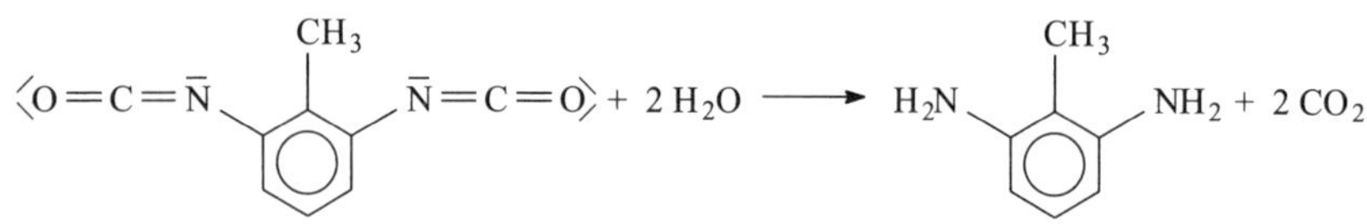

5.1

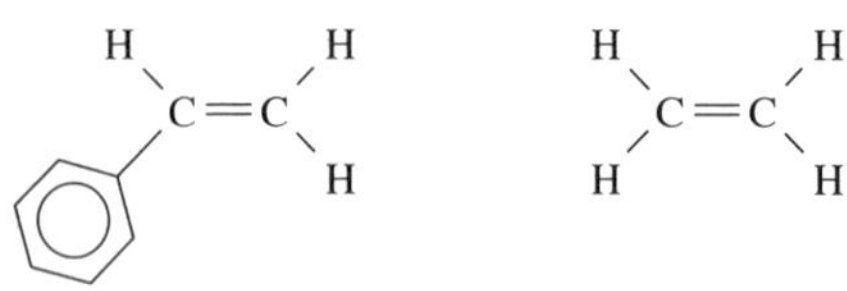

Styrol Ethen

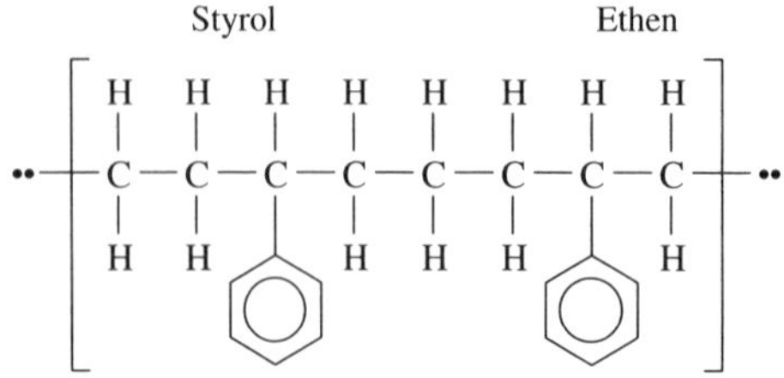

5.2

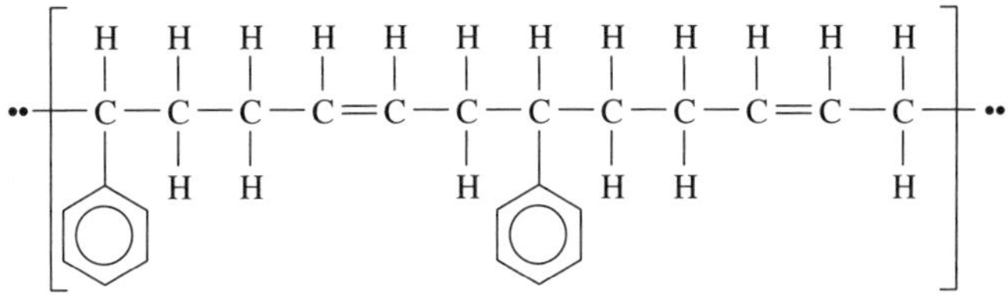

5.3 Elastomere sind weitmaschig vernetzte Molekülketten. Diese sind nicht mehr vollkommen frei. Bei Zug können die einzelnen Molekülketten jedoch noch zwischen den Haftpunkten aneinander abgleiten und sich strecken. Quervernetzungen sind wegen der noch vorhandenen Doppelbindungen in den Polymeren möglich – Elastomere.

Aufgabe 5: Kunststoffe

1

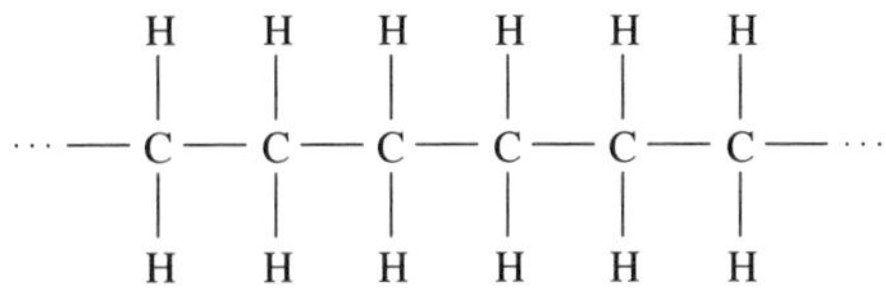

Polyethen, PE

Verbrennung von PE: Produkte hauptsächlich CO_2 und H_2O

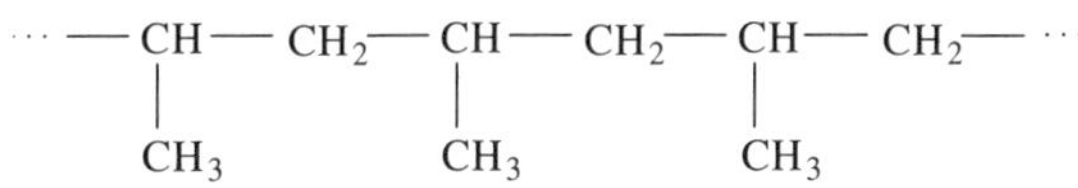

Polypropen, PP

Verbrennung von PP: Produkte hauptsächlich CO_2 und H_2O

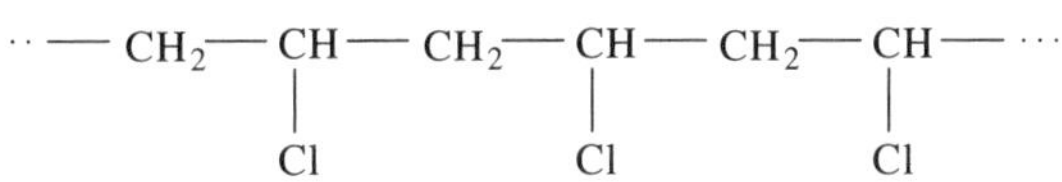

Polyvinylchlorid, PVC

Verbrennung von PVC: zusätzliche Produkte HCl(g), Cl_2 und Dioxine

2

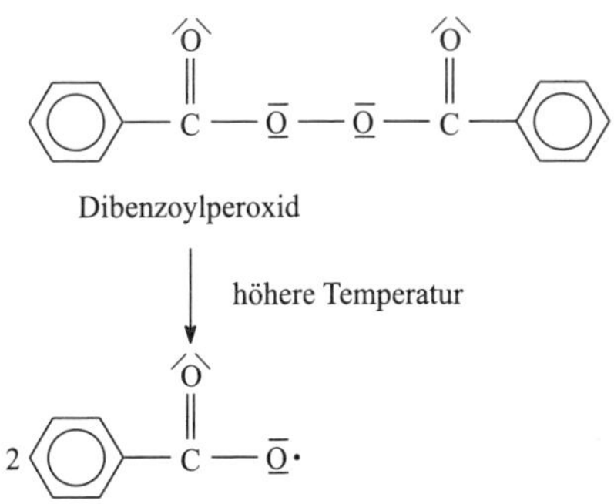

Benzoyloxyl-Radikale ≙ R·

Start

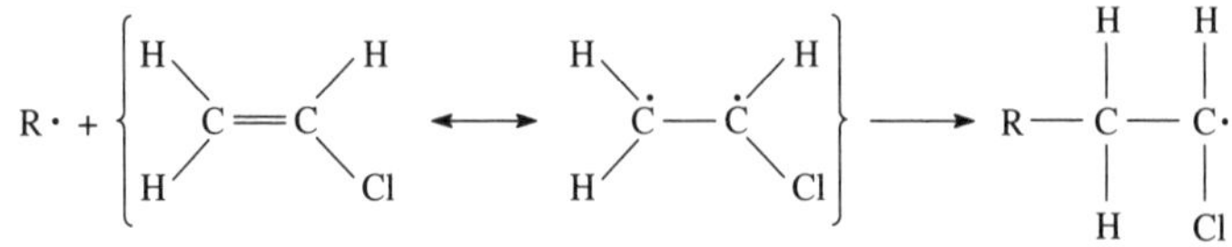

Entkopplung des π-Systems

Kettenwachstum

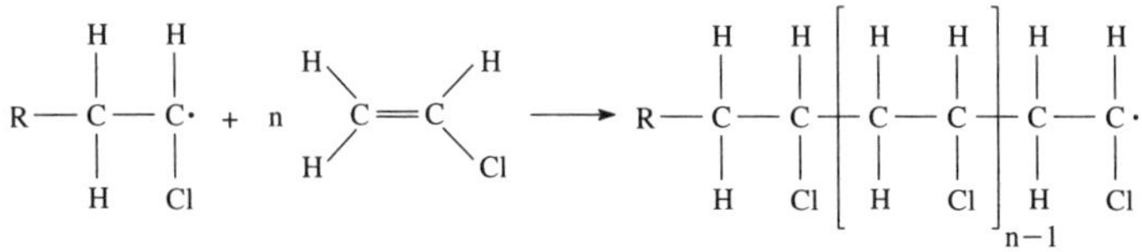

Abbruch, z. B.

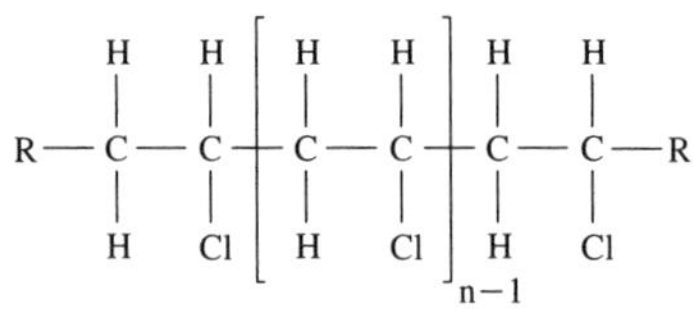

3

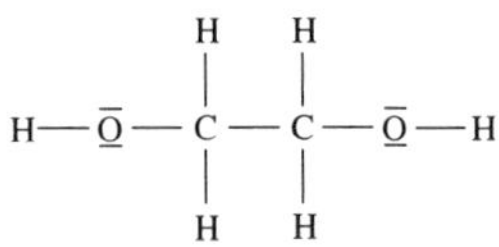

1,2-Ethandiol

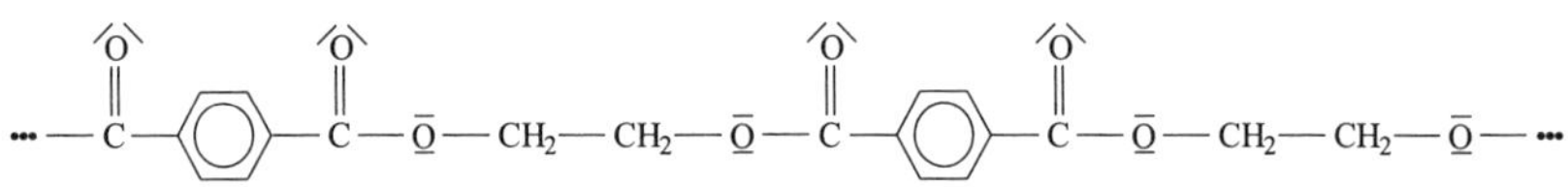

4

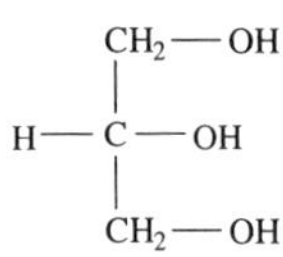

oder

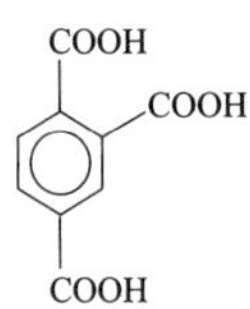

1,2,3-Propantriol

1,2,4-Benzoltricarbonsäure

Bei trifunktionellen Gruppen sind dreidimensionale Verknüpfungen möglich – räumliche Vernetzungen.

Aufgabe 6: Kunststoffe

1.1 **Monomere** $HO-(CH_2)_4-OH$ (Butandiol) $HOOC-CH=CH-COOH$ (2-Butendisäure)

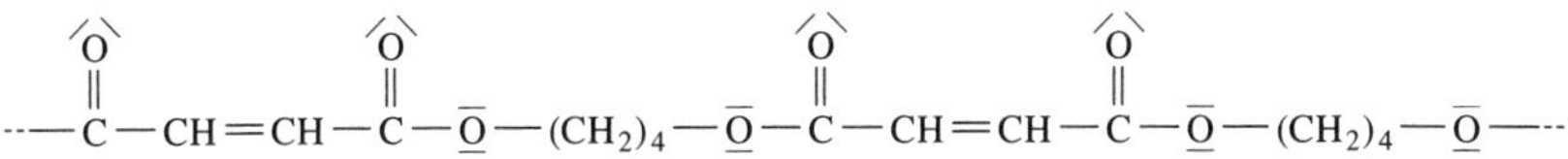

Polyester

1.2 Nach Zusatz eines Peroxid-Katalysators oder durch Erwärmen erfolgt eine Co-Polymerisation bzw. eine Pfropfpolymerisation des Styrols mit den in der Polyester-Kette liegenden ungesättigten Gruppen (Reaktion über Radikale):

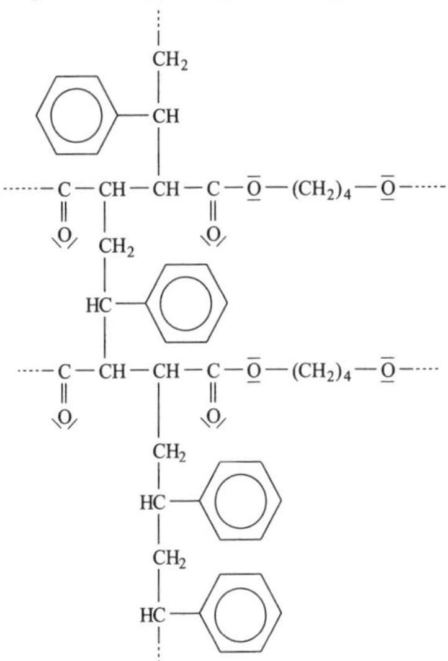

1.3 Der UP-Harz-Lack zeigt beim Erhitzen **duroplastisches Verhalten** wegen der starken Vernetzung. Es bildet sich ein engmaschiges Netzwerk, das steif und unbeweglich ist. Die Molekülketten können sich nicht mehr voneinander lösen und aneinander abgleiten. Der Kunststoff kann bei Temperaturerhöhung nicht in eine zähflüssige Schmelze überführt werden. Es gibt keinen Erweichungsbereich und Fließbereich. Bei hohen Temperaturen erfolgt Zersetzung.

2.1 a) Decandisäure und 1,6-Diaminohexan
b) 1,4-Benzoldiisocyanat und Propantriol
c) 1,3-Butadien (Vernetzung mit Schwefel möglich)

Strukturformeln

a) 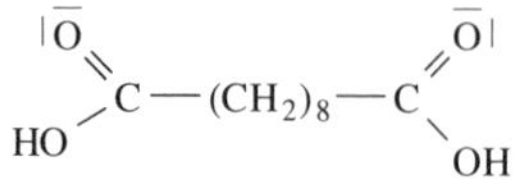

Decandisäure

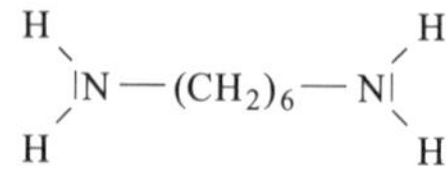

1,6-Diaminohexan

b) 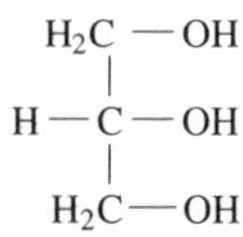

Propantriol

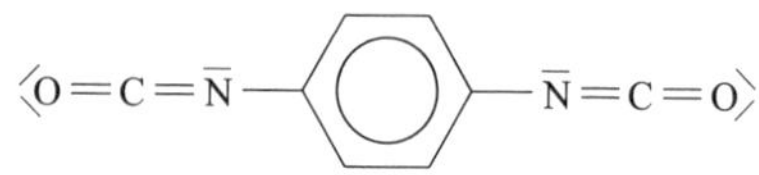

1,4-Benzoldiisocyanat

c) 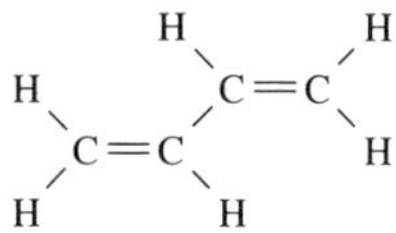

1,3-Butadien

2.2 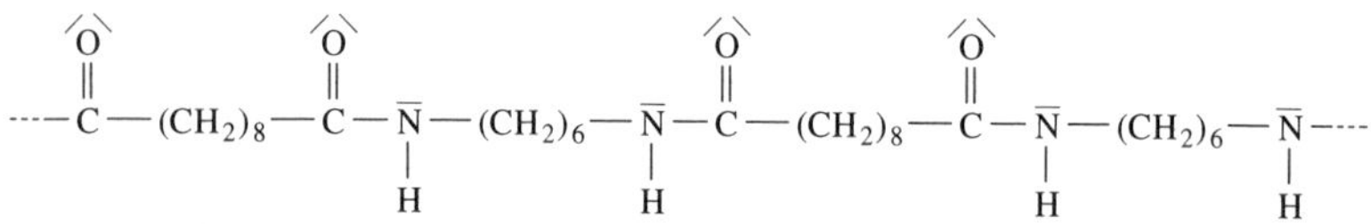

Verstrecken der Faser: Beim Verstrecken werden die Molekülketten parallel gelagert. Zusätzliche Wasserstoffbrücken-Bindungen bzw. stärkere Wirkungen der van-der-Waals-Kräfte führen zu zahlreichen parallel orientierten Kristalliten. Die Molekülteile zwischen den Kristalliten sind ebenfalls bis zu einem gewissen Grade orientiert.

3 – Thermische Zersetzung der Kunststoffe unter Luftabschluss (Pyrolyse). Aus Chlorwasserstoff entstehen bei der Gaswäsche u. a. Chlorid-Ionen, die mit Silbernitratlösung nachgewiesen werden können (Fällung von Silberchlorid):

$$Ag^+ + Cl^- \rightleftharpoons AgCl(s)$$

– Die Substanz wird an einem Kupferdraht in der Bunsenbrennerflamme erhitzt. Bei Anwesenheit von Chlor bilden sich flüchtige Kupferchloride, welche die Flamme grün färben.

Aufgabe 7: Kunststoffe

1.1 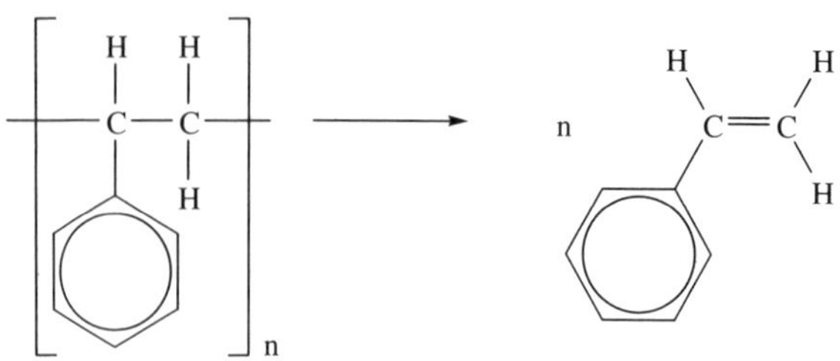

Polystyrol   Styrol

1.2

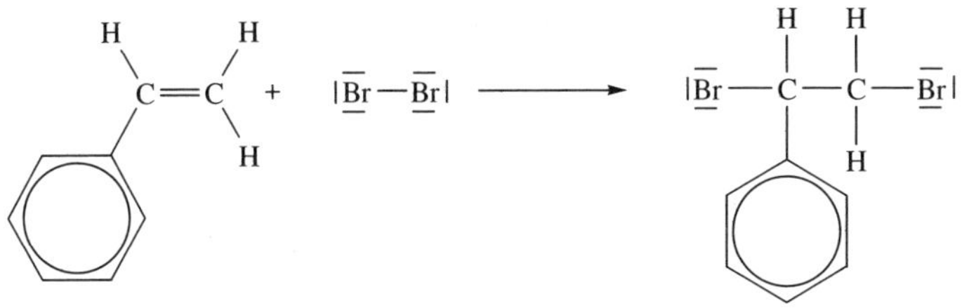

1,2 Dibrom-1-phenylethan

Mechanismus (Ergänzung)

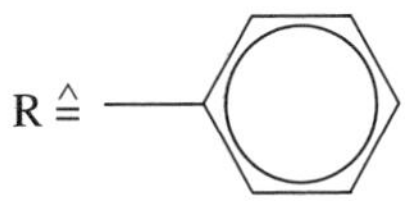

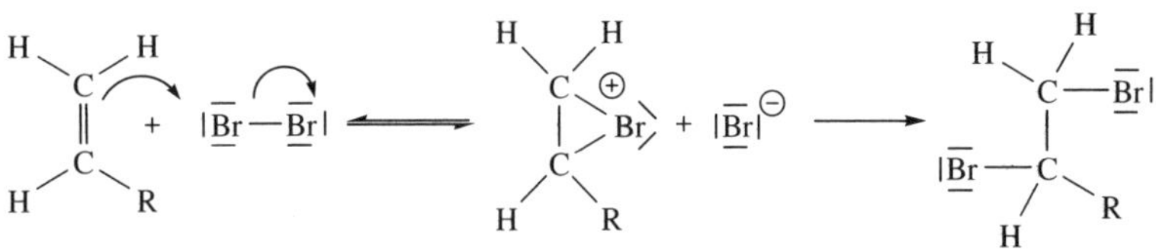

Polarisierung durch Wechselwirkung des π-Elektronensystems mit dem Brommolekül und heterolytische Spaltung in Br^+ und Br^-

Addition des nucleophilen Teilchens Br^- an das Kation (Bromonium-Ion)

1,2-Dibrom-1-phenylethan

1.3 Unvollständige Verbrennung von Styrol an Luft

$$C_8H_8 + 6\ O_2 \longrightarrow 4\ CO_2 + 4\ H_2O + 4\ C$$

2.1 Strukturformelausschnitt

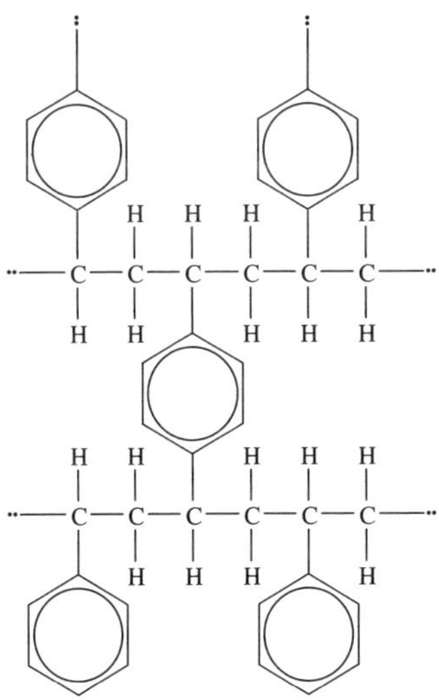

Der Grad der Vernetzung nimmt mit steigendem Anteil an 1,4-Divinylbenzol zu. Die Verformbarkeit, Löslichkeit und Quellbarkeit z. B. nehmen ab, die duroplastischen Eigenschaften werden ausgeprägter.

2.2 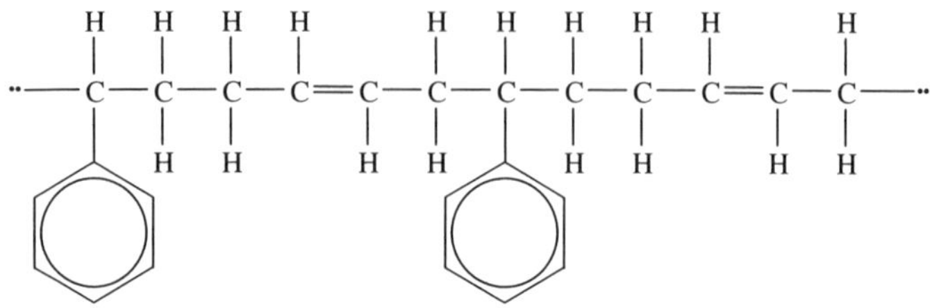

Ergänzung (allgemeine Darstellung):

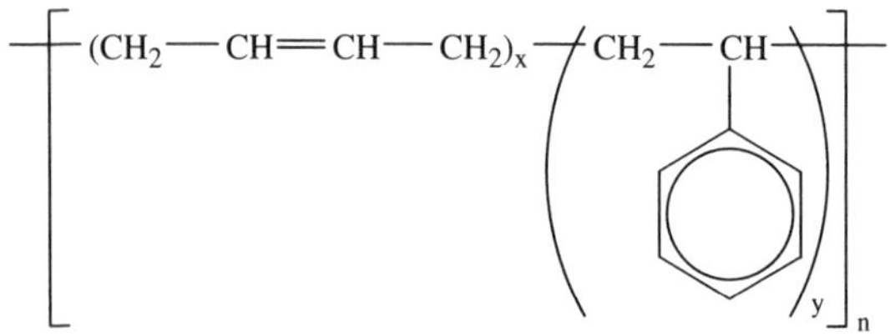

2.3 Die Polymerkette kann an den Doppelbindungen weitere Monomere binden. Dadurch sind Querverbindungen mit anderen Ketten möglich. Es entstehen weitmaschig vernetzte Molekülketten, die nicht mehr vollkommen frei sind. Bei Belastung durch Druck oder Zug gleiten die Ketten zwischen den Haftpunkten aneinander ab oder lassen sich strecken.

Thema: Elektrochemie (LP 8)

Aufgabe 1*: Elektrochemie

Die folgende Skizze stellt eine Elektrolysekammer des Membranverfahrens dar. Vor Inbetriebnahme der Elektrolysekammer wird der Kathodenraum mit Wasser, der Anodenraum mit Kochsalzlösung gefüllt. Die Trennwand ist nur für Natriumionen durchlässig.

Skizze:

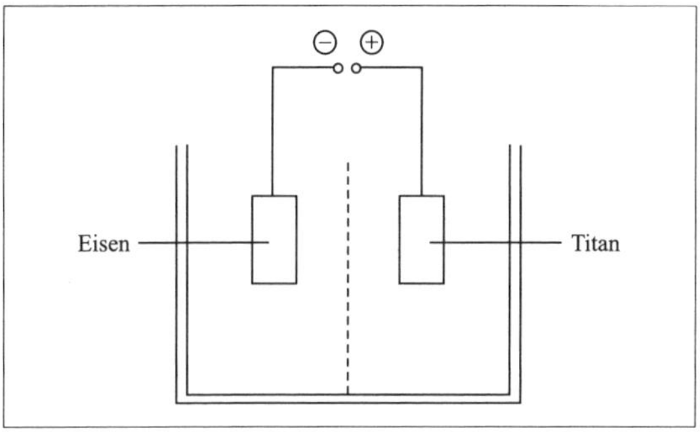

1 Formulieren Sie für alle an Kathode und Anode denkbaren Elektrodenvorgänge die Teilgleichungen.
Geben Sie an, welche Vorgänge bei dieser Elektrolyse tatsächlich ablaufen. Begründen Sie Ihre Angabe.

2 Während der Elektrolyse werden Proben aus dem Anoden- und Kathodenraum entnommen und mit folgenden Reagenzien versetzt:
A Silbernitratlösung
B Kaliumiodidlösung
C Phenolphthaleinlösung
Nennen und erklären Sie die zu erwartenden Beobachtungen. Formulieren Sie für die Reaktionen mit den Reagenzien A und B gegebenenfalls Reaktionsgleichungen.

3 Berechnen Sie das Abscheidungspotenzial für den an der Kathode entstehenden Stoff unter der Annahme, dass sich der pH-Wert im Kathodenraum seit Beginn der Elektrolyse um drei Einheiten geändert hat.

4 Aus dem Anodenraum wird eine Probe mit dem Volumen $V = 10$ mL entnommen und mit Silbernitratlösung der Konzentration $c = 1\ mol \cdot L^{-1}$ titriert. Nach Zugabe von $V = 31$ mL dieser Silbernitratlösung ist die Reaktion beendet.
Berechnen Sie die Masse m der in einem Liter der Lösung enthaltenen Kochsalzportion.

Aufgabe 2: Elektrochemie

Silber ist das meistgebrauchte Edelmetall. Um seine Härte zu steigern, wird es mit Kupfer legiert und unter anderem zu Münzen, Schmuck und Bestecken verarbeitet.

1 Eine Silbermünze mit der Masse $m_1 = 11{,}2$ g soll auf ihren Gehalt an Silber und Kupfer untersucht werden. Dazu wird ein Stück der Münze mit der Masse $m_2 = 0{,}7$ g in konzentrierter Salpetersäure aufgelöst. Bei dieser Reaktion entsteht neben den Metallnitraten unter anderem Stickstoffmonooxid, das an der Luft zu braunem Stickstoffdioxid weiterreagiert.

1.1 Formulieren Sie für die ablaufenden Vorgänge die Reaktionsgleichungen und zeigen Sie, dass es sich dabei um eine Redoxreaktion handelt.
Nennen und begründen Sie die für die Durchführung der Reaktion erforderlichen Sicherheitsvorkehrungen.

1.2 Zur quantitativen Bestimmung der Silberionen wird die erhaltene Lösung zunächst mit Wasser verdünnt und anschließend mit einer Salzsäure der Konzentration $c = 0{,}2\ mol \cdot L^{-1}$ versetzt. Nach Zugabe von V(Salzsäure) = 20,3 mL ist der Endpunkt der Fällungsreaktion erreicht.
Geben Sie die Reaktionsgleichung für die Fällungsreaktion an.
Berechnen Sie die Masse m des in der Münze enthaltenen Silbers.

2 Ein versilberter Löffel, dessen Oberfläche mit einer schwarzen Silbersulfidschicht überzogen ist, kann gereinigt werden, indem man ihn in Aluminiumfolie wickelt und in eine Kochsalzlösung legt.

2.1 Geben Sie die Teilreaktionen an, die während dieses Reinigungsprozesses ablaufen.

2.2 Nach Abschluss des Reinigungsprozesses laufen weiterhin elektrochemische Vorgänge an den Metalloberflächen ab.
Erklären Sie diesen Sachverhalt und formulieren Sie die zugehörigen Teilgleichungen.

3 Für ein Experiment werden $V_1 = 100$ mL einer Silbernitratlösung der Konzentration $c = 0{,}04\ mol \cdot L^{-1}$ und $V_2 = 100$ mL einer Kupfer(II)-nitratlösung der gleichen Konzentration gemischt und mit Salpetersäure angesäuert. Das Gemisch wird an Platinelektroden elektrolysiert.

3.1* Berechnen Sie die Abscheidungspotenziale für die Metallionen.

3.2* Berechnen Sie, von welcher Silberionenkonzentration an unter den gegebenen Versuchsbedingungen neben Silber auch Kupfer abgeschieden wird.

4 Silberschichten auf nichtmetallischen Unterlagen kann man durch Reaktion zwischen ammoniakalischer Silbersalzlösung und Methanal erzeugen.
Formulieren Sie hierzu eine Reaktionsgleichung.

Aufgabe 3: Redoxreaktionen, Bleiakkumulator, Brennstoffzellen

1 Blei ist eines der wichtigsten Gebrauchsmetalle. Rohstoff für die Bleiherstellung ist Blei(II)-sulfid (Bleiglanz), PbS.
Beim Röstreaktionsverfahren wird das Blei(II)-sulfid teilweise mit Sauerstoff umgesetzt, sodass Blei(II)-oxid entsteht (Reaktion A).
Das restliche Blei(II)-sulfid reagiert unter Luftabschluss mit dem entstandenen Blei(II)-oxid zu Blei (Reaktion B).
Bei beiden chemischen Reaktionen entsteht als weiteres Produkt Schwefeldioxid.
Formulieren Sie die Reaktionsgleichungen für die Reaktionen A und B.
Benennen Sie für beide Reaktionen jeweils das Oxidations- und Reduktionsmittel. Welcher Anteil des eingesetzten Blei(II)-sulfids muss im ersten Reaktionsschritt umgesetzt werden, um im zweiten Schritt eine vollständige Reaktion zu Blei zu erreichen?

2 Zum größten Teil wird Blei für die Herstellung von Akkumulatoren (z. B. Auto-Starterbatterien) verwendet.
Fertigen Sie eine beschriftete Skizze eines geladenen Bleiakkumulators an.
Als Elektrolyt wird im Bleiakkumulator verdünnte Schwefelsäure (Massenanteil $w(H_2SO_4) = 38\,\%$, Dichte $\rho = 1{,}28\ g \cdot mL^{-1}$) verwendet.
Berechnen Sie die Stoffmengenkonzentration $c(H_2SO_4)$ der Schwefelsäure. Erklären Sie mithilfe der Reaktionsgleichung für den Entladevorgang, warum die Schwefelsäurekonzentration ein Maß für den Ladezustand des Akkumulators ist.

3 Gegenwärtig werden als mobile Energiequellen Brennstoffzellen weiterentwickelt. Zwei verschiedene Brennstoffzelltypen sind in der Abbildung auf der folgenden Seite dargestellt.
Formulieren Sie die Reaktionsgleichungen für die Elektrodenreaktionen der beiden Brennstoffzelltypen. Berücksichtigen Sie dabei deren unterschiedlichen Bau.
Geben Sie die Reaktionsgleichung für die Gesamtreaktion in den beiden Brennstoffzellen an. Bestimmen Sie für diese Reaktion die freie Reaktionsenthalpie (Standardbedingungen werden angenommen).

$\Delta_f H^0\ (H_2O)$ $[kJ \cdot mol^{-1}]$	$S^0\ (H_2O)$ $[J \cdot K^{-1} \cdot mol^{-1}]$	$S^0\ (H_2)$ $[J \cdot K^{-1} \cdot mol^{-1}]$	$S^0\ (O_2)$ $[J \cdot K^{-1} \cdot mol^{-1}]$
–286	70	131	205

Abbildungen zu Aufgabe 3

Alkalische Brennstoffzelle **AFC**:

Als Elektrolytflüssigkeit wird bei diesem Brennstoffzellentyp Kalilauge verwendet.

Prinzipschema (vereinfacht):

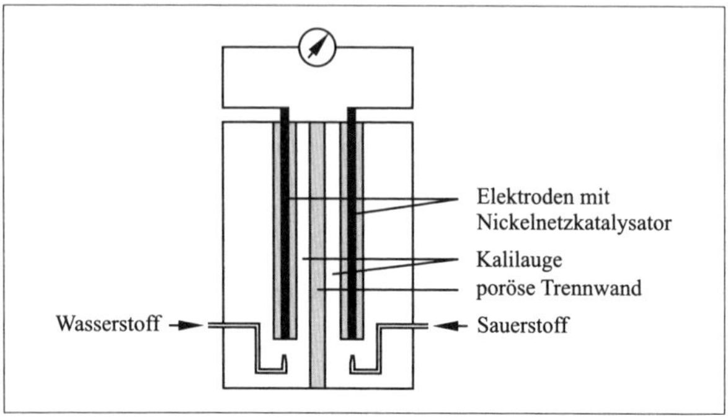

Brennstoffzelle mit protonendurchlässiger **Kunststoffmembran PEMFC**:

Hier wird keine Elektrolytflüssigkeit benutzt. Anode und Kathode werden durch eine protonendurchlässige Kunststofffolie getrennt.

Prinzipschema (vereinfacht):

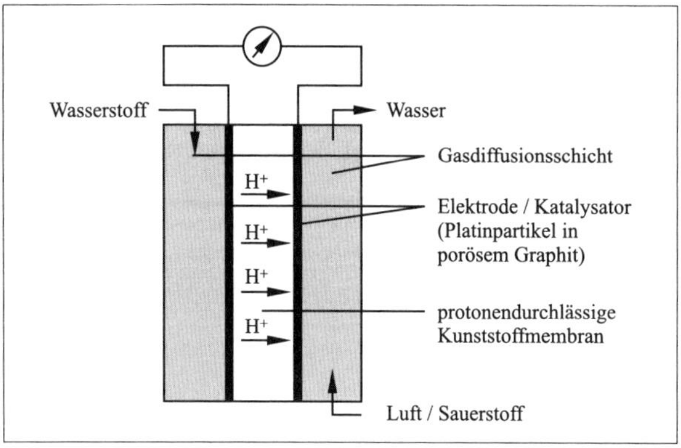

Lösung

Aufgabe 1: Elektrochemie

1 **Reaktionen an den Elektroden**

+Pol:

$2\,Cl^- \longrightarrow Cl_2 + 2\,e^-$ $E^0 = 1{,}36\ V$

$4\,OH^- \longrightarrow 2\,H_2O + O_2 + 4e^-$ $E = 1{,}23\ V - 0{,}059\ V \cdot pH = 0{,}82\ V$ für $pH = 7$

Abscheidung von Sauerstoff, da negativeres Potenzial; **tatsächlich** Abscheidung von Chlor wegen Überspannung des Sauerstoffs an der Titanelektrode.

–Pol:

$2\,H_3O^+ + 2\,e^- \longrightarrow H_2 + 2\,H_2O$ $E = -0{,}059\ V \cdot pH = -0{,}41\ V$ für $pH = 7$

$2\,Na^+ + 2e^- \longrightarrow 2\,Na$ $E^0 = -2{,}71\ V$

Abscheidung von Wasserstoff wegen des positiveren Potenzials.

2 **Kathodenraum:** Mit A keine Änderung; mit B keine Änderung; mit C Rotfärbung, alkalisch reagierende Lösung.
Anodenraum: Mit A weißer Niederschlag von Silberchlorid; mit B braune Lösung wegen Iodauscheidung; mit C keine Färbung.

Reaktionsgleichungen

A: $Ag^+ + Cl^- \longrightarrow AgCl(s)$

B: $Cl_2 + 2\,e^- \longrightarrow 2\,Cl^-$

$2\,I^- \longrightarrow I_2 + 2\,e^-$

$Cl_2 + 2\,I^- \longrightarrow 2\,Cl^- + I_2$

Chlor hat ein positiveres Potenzial, es ist das Oxidationsmittel.

3 $E = -0{,}059\ V \cdot pH$; für $pH = 10$ ergibt sich $E = -0{,}059\ V \cdot 10 = -0{,}59V$

4 $Na^+ + Cl^- + Ag^+ + NO_3^- \longrightarrow AgCl(s) + Na^+ + NO_3^-$

$n(Ag^+) = n(Cl^-)$; mit $c = \frac{n}{V}$ folgt $n(Ag^+) = c(Ag^+) \cdot V(Ag^+)$

$n(Ag^+) = 1\ mol \cdot L^{-1} \cdot 31 \cdot 10^{-3}\ L = 31 \cdot 10^{-3}\ mol$; $n(NaCl) = n(Cl^-) = 31 \cdot 10^{-3}\ mol$

$$c(NaCl) = c(Cl^-) = \frac{31 \cdot 10^{-3}\ mol}{10 \cdot 10^{-3}\ L} = 3{,}1\ mol \cdot L^{-1}$$

für die Masse erhält man mit $n = \frac{m}{M}$:

$m(NaCl) = n(NaCl) \cdot M(NaCl) = 31 \cdot 10^{-3}\ mol \cdot 58{,}5\ g \cdot mol^{-1} = 1{,}814\ g$

Masse in 1 L: $m(NaCl) \cdot 10^2 = 181{,}4\ g$

Aufgabe 2: Elektrochemie

1.1 **Auflösung des Kupfers**

$Cu \longrightarrow Cu^{2+} + 2\,e^-$ | · 3 Oxidation

$\overset{+V}{N}O_3^- + 4\,H^+ + 3e^- \longrightarrow \overset{+II}{N}O + 2\,H_2O$ | · 2 Reduktion

$3Cu + 2\,NO_3^- + 8H^+ \longrightarrow 3Cu^{2+} + 2\,NO + 4\,H_2O$ Redoxreaktion

$3\overset{0}{C}u + 8\,H\overset{+V}{N}O_3 \longrightarrow 3\,\overset{+II}{C}u(\overset{+V}{N}O_3)_2\,(aq) + 2\,\overset{+II}{N}O + 4\,H_2O$ Gesamtreaktion

Auflösung des Silbers

$Ag \longrightarrow Ag^+ + e^-$ | · 3 Oxidation

$\overset{+V}{N}O_3^- + 4\,H^+ + 3e^- \longrightarrow \overset{+II}{N}O + 2\,H_2O$ Reduktion

$3\,Ag + NO_3^- + 4H^+ \longrightarrow 3Ag^+ + NO + 2\,H_2O$ Redoxreaktion

$3\,\overset{0}{A}g + 4\,H\overset{+V}{N}O_3 \longrightarrow 3\,\overset{+I}{A}g\overset{+V}{N}O_3\,(aq) + \overset{+II}{N}O + 2\,H_2O$ Gesamtreaktion

Weiterreaktion des Stickstoffmonooxids

$2\,\overset{+II}{N}\overset{-II}{O} + \overset{0}{O_2} \rightleftharpoons 2\,\overset{+IV}{N}\overset{-II}{O_2}$

Die Oxidationszahlen ändern sich, darum handelt es sich um eine Redoxreaktion.

Sicherheitsvorkehrungen

Stickstoffoxide NO_x sind giftig – Arbeit im Abzug
Salpetersäure wirkt ätzend – Schutzbrille (Schutzhandschuhe)

1.2 $Ag^+ + NO_3^- + H_3O^+ + Cl^- \longrightarrow AgCl(s) + H_3O^+ + NO_3^-$

$n(Ag^+) = n(Cl^-) = n(\text{Salzsäure}) = c(\text{Salzsäure}) \cdot V(\text{Salzsäure})$

$= 0{,}2\ mol \cdot L^{-1} \cdot 20{,}3 \cdot 10^{-3}\ L$

$= 4{,}06 \cdot 10^{-3}\ mol$

$m(Ag) = n(Ag) \cdot M(Ag)$

$m(Ag) = 4{,}06 \cdot 10^{-3}\ mol \cdot 108\ g \cdot mol^{-1} = 0{,}44\ g$

$$m(Ag, \text{Münze}) = \frac{0{,}44\ g \cdot m_1}{m_2} = \frac{0{,}44\ g \cdot 11{,}2\ g}{0{,}7\ g} = 7{,}04\ g$$

2.1 Folie: $Al \longrightarrow Al^{3+} + 3\,e^-$
Löffel: $Ag_2S + 2\,e^- \longrightarrow 2\,Ag + S^{2-}$

2.2 Silber und Aluminium bilden ein Lokalelement; die Elektronen fließen vom Aluminium zum edleren Silber und reduzieren an der Grenzfläche zwischen Silber und Wasser Protonen aus den Wassermolekülen zu Wasserstoff:

$Al \longrightarrow Al^{3+} + 3\,e^-$ **– Pol** Aluminium geht hier weiter in Lösung
$2\,H_2O + 2\,e^- \longrightarrow H_2 + 2\,OH^-$ **+ Pol** am Silber Wasserstoffentwicklung

oder, bei genügend gelöstem Sauerstoff:

$O_2 + H_2O + 4\,e^- \longrightarrow 4\,OH^-$

3.1 $V_G = V_1 + V_2 = 200\ \text{mL},\ c(Ag^+) = c(Cu^{2+}) = \dfrac{100 \cdot 0{,}04 \cdot 10^{-3}\ \text{mol}}{200 \cdot 10^{-3}\ \text{L}} = 0{,}02\ \text{mol} \cdot \text{L}^{-1}$

aus $E = E^0 + \dfrac{0{,}059}{z}\ V \cdot \lg c(Me^{z+})$ folgt:

$$E_1 = 0{,}8\ V + \frac{0{,}059}{1}\ V \cdot \lg c(Ag^+) = 0{,}8\ V + 0{,}059\ V \cdot \lg(2 \cdot 10^{-2}) = 0{,}7\ V$$

$$E_2 = 0{,}35\ V + \frac{0{,}059}{2}\ V \cdot \lg c(Cu^{2+}) = 0{,}35\ V + \frac{0{,}059\ V}{2} \cdot \lg(2 \cdot 10^{-2}) = 0{,}3\ V$$

3.2 $E(Ag/Ag^+) = 0{,}3\ V$

$0{,}3\ V = 0{,}8\ V + 0{,}059\ V \cdot \lg c(Ag^+)$

$$\frac{-0{,}5\ V}{0{,}059\ V} = \lg c(Ag^+),\ |c(Ag^+)| = 10^{-8{,}47} = 10^{0{,}53} \cdot 10^{-9} = 3{,}39 \cdot 10^{-9}$$

$c(Ag^+) = 3{,}39 \cdot 10^{-9}\ \text{mol} \cdot \text{L}^{-1}$

4

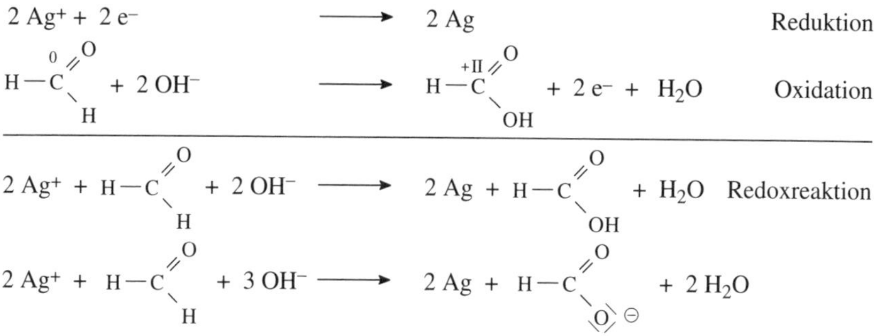

Aufgabe 3: Redoxreaktionen, Bleiakkumulator, Brennstoffzellen

1 A $2\ PbS + 3\ O_2 \longrightarrow 2\ PbO + 2\ SO_2$
Oxidationsmittel: Sauerstoff-Molekül
Reduktionsmittel: Sulfid-Ionen

B $PbS + 2\ PbO \longrightarrow 3\ Pb + SO_2$
Oxidationsmittel: Blei-Ion
Reduktionsmittel: Sulfid-Ionen

2/3 des eingesetzten Bleisulfids müssen umgesetzt werden.

2 Skizze:

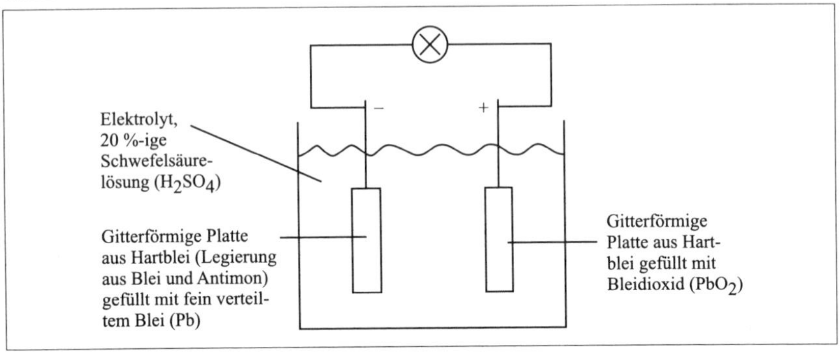

$$c = \frac{n}{V} = \frac{m}{M \cdot V} = \frac{m_L \cdot W}{M \cdot V \cdot 100} = \frac{0{,}38 \cdot \rho \cdot V \cdot 1\,000}{M \cdot V} = \frac{0{,}38 \cdot 1{,}28 \cdot 1\,000}{98} \text{ mol} \cdot L^{-1}$$

$c = 4{,}963 \text{ mol} \cdot L^{-1}$

Vorgänge am negativen Pol:

$$Pb \rightleftharpoons Pb^{2+} + 2\,e^-$$
$$Pb^{2+} + SO_4^{2-} \rightleftharpoons PbSO_4\downarrow$$

$$Pb + SO_4^{2-} \rightleftharpoons PbSO_4\downarrow + 2\,e^-$$

Vorgänge am positiven Pol:

$$PbO_2 + 4\,H^+ \rightleftharpoons Pb^{4+} + 2\,H_2O$$
$$Pb^{4+} + 2\,e^- \rightleftharpoons Pb^{2+}$$
$$Pb^{2+} + SO_4^{2-} \rightleftharpoons PbSO_4\downarrow$$

$$PbO_2 + 2\,e^- + 4\,H^+ + SO_4^{2-} \rightleftharpoons PbSO_4\downarrow + 2\,H_2O$$

Gesamtreaktion: $Pb + PbO_2 + 2\,H_2SO_4 \xrightarrow{\text{Entladung}} 2\,PbSO_4(s) + 2\,H_2O$

Beim Entladen wird Schwefelsäure verbraucht und Wasser gebildet, durch die Verdünnung ändert sich die Dichte.

3 AFC-Zelle:

$$2\,H_2 + 4\,OH^- \longrightarrow 4\,H_2O + 4\,e^- \qquad -\text{Pol}$$
$$O_2 + 2\,H_2O + 4\,e^- \longrightarrow 4\,OH^- \qquad +\text{Pol}$$

$$2\,H_2 + O_2 \longrightarrow 2\,H_2O$$

PEMFC-Zelle:

$$2\,H_2 \longrightarrow 4\,H^+ + 4\,e^- \qquad -\text{Pol}$$
$$O_2 + 4\,H^+ + 4\,e^- \longrightarrow 2\,H_2O \qquad +\text{Pol}$$

$$2\,H_2 + O_2 \longrightarrow 2\,H_2O$$

Gesamtreaktion:

$$2\,H_2 + O_2 \longrightarrow 2\,H_2O$$

Berechnung der Freien Reaktionsenthalpie:

$$2\,H_2(g) + O_2(g) \longrightarrow 2\,H_2O\,(l)$$

$$\Delta_R G^0 = \Delta_R H^0 - T\Delta_R S^0$$

$$= \sum \Delta_f H^0\,(Pr.) - \sum \Delta_f H^0\,(Ed.) - T\left(\sum S^0\,(Pr.) - \sum S^0\,(Ed.)\right)$$

$$\Delta_R G^0 = 2 \cdot \Delta_f H^0(H_2O\,(l)) - T(2 \cdot S^0(H_2O\,(l)) - 2\,S^0(H_2\,(g)) - S^0(O_2\,(g))$$

$$\Delta_R G^0 = 2 \cdot (-286)\ kJ - 298 \cdot (2 \cdot 70 - 2 \cdot 131 - 205)\ J$$

$$\Delta_R G^0 = -572\ kJ + 97{,}45\ kJ = -474{,}55\ kJ$$

Profil-/Neigungsfach Chemie – Baden-Württemberg
Themenübergreifende Übungsaufgaben

Aufgabe 1: Energetik, Redoxreaktionen und Naturstoffe

1 Der Energiebedarf des Menschen setzt sich aus einem Grundumsatz und einem Arbeitsumsatz zusammen. Für die Grundumsatzenergie wird in der Regel für 1 kg Körpergewicht und für die Dauer einer Stunde ein Wert von 4,2 kJ angesetzt. Der Arbeitsumsatz hängt von der körperlichen Aktivität ab. Für eine leichte Tätigkeit errechnet sich ein Zuschlag von 30 % des Grundumsatzes.

1.1 Ermitteln Sie den Energietagesbedarf für einen Menschen mit einer Körpermasse von 70 kg, der eine leichte Tätigkeit ausübt.

1.2 Würde man den Tagesbedarf allein durch die Verbrennung von Glucose decken, so müsste man etwa 600 g Glucose verzehren und zur Verbrennung etwa 440 Liter Sauerstoff bei Standardbedingungen aufnehmen. ($\Delta_f H^0$(Glucose) = –1 274 kJ · mol^{-1})
Bestätigen Sie durch entsprechende Berechnungen diese Angaben.
Berechnen Sie außerdem den Brennwert sowie den Heizwert, wenn 1 mol Glucose verbrannt werden.
Geben Sie für D-Glucose eine Strukturformel in der Haworth-Projektion an.

1.3 Ein Radfahrer mit einer Körpermasse von 80 kg ist eine Stunde lang mit konstanter Geschwindigkeit unterwegs. Die Leistungsabgabe seines Körpers bezogen auf 1 kg Körpermasse beträgt dabei 4,44 J · s^{-1} · kg^{-1}.
Der Energieverbrauch soll mit Schokolade abgedeckt werden. Wie viel Gramm Schokolade sind dazu notwendig, wenn der Gehalt an umsetzbarer chemischer Energie bei Vollmilchschokolade 23 650 kJ · kg^{-1} beträgt?

2 Fliegende Tiere können als Flugtreibstoffe z. B. Kohlenhydrate, Fette (hauptsächlich Triglyceride) oder ein Gemisch aus beiden benutzen. Bei der vollständigen Verbrennung mit Sauerstoff entsteht aus beiden Treibstoffgruppen Kohlenstoffdioxid und Wasser.

2.1 Formulieren Sie die Reaktionsgleichung für die Verbrennung von 2 mol Tristearylglycerid. Bei diesem Triglycerid ist 1,2,3-Propantriol (Glycerin) mit Octadecansäure, $C_{17}H_{35}COOH$, (Stearinsäure) verestert. Die Summenformel für Tristearylglycerid ist $C_{57}H_{110}O_6$.
Geben Sie für das Triglycerid auch eine Strukturformel an. Die Kohlenwasserstoffreste können dabei zusammengefasst werden.

2.2 Misst man das bei der Verbrennung von Kohlenhydraten und von Fett eingeatmete Sauerstoffvolumen und das ausgeatmete Kohlenstoffdioxidvolumen (gleiche Zeitspannen vorausgesetzt) und bildet dann den Quotienten, so erhält man bei Kohlenhydraten den Wert 1 und bei Fetten den Wert 0,7. Diesen Quotienten bezeichnet man als Respiratorischen Quotienten RQ. Begründen Sie diese angegebenen Quotienten, indem Sie für einen vollständigen Formelumsatz sowohl für Glucose als auch für Tristearylglycerid das Stoffmengenverhältnis zwischen freigesetztem Kohlenstoffdioxid und aufgenommenem Sauerstoff bilden.
Der RQ für die Verbrennung von Proteinen beträgt 0,8. Was bedeutet ein RQ-Wert zwischen 0,8 und 0,9 bezüglich der Nahrungsaufnahme beim Menschen?

Aufgabe 2: Energetik, Kohlenhydrate und Ethanol

Lesen Sie den Text durch und bearbeiten Sie folgende Aufgaben.

1 Formulieren Sie die Brutto-Reaktionsgleichung für den Gärungsvorgang. Benutzen Sie als Ausgangsstoff Glucose und für das Molekül die entsprechende Summenformel. Zeigen Sie, dass dieser Gärungsvorgang eine energieliefernde und spontan ablaufende Reaktion ist. Deuten Sie auch das Vorzeichen für die Entropieänderung.

2 Geben Sie von den Disacchariden Maltose und Saccharose je eine Formel in der Haworth-Projektion an.
Beschreiben Sie einen Versuch, mit dem sich die beiden Disaccharide unterscheiden lassen. Erklären Sie auch ihre Vorgehensweise. Zeichnen Sie von dem Polysaccharid Amylopektin einen Formelausschnitt mit vier Bausteinen.
Beschreiben Sie den Aufbau eines anderen Polysaccharids aus dem möglicherweise vergärbare Glucose gewonnen werden könnte. Stellen Sie das Verfahren dar, um aus dem Polysaccharid das Monosaccharid zu erhalten.

3 Beschreiben Sie die im Text erwähnte Methode der Destillation. Die bei der Destillation erreichbare Obergrenze beträgt etwa 96 %. Geben Sie Möglichkeiten an, wie man praktisch wasserfreien Alkohol erhalten könnte.
Eine Halbliterflasche Pils enthält 5 Vol.-% Ethanol. Berechnen Sie den Promillegehalt für einen Menschen von 70 kg Körpermasse nach dem Konsum von drei Flaschen Pils sowie die Abbauzeit.

Anlagen zur Aufgabe 2

Alkoholische Getränke wie Bier und Wein sind schon seit mehr als 6000 Jahren bekannt. Wichtige Inhaltsstoffe für die Bierherstellung sind die in den Gersten- und Weizenkörnern enthaltenen Polysaccharide Amylose und Amylopektin. Diese müssen durch stärkespaltende Enzyme in die Bausteine Maltose und Glucose zerlegt werden. Aus diesen gewinnen Hefepilze durch Gärung Energie und als Nebenprodukte Ethanol und Kohlendioxid. Vergärbare Zucker im Wein sind hauptsächlich Saccharose und die Spaltprodukte Fructose und Glucose.
Die natürliche Vergärung hat bezüglich des Alkoholgehaltes ihre Grenzen. Die Hefepilze vertragen höchstens 16 Volumenprozent Alkohol. Die Anwendung der Destillation erlaubte erstmals im Mittelalter die Gewinnung von hochprozentigem Alkohol.
Ethanol hat eine Dichte von $\rho(\text{Ethanol}) = 0{,}789\ \text{g} \cdot \text{mL}^{-1}$. Für die Verteilung von Alkohol (Ethanol) im menschlichen Körper stehen nur etwa 70 % der Körpermasse zur Verfügung (Knochen nehmen nur sehr wenig auf). Pro Stunde und kg Körpermasse werden etwa 0,1 g Alkohol (Ethanol) abgebaut.

Verbindung	$\Delta_f H^0$ in $\text{kJ} \cdot \text{mol}^{-1}$	S^0 in $\text{J} \cdot \text{mol}^{-1} \cdot \text{K}^{-1}$
Kohlenstoffdioxid	−393	214
Ethanol	−278	161
Glucose	−1274	212

Aufgabe 3: Chemisches Gleichgewicht und Kohlenstoffdioxid

1 Lesen Sie Text 1 durch und erklären Sie, weshalb bei der Katastrophe am Nyos-See zahlreiche Menschen und Tiere umkamen.
Machen Sie mithilfe der Abbildungen 1 und 2 allgemeine Aussagen über die Löslichkeit des Gases Kohlenstoffdioxid in Wasser.
Berechnen Sie
a) die Stoffmenge und die Masse an CO_2, die sich bei 25 °C in 1 L Wasser lösen;
b) die Stoffmenge und das Volumen an CO_2, die sich bei 0 °C und 5 atm in 1 L Wasser lösen. Benutzen Sie dazu die Diagramme.
Erläutern Sie den explosionsartigen Gasausbruch beim Aufsteigen des stark kohlensäurehaltigen Tiefenwassers.

2 Bei der Einleitung von Kohlenstoffdioxid in Wasser bilden sich mehrere Gleichgewichte, die oft folgendermaßen formuliert werden:

A $CO_{2\,(g)} \rightleftharpoons CO_{2\,(aq)}$

B $CO_{2\,(aq)} + H_2O \rightleftharpoons H^+ + HCO_3^-$

Formulieren Sie für B den Term des Massenwirkungsgesetzes. Abb. 3 enthält die Temperaturabhängigkeit der Konstanten für das Gleichgewicht B. Beschreiben Sie diese Abhängigkeit und differenzieren Sie außerdem mit den Begriffen exotherm und endotherm.
Nach einer anderen Darstellung werden nachstehende Gleichgewichte angeführt:

A $CO_{2\,(g)} \rightleftharpoons CO_{2\,(aq)}$

B $CO_{2\,(aq)} + H_2O \rightleftharpoons H_2CO_3$

C $H_2CO_3 \rightleftharpoons H^+ + HCO_3^-$

Geben Sie den Term des Massenwirkungsgesetzes für das Gleichgewicht C an und berechnen Sie die Konstante K mit den weiteren Angaben pH = 7,4, $c(H_2CO_3) = 6 \cdot 10^{-6}\ mol \cdot L^{-1}$ und $c(HCO_3^-) = 2{,}4 \cdot 10^{-2}\ mol \cdot L^{-1}$.

3 Der gegenwärtige Eintrag an Kohlenstoff durch die Nutzung fossiler Brennstoffe in die Atmosphäre beträgt $5{,}5 \cdot 10^9$ t pro Jahr.
Berechnen Sie den entsprechenden Eintrag an Kohlenstoffdioxid. Diskutieren Sie einige Eigenschaften, die den im Text 2 erwähnten Verfahren zugrunde liegen.

Anlagen zur Aufgabe 3

Text 1

In den Vulkangebieten Kameruns gibt es zwei Kraterseen, die als „tickende Zeitbomben" bezeichnet werden. Vulkanische Aktivität setzt in großer Tiefe Kohlenstoffdioxid frei. Das Gas steigt hoch, bis es in das Grundwasser unter den Kratern gelangt. Es löst sich darin. Die Grenze zwischen dichtem Tiefenwasser und dem weniger dichten Oberflächenwasser ist besonders stabil. Die Wassermassen der Seen wälzen sich im allgemeinen nicht um. Dies geschieht durch Sturmböen, Erdrutsche oder Erdbeben. Dann entweicht das Kohlenstoffdioxid explosionsartig aus dem an die Oberfläche gelangenden Tiefenwasser – ählich wie Sekt, der aus einer geschüttelten und entkorkten Flasche schlagartig entweicht. Ein solcher Fall ereignete sich im Nyos-See im August 1986. Die Kohlenstoffdioxid-Gaswolke wälzte sich durch benachbarte Flusstäler. Im Umkreis von etwa 20 km kamen 1 700 Menschen und ihr Vieh um.
(Nach: *Spektrum der Wissenschaften*, Heft 1, 01, S. 70–73.)

Text 2

Die durch die Tätigkeit des Menschen verursachte Zunahme des Treibhausgases Kohlenstoffdioxid muss wegen der Gefährdung des Weltklimas begrenzt werden. Darüber besteht internationales Einvernehmen. Eine Stabilisierung der atmosphärischen Kohlenstoffdioxid-Konzentration auf das Zweifache des vorindustriellen Wertes gilt als Mindestziel.

Einige Vorschläge zur Beseitigung von Kohlenstoffdioxid, die diskutiert werden, sind z. B.:

1 Blöcke von Trockeneis (gefrorenes Kohlenstoffdioxid) in das Meer fallen lassen;

2 Einleiten von Kohlenstoffdioxid in die Ozeane in Tiefen von 1 000 m durch Schläuche, die Schiffe hinter sich herziehen;

3 Installationen von senkrechten Rohrleitungen von Plattformen auf hoher See, die bis zu Mulden im Meeresgrund in Tiefen von 3 000 m oder mehr reichen.

(Nach: *Spektrum der Wissenschaften*, Heft 5, 2000, S. 48–54)

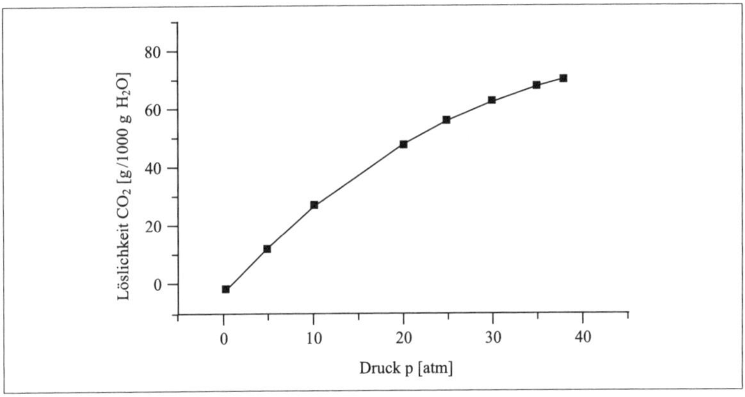

Abb. 1: Löslichkeit von CO_2 in Wasser in Abhängigkeit vom Druck bei 273 K.

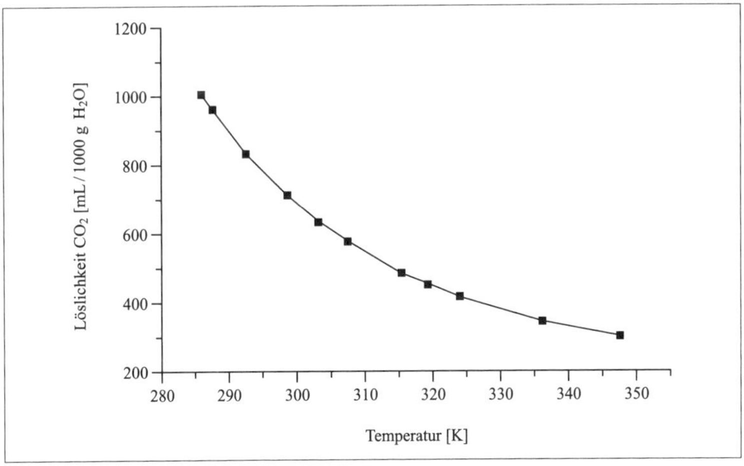

Abb. 2: Löslichkeit von CO_2 in Wasser in Abhängigkeit von der Temperatur.

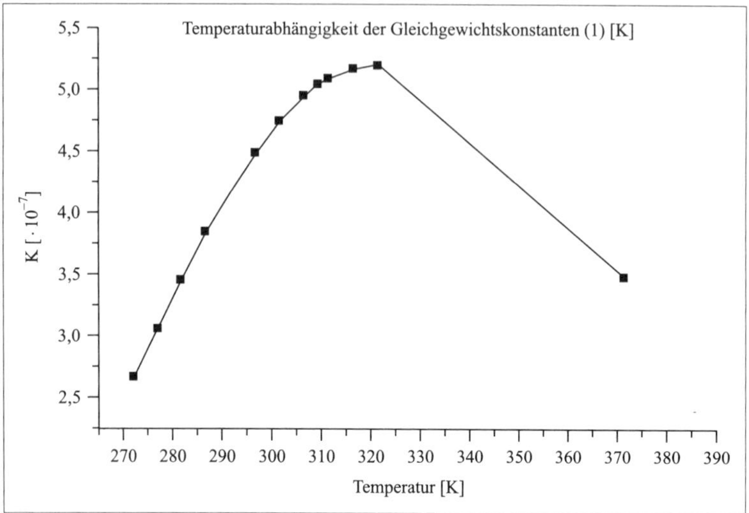

Abb. 3: Temperaturabhängigkeit der Gleichgewichtskonstanten.
(aus: Christoph Maulbetsch, Chemie im Kontext –Teil 1, *Praxis der Naturwissenschaften*, Chemie, Heft 6/51.)

Aufgabe 4: Naturstoffe und Redoxreaktionen

Organismen, die in kalten Regionen leben, schützen sich vor Frostschäden z. B. durch niedermolekulare Stoffe, die den Gefrierpunkt erniedrigen oder durch spezielle Frostschutzproteine, die das Wachstum von Eiskristallen verhindern.

1 Zu den niedermolekularen Frostschutzmitteln gehören z. B. Glycerin (1,2,3-Propantriol) und das Disaccharid Trehalose.

1.1 Glycerin ist eine zähe und in Wasser sehr gut lösliche Flüssigkeit.
Erklären Sie diese Eigenschaft aus der Molekularstruktur.

1.2 Die Trehalose besteht aus zwei α-D-Glucosebausteinen, die α-(1 → 1) verknüpft sind.
Geben Sie zunächst die Strukturformeln für ein α-D-Glucosemolekül in den Projektionen nach Fischer und Haworth an und danach die Strukturformel für das Trehalose-Molekül in der Haworth-Projektion.

1.3 Mit der Trehalose wird die Fehling-Probe durchgeführt.
Beschreiben Sie die experimentelle Vorgehensweise und machen Sie eine Aussage über das Versuchsergebnis. Erklären Sie den Sachverhalt.

2 Ein aus Meeresfischen isoliertes Frostschutzprotein ist z. B. aus einem sich wiederholenden Tripeptid der Sequenz $[-\text{Alanin}-\text{Alanin}-\text{Threonin}-]_n$ aufgebaut, wobei an die Threoninreste je ein Disaccharid angehängt ist.

2.1 Die Aminosäuren Alanin und Threonin sind durch die Reste (Seitenketten) $-CH_3$ und

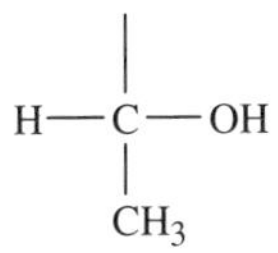

gekennzeichnet. Der Rest der Aminosäure Alanin ist unpolar und derjenige der Aminosäure Threonin polar.
Begründen Sie dies.
Zeichnen Sie ein Tripeptid mit der Sequenz Alanin – Alanin – Threonin.

2.2 Beschreiben Sie, wie das Disaccharid-Molekül mit der Aminosäure Threonin verknüpft werden könnte und benennen Sie die Bindungsart.

Aufgabe 5: Enzyme

Die Geschwindigkeit v, mit der Enzyme Substrate umsetzen, hängt u. a. von den Konzentrationen der Substrate und von bestimmten Temperatur- und pH-Bereichen ab.

1 Die Geschwindigkeit einer Enzymreaktion in Abhängigkeit von der Substratkonzentration geht aus Abb. 1 hervor:

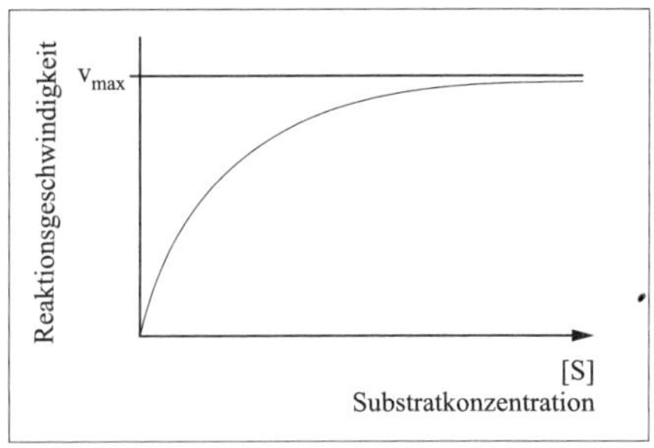

Abb. 1

Interpretieren Sie den Kurvenverlauf. Berücksichtigen Sie dabei auch die Modellvorstellung von der Bildung eines Enzym-Substrat-Komplexes:

$$E + S \rightleftharpoons ES \longrightarrow E + P$$

2 Abb. 2 zeigt für eine Enzymreaktion die Abhängigkeit der Reaktionsgeschwindigkeit von der Temperatur.
Beschreiben Sie den Graphen und geben Sie dazu eine Erklärung.

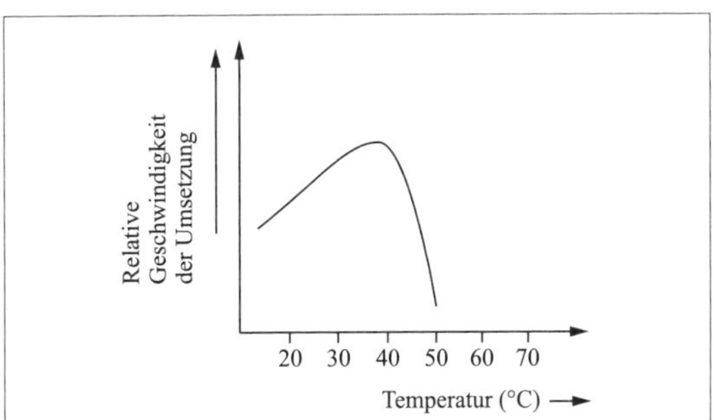

Abb. 2

3 Die Abhängigkeiten mehrerer Enzymaktivitäten von den pH-Werten verdeutlicht Abb. 3. Geben Sie für die Tatsache, dass Enzyme ihre größte Wirksamkeit in bestimmten pH- Bereichen entfalten, eine allgemeine Erklärung.

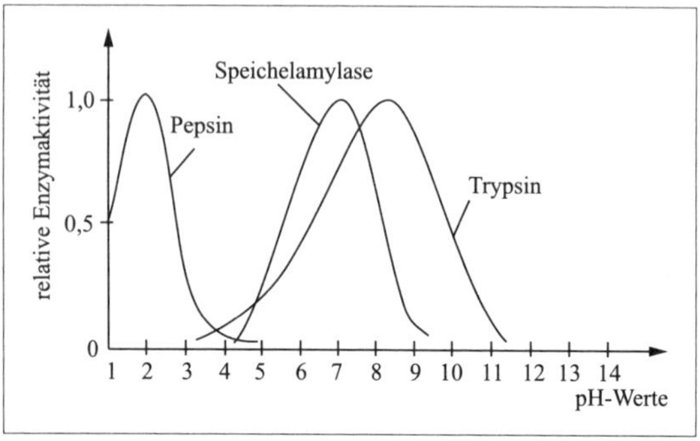

Abb. 3

4 Um die optimale Aktivität des Enzyms Pepsin herauszufinden, werden mit Suspensionen von ausgeflocktem Eiklar in Reagenzgläsern (RG) folgende Versuche gemacht: RG 1 enthält zusätzlich destilliertes Wasser; RG 2 enthält zusätzlich eine entsprechende Menge Pepsinlösung; RG 3 enthält zusätzlich verdünnte Salzsäure und RG 4 enthält zusätzlich verdünnte Salzsäure und Pepsinlösung. Alle Inhalte der Reagenzgläser RG 1 bis RG 4 werden im Wasserbad einige Zeit auf 40 °C erwärmt. Das experimentelle Ergebnis ist: Nur im RG 4 geht die Trübung deutlich zurück.
Charakterisieren Sie das Enzym Pepsin.

Aufgabe 6: Enzyme und Kohlenhydrate

Das Enzym α-Amylase, das z. B. im Speichel vorkommt, baut Stärke in Maltose-Einheiten ab.

1 Geben Sie die Bausteine und deren Verknüpfungen an, aus denen die Polysaccharide Amylose und Amylopektin sowie das Disaccharid Maltose aufgebaut sind.
Zeichnen Sie von der Amylose und von Amylopektin je einen Strukturformelausschnitt mit drei Bausteinen.

2.1 Eine wässrige Stärkelösung wird mit einigen Tropfen einer Iodlösung versetzt und anschließend erhitzt. Die blaue Farbe verschwindet, taucht aber beim Abkühlen wieder auf.
Deuten Sie die Beobachtungen und begründen Sie das experimentelle Ergebnis aus der Struktur der Amylose.

2.2 Beim Abbau der Amylose durch das Enzym α-Amylase können Spaltprodukte (Oligosaccharide) aus etwa sechs Bausteinen nachgewiesen werden.
Begründen Sie auch dies aus der Struktur der Amylose.

3 Wirkungen der α-Amylase unter verschiedenen Bedingungen können durch folgende Versuche in sechs beschrifteten Reagenzgläsern (RG 1 bis RG 6), die alle 1 %-ige Stärkelösung desselben Volumens enthalten, demonstriert werden.

Versuch Nr.	**Inhalt der Reagenzgläser**	**Durchführung**	**Experimentelles Ergebnis**
V 1	RG 1: Stärkelösung + Amylaselösung	RG 1 bei Zimmertemperatur fünf Minuten stehen lassen und danach einige Tropfen Iodlösung zugeben	starke Entfärbung
V 2	RG 2: Stärkelösung + Amylaselösung	RG 2 in ein Becherglas mit 40 °C stellen, nach fünf Minuten herausnehmen und einige Tropfen Iodlösung zugeben	Stärkere Entfärbung als bei Zimmertemperatur
V 3	RG 3: Stärkelösung + Amylaselösung	RG 3 in kochendes Wasser stellen, nach fünf Minuten herausnehmen und einige Tropfen Iodlösung zugeben	Zunächst keine Blaufärbung, mit zunehmender Abkühlung tritt diese auf

Versuch Nr.	**Inhalt der Reagenzgläser**	**Durchführung**	**Experimentelles Ergebnis**
V 4	RG 4: Stärkelösung + Amylaselösung	RG 4 in Eiswasser stellen, nach fünf Minuten herausnehmen und einige Tropfen Iodlösung zugeben	langsame Entfärbung
V 5	RG 5: Stärkelösung + Amylaselösung	RG 5 in ein Becherglas mit 40 °C stellen, Kupfersulfatlösung zugeben, nach fünf Minuten Zugabe von einigen Tropfen Iodlösung	geringe Entfärbung
V 6	RG 6: Stärkelösung + Amylaselösung	RG 6 in ein Wasserbad von 40 °C stellen, rauchende Salzsäure zugeben, nach fünf Minuten Zugabe einiger Tropfen Iodlösung	keine Blaufärbung

Deuten Sie die experimentellen Ergebnisse.

Aufgabe 7: Enzyme und Redoxreaktionen

Leber und Kartoffeln enthalten das Enzym Katalase. Dieses katalysiert die Zersetzung von Wasserstoffperoxid (H_2O_2) in Wasser und Sauerstoff.

1 In einem Experiment werden fünf nummerierte Reagenzgläser (RG 1 bis RG 5) je zur Hälfte mit Wasserstoffperoxid beschickt und dann der Reihe nach mit gleichen Portionen folgender Substanzen versetzt: RG 1 mit roher Leber; RG 2 mit geriebener Leber, RG 3 mit gekochter Leber, RG 4 mit gefrorener Leber und RG 5 mit Kartoffelwürfeln.
Formulieren Sie für den Zerfall des Wasserstoffperoxids eine Reaktionsgleichung und zeigen Sie, dass es sich dabei um eine Redoxreaktion handelt.
Beschreiben Sie mögliche Beobachtungen, die bei obigen Experimenten gemacht werden können und deuten Sie diese.

2 Die Wirkung der Katalase lässt sich durch die Abnahme des Wasserstoffperoxids nach verschiedenen Zeiten der Enzymeinwirkung messen. Die noch vorhandene Menge an Wasserstoffperoxid wird jeweils durch Titration der Mischung mit Kaliumpermanganatlösung der Konzentration $c = 0{,}01\ \text{mol} \cdot \text{l}^{-1}$ bestimmt. Dabei wird Mangan von der Oxidationsstufe +VII im Permanganat-Ion zu +II im Mangan-Ion reduziert und der Sauerstoff von –I in Wasserstoffperoxid zu Null im elementaren Zustand oxidiert. Die Mischung mit dem Volumen V = 10 mL setzt sich aus angesäuerter Wasserstoffperoxid-Lösung und Katalase-Lösung zusammen.
Formulieren Sie zunächst für diese Redoxreaktion die Teilgleichungen und danach die Gesamtgleichung. Woran erkennt man den Endpunkt der Titration?

3 Die Konzentrationen des noch vorhandenen Wasserstoffperoxids können mit folgenden Formeln berechnet werden:

$$n(H_2O_2) = \frac{5}{2} \cdot c(MnO_4^-) \cdot V(MnO_4^-) \quad \text{und}$$

$$c(H_2O_2) = \frac{n(H_2O_2)}{V(\text{Mischung})} = \frac{\frac{5}{2} \cdot c(MnO_4^-) \cdot V(MnO_4^-)}{V(\text{Mischung})}$$

Begründen Sie die Formeln unter Verwendung des Stoffmengenverhältnisses $n(H_2O_2) : n(MnO_4^-) = 5 : 2$.
Berechnen Sie damit und mit den in der Tabelle enthaltenen Daten die Konzentrationen des jeweils noch vorhandenen Wasserstoffperoxids.

Tabelle:

Zeit in min.	**Verbrauch an Kaliumpermanganat $c = 0{,}01\ \text{mol} \cdot \text{L}^{-1}$, in mL**
0	5,0
5	1,7
10	0,85
15	0,6

Tragen Sie die errechneten Konzentrationen in Abhängigkeit von der Zeit in ein Koordinatensystem ein und erläutern Sie den Kurvenverlauf.

Lösung

Aufgabe 1: Energetik, Redoxreaktionen und Naturstoffe

1.1 Grundumsatz, Tagesbedarf: $70\,\text{kg} \cdot 4{,}2\,\frac{\text{kJ}}{\text{k} \cdot \text{kg}} \cdot 24\,\text{h} = 7\,056\,\text{kJ}$

Leistungsumsatz: $\frac{30 \cdot 7056}{100}\,\text{kJ} = 2\,116{,}8\,\text{kJ}$

Gesamt: 9 173 kJ

1.2 Reaktionsgleichung:

$C_6H_{12}O_6 + 6\,O_2 \longrightarrow 6\,CO_2 + 6\,H_2O(l)$

$\Delta_R H = \sum \Delta_f H^0(\text{Pr.}) - \sum \Delta_f H^0(\text{Ed.})$

$\Delta_R H = 6 \cdot \Delta_f H^0(CO_2) + 6 \cdot \Delta_f H^0(H_2O(l)) - \Delta_f H^0(C_6H_{12}O_6)$

$\Delta_R H = [6 \cdot (-394) + 6 \cdot (-285) + 1274]\,\text{kJ}$

$\Delta_R H = -2\,806\,\text{kJ}$

Stoffmenge für den Tagesbedarf: $n = \frac{9\,173\,\text{kJ}}{2\,806\,\text{kJ}}\,\text{mol} = 3{,}269\,\text{mol}$

Masse m an Glucose: $m = n \cdot M = 3{,}269\,\text{mol} \cdot 180\,\text{g} \cdot \text{mol}^{-1} = 588{,}43\,\text{g}$

Stoffmenge an Sauerstoff: für 1 mol Glucose benötigt man 6 mol O_2, für 3,269 mol Glucose benötigt man **19,614 mol O_2**

Volumen: $V = n \cdot V_m = 19{,}614\,\text{mol} \cdot 22{,}4\,\text{L} \cdot \text{mol}^{-1} = 439{,}35\,\text{L}$

$\Delta_R H = -2\,806\,\text{kJ} \cdot \text{mol}^{-1} = \Delta H_{0,m}$

Brennwert: $H_0 = \frac{2\,806}{180}\,\frac{\text{kJ} \cdot \text{mol}^{-1}}{\text{g} \cdot \text{mol}^{-1}} = 15{,}59\,\text{kJ} \cdot \text{g}^{-1}$

Heizwert: $H_u = \frac{(2\,806 - 6 \cdot 44)}{180}\,\frac{\text{kJ} \cdot \text{mol}^{-1}}{\text{g} \cdot \text{mol}^{-1}} = 14{,}12\,\text{kJ} \cdot \text{g}^{-1}$

Strukturformel von D-Glucose in Haworth-Projektion:

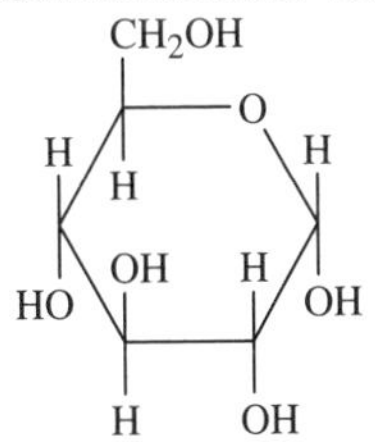

1.3 Energieverbrauch: $W = 4{,}44\,\text{J} \cdot \text{s}^{-1} \cdot \text{kg}^{-1} \cdot 80\,\text{kg} \cdot 3\,600\,\text{s} = 1\,278{,}72\,\text{kJ}$

$m(\text{Schokolade}) = \frac{1\,278{,}72\,\text{kJ}}{23\,650\,\text{kJ}}\,\text{kg} = 0{,}054\,\text{kg} = 54\,\text{g}$

Man bräuchte **54 g Vollmilchschokolade**, um den Energieverbrauch zu decken.

2.1 $C_{57}H_{110}O_6 + 163\ O_2 \longrightarrow 114\ CO_2 + 110\ H_2O$

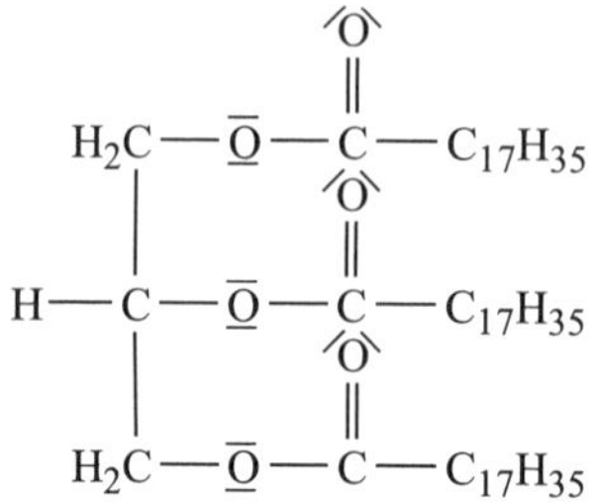

2.2 Es gilt: $n(O_2) = \frac{V(O_2)}{V_0}$ oder $n(O_2)V_0 = V(O_2)$ und $n(CO_2) = \frac{V(CO_2)}{V_0}$ und

$n(CO_2)V_0 = V(CO_2)$

das Verhältnis ist: $\frac{n(CO_2)V_0}{n(O_2)V_0} = \frac{V(CO_2)}{V(O_2)} = \frac{1}{1} = 1$

Entsprechend gilt bei der Verbrennung von Triglycerid mit

$nV_0 = V : V(O_2) = 163\ mol \cdot V_0$ und $V(CO_2) = 114\ mol \cdot V_0$

für das Verhältnis: $\frac{V(CO_2)}{V(O_2)} = \frac{114}{163} = 0,699 \approx 0,7$

Der Wert des respiratorischen Koeffizienten zwischen 0,8 und 0,9 deutet auf den Abbau eines **Nährstoffgemisches** aus Kohlenhydraten, Fetten und Proteinen hin.

Aufgabe 2: Energetik, Kohlenhydrate und Ethanol

1 $C_6H_{12}O_6 \longrightarrow 2\ C_2H_5OH + 2\ CO_2$

$$\Delta_R H^0 = \sum \Delta_f H^0(Pr.) - \sum \Delta_f H^0(Ed.)$$
$$= 2 \cdot \Delta_f H^0(C_2H_2OH) + 2\ \Delta_f H^0(CO_2) - \Delta_f H^0(C_6H_{12}O_6)$$
$$= -68\ KJ;$$ exotherme Reaktion,Wärme wird abgeben.

$$\Delta_R S^0 = \sum S^0(Pr.) - \sum S^0(Ed.)$$
$$= 2 \cdot S^0(C_2H_2OH) + 2\ S^0(CO_2) - S^0(C_6H_{12}O_6)$$
$$= 538\ J \cdot K^{-1}$$

Die Entropie nimmt zu, da u. a. aus einem festen ein gasförmiger Stoff gebildet wird.

$\Delta_R G^0 = \Delta_R H^0 - T \cdot \Delta_R S^0 = -68\ kJ - 298\ K \cdot 0,598\ kJ \cdot K^{-1}$

$\Delta_R G^0 = -228,32\ kJ$; exergonische Reaktion (spontan ablaufender Vorgang)

2 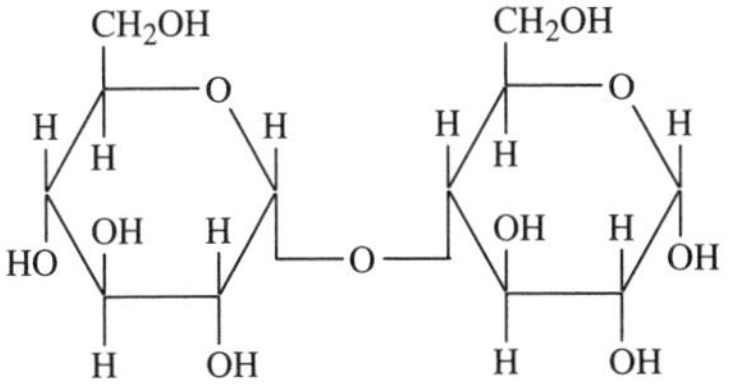
Maltose

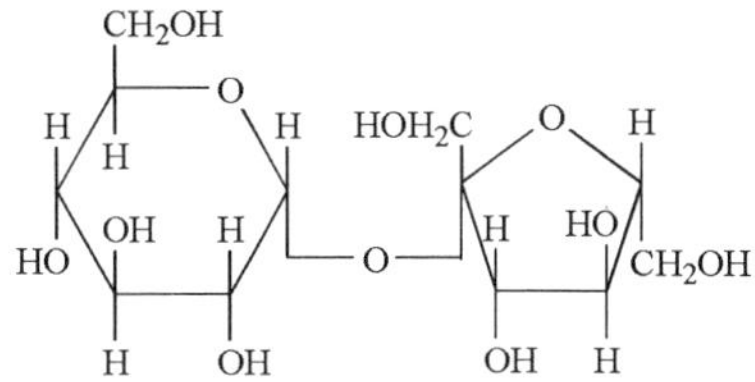
Saccharose

Zu den Lösungen der Disaccheride gibt man entweder in gleichen Mengen die Reagenzien Fehling I und Fehling II oder ammoniakalische Silbernitratlösung. Anschließend wird erhitzt. Maltose ist ein reduzierender Zucker. Kupfer(II)-Ionen oder Silber(I)-Ionen werden reduziert. Man erhält einen roten Niederschlag von Kupfer(I)-oxid mit den Fehling-Reagenzien oder einen Silberspiegel mit der ammoniakalischen Silbernitratlösung. Saccharose ist ein nicht-reduzierender Zucker. Die Reaktionen funktionieren hier nicht.

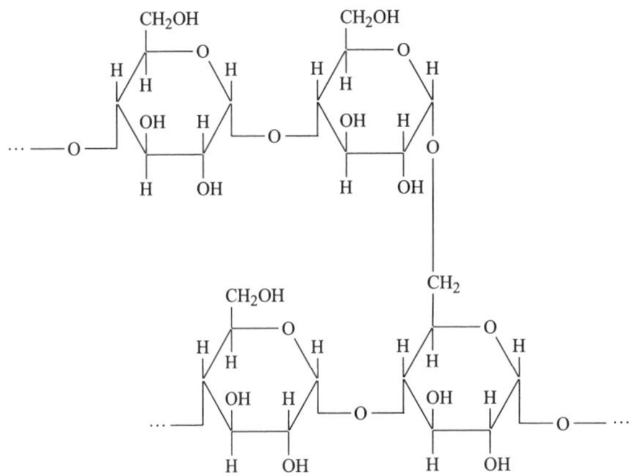
Amylopektin

Ein anderes Polysaccharid ist die Cellulose. Cellulose besteht aus β-D-Glucosebausteinen, die β-(1→4) verknüpft sind. Jeder zweite Baustein ist dabei um 180° gekippt. Die glykosidischen Bindungen können mit Säuren gespalten werden.

3 Das alkoholische Getränk z. B. Wein wird erhitzt. Ethanol hat einen niedrigeren Siedepunkt als Wasser. Ethanol verdampft zuerst. Der Dampf wird gekühlt und kondensiert. Das Restwasser kann mit Trockenmitteln wie z. B. Calciumoxid gebunden werden.

Gehalt an Alkohol: $V = \frac{5\,\%}{100\,\%} \cdot 500\text{ mL} = 25\text{ mL}$

Masse des Ethanols: $m = \rho \cdot V = 0{,}789\text{ g} \cdot \text{mL}^{-1} \cdot 25\text{ mL} = 19{,}73\text{ g}$
In einem halben Liter sind 25 mL Ethanol mit einer Masse von 19,73 g enthalten.
In **drei Flaschen** sind 75 mL Ethanol mit einer Masse von 59,19 g enthalten.

Verteilung: $\frac{59{,}19\ \text{g}}{(70:100)\cdot 70\,000\ \text{g}} = \frac{59{,}19\ \text{g}}{49\,000\ \text{g}} = 0{,}1208 \cdot 10^{-3} = 1{,}208\ ‰$

Abbau: $0{,}1\ \text{g} \cdot \text{kg}^{-1} \cdot \text{h}^{-1} \cdot 70\ \text{kg} = 7{,}0\ \text{g} \cdot \text{h}^{-1}$

Abbauzeit: $\frac{59{,}19\ \text{g}}{7{,}0\ \text{g}} \cdot \text{h} \approx 8{,}5\ \text{h}$

Es dauert etwa 8,5 Stunden, bis der Ethanolgehalt abgebaut ist.

Aufgabe 3: Chemisches Gleichgewicht und Kohlenstoffdioxid

1 Die Dichte von Kohlenstoffdioxid ist größer als diejenige der Luft (etwa 1,5-mal so groß). Das Gas sammelt sich am Boden. Die erwähnte Gaswolke sank in die Flusstäler ab und verdrängte die Luft und damit den Sauerstoff zum Atmen.

Aus den Diagrammen ergibt sich:

Die Löslichkeit von Kohlenstoffdioxid in Wasser nimmt mit zunehmendem Druck zu; die Löslichkeit des Gases nimmt in Wasser mit zunehmender Temperatur ab.

Aus Abbildung 1 entnimmt man: $m(CO_2) = 12\ \text{g}$ bei $p = 5$ atm. und 0 °C

für die Stoffmenge n gilt: $n = \frac{m}{M} = \frac{12\ \text{g}}{44\ \text{g}}\ \text{mol} = 0{,}27\ \text{mol}$

für das Volumen V: $V = n \cdot V_m = 0{,}27\ \text{mol} \cdot 22{,}4\ \text{L} \cdot \text{mol}^{-1} = 6\ \text{L}$

bei 298 K lösen sich 720 mL Gas, das entsprechende reduzierte Volumen ist

$V_r = 0{,}916 \cdot 720\ \text{mL} = 659{,}5\ \text{mL}$

für die Stoffmenge gilt: $n = \frac{V}{V_m} = \frac{659{,}5\ \text{mL}}{22\,400\ \text{mL}}\ \text{mol} = 0{,}029\ \text{mol}$

die Masse m errechnet sich zu: $m = n \cdot M = 0{,}029\ \text{mol} \cdot 44\ \text{g} \cdot \text{mol}^{-1} = 1{,}28\ \text{g}$

Durch den Gasausbruch wird ein Teil des Tiefenwassers mitgerissen. Dies führt zu einer weiteren Druckentlastung, noch mehr Tiefenwasser gelangt nach oben. Die Vorgänge schaukeln sich auf und es kommt zum explosionsartigen Ausbruch.

2 Massenwirkungsgesetz: $K = \frac{c(H^+) \cdot c(HCO_3^-)}{c(CO_{2\,(aq)}) \cdot c(H_2O)}$

Die Werte der Konstanten nehmen bei einer Temperaturerhöhung zu. Das Gleichgewicht B verschiebt sich bei Temperaturerhöhung in Richtung der Produkte, also nach rechts. Die Reaktion ist endotherm. Nach dem Prinzip von LE CHATELIER verschiebt sich ein Gleichgewicht bei Temperaturerhöhung in Richtung des wärmeverbrauchenden Vorgangs, um dem Zwang auszuweichen. Hier also nach rechts.

Dies gilt allerdings nur bis etwa 50 °C. Danach nehmen die Konstanten wieder ab. Das Gleichgewicht würde sich nach links verschieben. Die Reaktion wäre exotherm.

Massenwirkungsgesetz für C: $K = \frac{c(H^+) \cdot c(HCO_3^-)}{c(H_2CO_3)}$

Es gilt: $pH = -\lg c(H^+)$ oder $c(H^+) = 10^{-pH} = 10^{-7{,}4}\ \text{mol} \cdot \text{L}^{-1}$

Die Werte in den Term für das Massenwirkungsgesetz eingesetzt liefern für K folgende Zahlenwerte: $K = \frac{10^{-7{,}4} \cdot 2{,}4 \cdot 10^{-2}}{6 \cdot 10^{-6}}\ \text{mol} \cdot \text{L}^{-1} = \frac{2{,}4 \cdot 10^{-9{,}4} \cdot 10^{6}}{6} = 1{,}6 \cdot 10^{-4}\ \text{mol} \cdot \text{L}^{-1}$

3 Für die Stoffmengen gilt: $n(C) = n(CO_2)$ oder $\frac{m(C)}{M(C)} = \frac{m(CO_2)}{M(CO_2)}$

aufgelöst nach $m(CO_2)$: $m(CO_2) = \frac{m(C)}{M(C)} \cdot M(CO_2)$

Die Zahlenwerte ergeben: $m(CO_2) = \frac{5{,}5 \cdot 10^9 t \cdot 44\ g \cdot mol^{-1}}{12\ g \cdot mol^{-1}} \approx 20 \cdot 10^9 t$

Kohlenstoffdioxid kann verflüssigt werden. Durch eine Düse ausströmendes Kohlenstoffdioxid erstarrt zu einer festen Masse, infolge des Wärmeverbrauchs bei der Verdunstung – man erhält Kohlensäureschnee. Verdichteter Kohlensäureschnee wird zu Trockeneis. Die im Meer abgelassenen Blöcke sinken nach unten, das feste Kohlenstoffdioxid sublimiert und Gas löst sich in Wasser. Durch das Absinken entsteht eine Verteilung und Verdünnung.
Bei tieferen Temperaturen und höheren Drucken in 1 000 m Tiefe löst sich mehr Kohlenstoffdioxid (Abb. 1 und 2). Durch die Reaktion mit Wasser entstehen schwach saure Lösungen. Um zu große pH-Wert-Änderungen zu vermeiden, muss genügend verdünnt werden. Die fahrenden Schiffe sorgen für ausreichende Verdünnung.
Unter dem hohen Druck in 3 000 m Tiefe kann sich das Gas verflüssigen, auf den Grund sinken und so einen zusammenhängenden „Kohlenstoffdioxid-See“ bilden. Austauschvorgänge (Tiefenwasser – Oberflächenwasser) erfolgen äußerst langsam.

Aufgabe 4: Naturstoffe und Redoxreaktionen

1.1 Die Hydroxylgruppen im Glycerinmolekül sind polarisiert. Zwischen den Glycerinmolekülen können sich Wasserstoffbrückenbindungen ausbilden:

Wasserstoffbrückenbindungen gibt es auch zwischen Glycerinmolekülen und Wassermolekülen. Auf diesen Wechselwirkungen beruht die sehr gute Löslichkeit in Wasser:

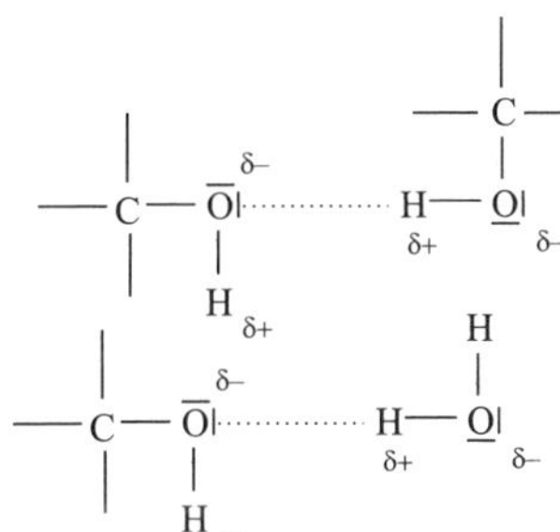

1.2 **Formeln**

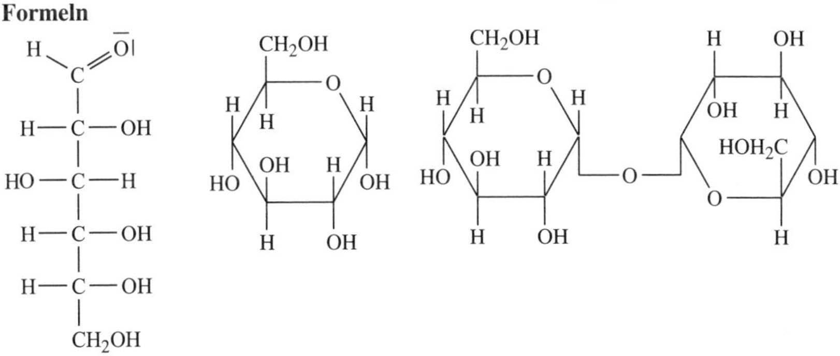

Fischer-Projektion der D-Glucose

Haworth-Projektion der α-D-Glucose

Trehalose

1.3 Die Trehalose-Lösung wird mit Fehling-Reagenz I und Fehling-Reagenz II im Verhältnis 1:1 versetzt und anschließend erhitzt.
Die Fehling-Probe ist **negativ**, da im Trehalosemolekül beide halbacetalischen Hydroxylgruppen miteinander reagiert haben. Eine Ringöffnung ist nicht möglich. (Oder: die anomeren Kohlenstoffatome von beiden Glucoseeinheiten sind an der glycosidischen Bindung beteiligt.)

2.1 Die Methylgruppe ist unpolar. Die Werte der Elektronegativitäten von Kohlenstoff und Wasserstoff unterscheiden sich wenig. Die Hydroxylgruppe in der Seitenkette des Threonins ist polarisiert:

$-\overset{\delta-}{O}-\overset{\delta+}{H}$

Tripeptid mit der Sequenz Alanin – Alanin – Threonin:

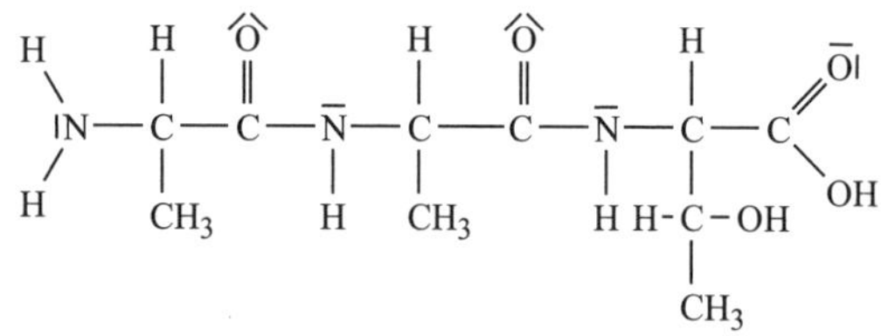

2.2 Glycosidische Bindung; zwischen der Hydroxylgruppe des anomeren C-Atoms des Disaccharids und der Hydroxylgruppe des Threonins spaltet sich Wasser ab:

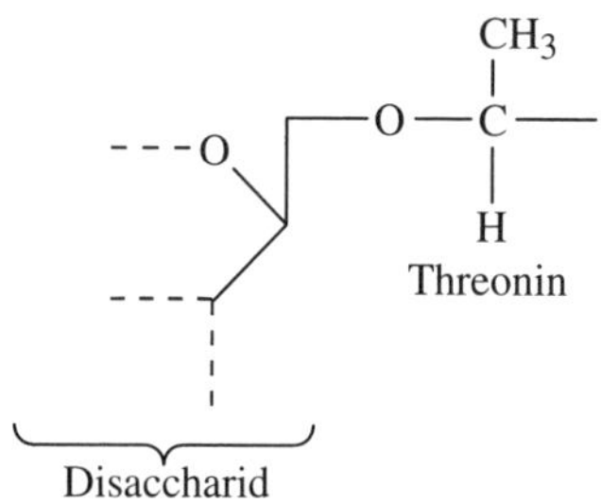

Aufgabe 5: Enzyme

1 Bei sehr geringen Substratkonzentrationen nimmt die Geschwindigkeit etwa linear mit der Erhöhung der Substratkonzentration zu. Die Konzentration des Komplexes ES nimmt zu, wenn diejenige von S steigt und damit auch die Geschwindigkeit. Liegen schließlich alle Enzymmoleküle als Enzym-Substrat-Komplex (ES) vor, so erreicht die Reaktion ihre maximale Geschwindigkeit. Bei diesem Sättigungszustand hat eine weitere Erhöhung der Substratkonzentration keinen Einfluss mehr.

2 Die Reaktionsgeschwindigkeit nimmt mit zunehmender Temperatur zunächst zu (RGT-Regel) – Anstieg der Kurve bis zum Optimum. Dies liegt in der Zunahme der kinetischen Energien der Reaktionspartner begründet (Anzahl der reaktionsfähigen Teilchen nimmt zu). Bei höheren Temperaturen werden die Enzyme denaturiert und somit inaktiviert – steiler Abfall der Kurve.

3 Ladungsänderungen z. B. durch Protonierung oder Deprotonierung der Seitenketten von Aminosäuren im aktiven Zentrum oder in dessen Umgebung können zu Änderungen in den Bindungsverhältnissen zum Substrat oder zu Änderungen in der Struktur des Enzyms und damit zu Aktivitätsänderungen führen.

4 Der Rückgang der Trübung deutet darauf hin, dass Proteine durch Pepsin abgebaut werden. Die Erwärmung im Wasserbad auf 40 °C liefert das Temperaturoptimum. Die höchste Aktivität entfaltet das Enzym bei pH-Werten zwischen 1 und 2, dies entspricht z. B. dem pH-Wert des Magensaftes.

Aufgabe 6: Enzyme und Kohlenhydrate

1 Amylose, die lösliche Stärke, besteht aus D-Glucosebausteinen, die α-(1 → 4)-verknüpft sind; Amylopektin, der unlösliche Bestandteil der Stärke, besteht aus Ketten von α-(1 → 4) verknüpften D-Glucosebausteinen, die über α-(1 → 6)-Bindungen verzweigt sind; Maltose, ein Disaccharid, besteht aus zwei α-(1 → 4)-verknüpften D-Glucosebausteinen:

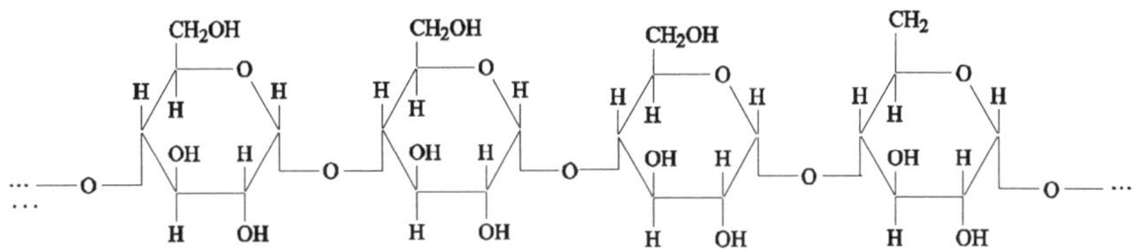

Amylose, Glucosebausteine sind α-(1 → 4)-verknüpft

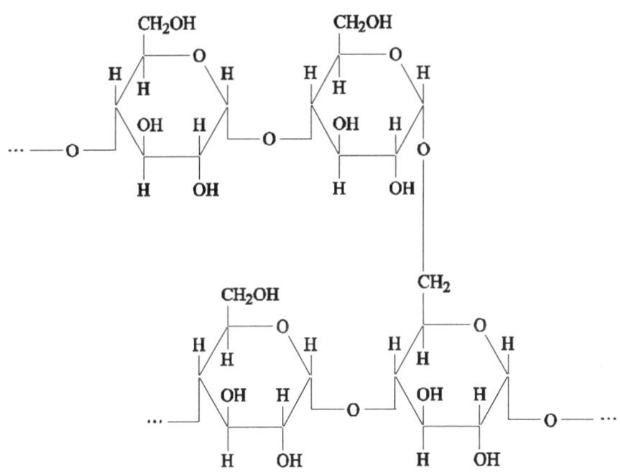

Amylopektin, Glucosebausteine sind α-(1 → 4)- und α-(1 → 6)-verknüpft.
Die α-(1 → 6)-Verknüpfung bildet die Verzweigungspunkte.

2.1 Struktur der Amylose:
Die Makromoleküle bilden Helices, die aus vielen α-(1 → 4)-verknüpften D-Glucosebausteinen zusammengesetzt sind. Auf eine Windung in der Helix entfallen sechs Bausteine. Dadurch entstehen Hohlräume, in die sich die Iodmoleküle einlagern können – Blaufärbung. Beim Erhitzen werden die Iodmoleküle aus den Hohlräumen verdrängt, die blaue Farbe verschwindet. Beim Abkühlen wieder Einlagerung in die kanalartigen Strukturen – wieder Blaufärbung.

2.2 Das Enzym α-Amylase greift an der Spiralstruktur der Amylose an und spaltet jeweils um eine Windung entfernte glykosidische Bindungen. Da die Windungen aus sechs Bausteinen bestehen, ergeben sich bei der Spaltung entsprechende Oligosaccharide.

3 V 1 Amylase baut Stärke ab, die Spiralstrukturen werden zerstört und die Lösung entfärbt sich

V 2 die Aktivität des Enzyms nimmt zu – Temperaturoptimum – schnellerer Abbau

V 3 das Enzym wird denaturiert, kein Abbau; durch die Temperaturerhöhung werden jedoch die Iodmoleküle aus den Hohlräumen verdrängt, beim Abkühlen können sich die Iodmoleküle wieder in die Hohlräume einlagern

V 4 langsame Entfärbung, da die Enzymaktivität vom Temperaturoptimum weit entfernt ist

V 5 die Aktivität des Enzyms wird durch Schwermetall-Ionen wie Kupfer-Ionen blockiert, keine Entfärbung

V 6 saure Hydrolyse der Stärkemoleküle; Spiralstruktur wird zerstört, Abbau bis zu den Glucoseeinheiten, keine Blaufärbung; Wirkung der Amylase gering, da pH-Optimum bei etwa pH = 7

Aufgabe 7: Enzyme und Redoxreaktionen

1 **Reaktionsgleichung**

$$2\,\overset{+I}{H}_2\overset{-I}{O}_2 \rightleftharpoons 2\,\overset{+I}{H}_2\overset{-II}{O} + \overset{0}{O}_2$$, die Oxidationszahlen des Sauerstoffes ändern sich.

Beobachtungen und Deutungen

RG 1: heftige Sauerstoffentwicklung; rohe Leber enthält viel Katalase

RG 2: Sauerstoffentwicklung noch heftiger; durch die feine Zerteilung nimmt die Oberfläche zu und damit auch die Kontaktfläche zwischen Enzym und Substrat

RG 3: keine Sauerstoffentwicklung; beim Kochen denaturiert das Enzym und es verliert seine Aktivität

RG 4: zunächst sehr geringe Sauerstoffentwicklung, da das Enzym vom Temperaturoptimum weit entfernt ist

RG 5: geringere Sauerstoffentwicklung; Kartoffeln enthalten weniger Katalase

2 **Reaktionsgleichungen**

$$\overset{+VII}{Mn}O_4^- + 5\,e^- + 8\,H^+ \longrightarrow Mn^{2+} + 4\,H_2O \quad |\cdot 2 \quad \textbf{Reduktion}$$

$$\overset{+I}{H}_2\overset{-I}{O}_2 \longrightarrow 2\,\overset{+I}{H}^+ + \overset{0}{O}_2 + 2\,e^- \quad |\cdot 5 \quad \textbf{Oxidation}$$

$$2\,MnO_4^- + 5\,H_2O_2 + 6\,H^+ \longrightarrow 2\,Mn^{2+} + 8\,H_2O + 5\,O_2$$

Endpunkt der Titration: bleibende Rosafärbung

3 Stoffmengenverhältnis $\frac{n(H_2O_2)}{n(MnO_4^-)} = \frac{5}{2}$ oder

$n(H_2O_2) = \frac{5}{2} \cdot n(MnO_4^-)$; mit $c = \frac{n}{V}$ folgt

$n(H_2O_2) = \frac{5}{2} \cdot c(MnO_4^-) \cdot V(MnO_4^-)$ und

$$c(H_2O_2) = \frac{n(H_2O_2)}{V(\text{Mischung})} = \frac{\frac{5}{2} \cdot c(MnO_4^-) \cdot V(MnO_4^-)}{V(\text{Mischung})}$$

Berechnungen

Zeit in min.	Verbrauch an Kaliumpermanganatlösung $c = 0{,}01 \text{ mol} \cdot L^{-1}$ in ml	$n(H_2O_2)$ mol	$c(H_2O_2) \text{ mol} \cdot L^{-1}$
0	5,0	$0{,}128 \cdot 10^{-3}$	$12{,}5 \cdot 10^{-3}$
5	1,7	$0{,}0425 \cdot 10^{-3}$	$4 \cdot 10^{-3}$
10	0,85	$0{,}0213 \cdot 10^{-3}$	$2{,}13 \cdot 10^{-3}$
15	0,6	$0{,}015 \cdot 10^{-3}$	$1{,}5 \cdot 10^{-3}$

Je länger die Wirkung der Katalase, umso mehr Wasserstoffperoxid wird zersetzt. Die durch Titration gemessene Konzentration des jeweils noch vorhandenen Wasserstoffperoxids muss also abnehmen. Die Geschwindigkeit der Enzymreaktion nimmt am Anfang stark und dann langsam zu; die Konzentration des Wasserstoffperoxids nimmt entsprechend stark und dann langsam ab:

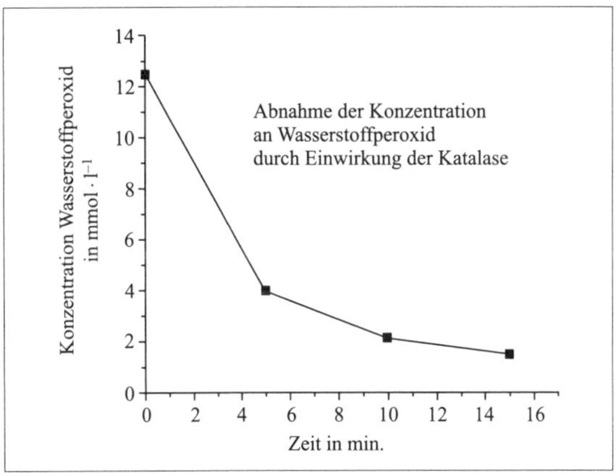

Abiturprüfung an den allgemein bildenden Gymnasien (Baden-Württemberg) 2010
Prüfungsfach: Chemie – Aufgabe I

VP

Natron (Natriumhydrogencarbonat, $NaHCO_3$) ist ein Salz, das in vielen Bereichen Verwendung findet.

1 In BULLRICH-Salz ©, einem Mittel gegen Sodbrennen und säurebedingte Magenbeschwerden, ist Natron als Wirkstoff enthalten.
- Formulieren Sie für die Reaktion von Natron mit Salzsäure eine Reaktionsgleichung.

Zur Bestimmung des Natrongehalts einer BULLRICH-Salz ©-Tablette werden bei einer Titration bis zum Äquivalenzpunkt 10,3 mL Salzsäure der Konzentration $c = 1 \text{ mol} \cdot \text{L}^{-1}$ verbraucht.
- Beschreiben Sie die experimentelle Durchführung einer Titration.
- Berechnen Sie die Masse des Natrons in dieser Tablette. 3

2 Das Hydrogencarbonat-Ion ist ein amphoteres Teilchen und kann deshalb als Säure oder Base reagieren.
- Begründen Sie diese Eigenschaft aus der Struktur des Teilchens.
- Formulieren Sie für die Reaktionen mit Wasser jeweils eine mögliche Reaktionsgleichung.
- Erläutern Sie jeweils die Gleichgewichtslage der Reaktion und begründen Sie, ob eine wässrige Natriumhydrogencarbonat-Lösung sauer oder alkalisch reagiert. 6

3 Viele Brausetabletten enthalten u. a. Natron und eine organische Säure, z. B. Weinsäure (2,3-Dihydroxybutandisäure).
Weinsäure reagiert in wässriger Lösung mit Natron. Dabei entsteht u.a. ein Salz der Weinsäure (Dinatriumtartrat, $C_4H_4O_6Na_2$).
- Formulieren Sie für die Reaktion von Natron mit Weinsäure eine Reaktionsgleichung. Verwenden Sie dabei Strukturformeln.
- Begründen Sie, wieso diese Reaktion nicht bereits in der Tablette stattfindet.

Eine Brausetablette der Masse $m = 2{,}5$ g enthält 0,5 g Natron und 1,5 g Weinsäure.
- Berechnen Sie das Volumen der Kohlenstoffdioxidportion, das bei Raumtemperatur ($V_m = 24 \text{ L} \cdot \text{mol}^{-1}$) aus dieser Tablette maximal gebildet werden kann.

Ein Schüler soll dieses Volumen experimentell überprüfen. Hierzu arbeitet er nach der im **Anhang** aufgeführten Versuchsvorschrift.
Er ermittelt nach Einsatz der ersten Tablette ein Volumen von 40 mL, nach Reaktion der zweiten Tablette ein Gesamtvolumen von 170 mL.
- Erläutern Sie die Versuchsergebnisse. 6

4 Eine weitere Verwendung findet Natron als Bestandteil von Feuerlöschpulver. Es zersetzt sich bei höheren Temperaturen unter Bildung von Natriumcarbonat, Wasserdampf und Kohlenstoffdioxid.
- Formulieren Sie eine Reaktionsgleichung für diese thermische Zersetzung.
- Berechnen Sie für diese Reaktion die Reaktionsenthalpie und die Reaktionsentropie für Standardbedingungen.
- Begründen Sie, warum sich Natron erst bei höheren Temperaturen zersetzt. 5

20

Anhang zu Aufgabenteil 3:

Versuchsvorschrift

Chemikalien:
2 Brausetabletten

Geräte:
Stativmaterial, Messzylinder, große Kristallisierschale

Durchführung:

Baue den Versuch gemäß nebenstehender Abbildung auf.
Fülle den Messzylinder zunächst vollständig mit Wasser.
Bringe nun die erste Brausetablette unter den Messzylinder.
Lies nach vollständiger Reaktion der ersten Tablette das Volumen an gebildetem Gas ab.
Bringe nun die zweite Tablette unter den Messzylinder und ermittle somit das Gesamtvolumen des gebildeten Gases.

Versuchsaufbau:

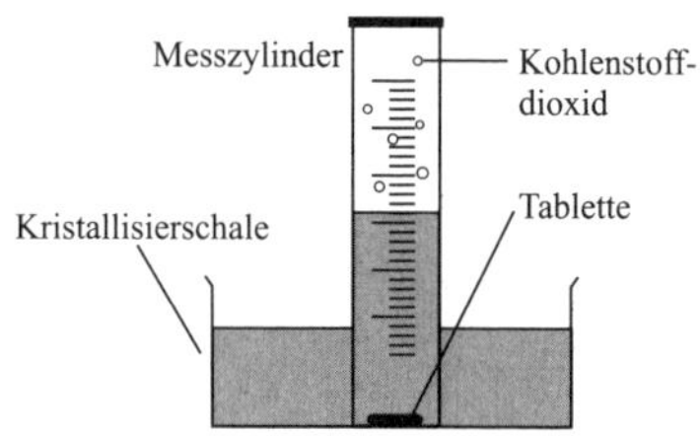

Lösungen

1 **Reaktion von Natron mit Salzsäure**

Reaktionsgleichung

$NaHCO_{3\,(s)} + HCl_{(aq)} \longrightarrow NaCl_{(aq)} + CO_{2\,(g)} + H_2O$

oder

$NaHCO_{3\,(s)} + H_3O^+ + Cl^- \longrightarrow Na^+ + Cl^- + CO_{2\,(g)} + 2\,H_2O$

Geht man von gelöstem Natriumhydrogencarbonat aus, dann kann man schreiben:

$Na^+ + HCO_3^- + H_3O^+ + Cl^- \longrightarrow Na^+ + Cl^- + CO_{2\,(g)} + 2\,H_2O$

Beschreibung einer Titration

Eine Skizze kann hier hilfreich sein, ist aber nicht zwingend erforderlich.

Ein genau abgemessenes Volumen der zu titrierenden Lösung (= Analyse oder Probe) wird in ein Becherglas oder einen Erlenmeyerkolben gefüllt und dieser auf einen Magnetrührer gestellt. Man setzt einige Tropfen eines geeigneten Indikators zu, gibt einen Rührfisch in die Lösung und lässt rühren. Aus einer Bürette tropft man langsam so viel einer Maßlösung zu, bis man einen Farbumschlag beobachtet. Man liest das Volumen der Maßlösung ab und kann über die Beziehung

$c(\text{Maßlösung}) \cdot V(\text{Maßlösung}) =$

$c(\text{Analyse}) \cdot V(\text{Analyse})$

den Gehalt der untersuchten Lösung berechnen.

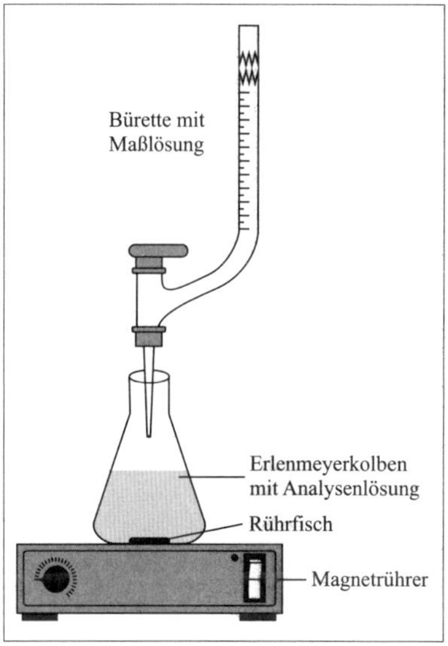

Natrongehalt einer BULLRICH-Salz © -Tablette

Der Reaktionsgleichung kann entnommen werden, dass zur Umsetzung von 1 mol Natriumhydrogencarbonat 1 mol Salzsäure benötigt wird.

$n(HCl_{(aq)}) = n(NaHCO_3)$

Es wird zunächst die Stoffmenge der verbrauchten Salzsäure berechnet:

$$c(HCl(aq)) = \frac{n(HCl(aq))}{V(HCl(aq))} \quad \Leftrightarrow \quad n(HCl(aq)) = c(HCl(aq)) \cdot V(HCl(aq))$$

$n(HCl(aq)) = 1\text{ mol} \cdot L^{-1} \cdot 10{,}3 \cdot 10^{-3}\text{ L} = 1{,}03 \cdot 10^{-2}\text{ mol}$

$\Rightarrow n(NaHCO_3) = 1{,}03 \cdot 10^{-2}\text{ mol}$

Mit der molaren Masse von Natriumhydrogencarbonat $M(NaHCO_3) = 84\ g \cdot mol^{-1}$ berechnet sich die Masse des Natriumhydrogencarbonates zu:

$$n(NaHCO_3) = \frac{m(NaHCO_3)}{M(NaHCO_3)} \quad \Leftrightarrow \quad m(NaHCO_3) = n(NaHCO_3) \cdot M(NaHCO_3)$$

$$m(NaHCO_3) = 1{,}03 \cdot 10^{-2}\ mol \cdot 84\ g \cdot mol^{-1} \approx 0{,}87\ g$$

2 **Amphoterie von Natriumhydrogencarbonat**

Amphoterie und Struktur

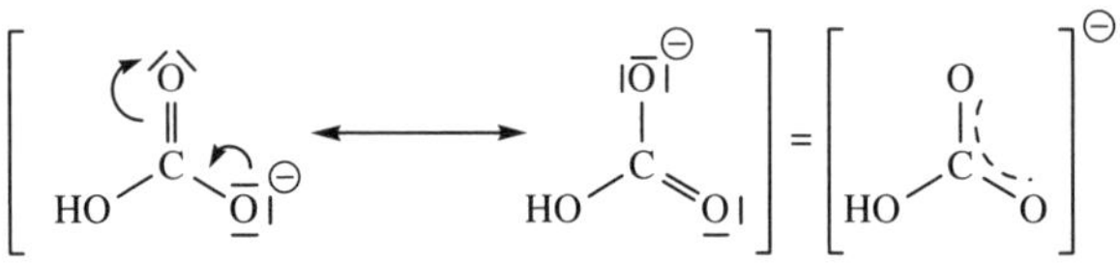

Hydrogencarbonat-Ion

Das Hydrogencarbonat-Ion enthält eine OH-Gruppe mit einem positiv polarisierten H-Atom und kann daher als Säure wirken.

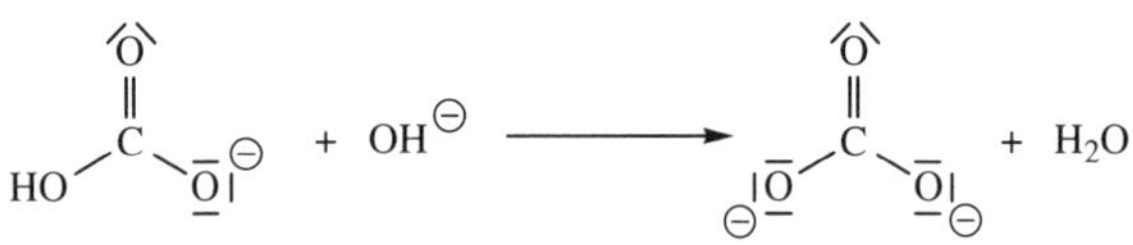

Durch die hohe negative Ladungsdichte an den Sauerstoffatomen ist die Aufnahme eines Protons möglich, sodass das Hydrogencarbonat-Ion auch als Base wirken kann.

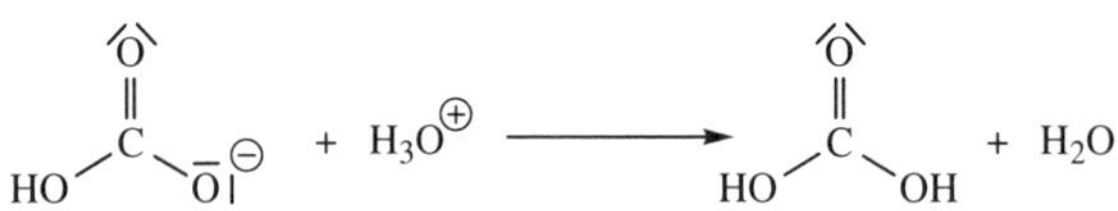

Reaktionsgleichungen

Hydrogencarbonat als Säure gegenüber Wasser (**1**):

$HCO_3^- + H_2O \rightleftharpoons CO_3^{2-} + H_3O^+ \qquad K_S(HCO_3^-) = 4{,}68 \cdot 10^{-11} \qquad pK_S = 10{,}33$

Hydrogencarbonat als Base gegenüber Wasser (**2**):

$HCO_3^- + H_2O \rightleftharpoons H_2CO_3 + OH^- \qquad K_B(HCO_3^-) = 2{,}24 \cdot 10^{-8} \qquad pK_B = 7{,}65$

Gleichgewichtslage

Anhand der K_S-Werte aus der Tabelle der Säurekonstanten kann man für die beiden Reaktionen (**1**) und (**2**) sagen, dass sie nur in geringem Maße ablaufen, also beide Gleichgewichte „auf der linken Seite liegen".

$K_B(HCO_3^-) = 2{,}24 \cdot 10^{-8}$ muss dabei aus dem K_S oder pK_S-Wert für die Kohlensäure H_2CO_3 ($CO_2 + H_2O$) berechnet werden, da das Hydrogencarbonat die zur Kohlensäure korrespondierende Base ist:

$$K_B(HCO_3^-) = \frac{10^{-14}}{K_S(H_2CO_3)} \quad \Leftrightarrow \quad pK_B(HCO_3^-) = 14 - pK_S(H_2CO_3)$$

Die beiden Gleichgewichte dürfen zur Abschätzung des pH-Wertes einer Hydrogencarbonat-Lösung nicht unabhängig voneinander betrachtet werden. Man kann folgende Regel bzw. Näherungsformel zur pH-Berechnung heranziehen:
Ist der K_S-Wert des Ampholyten größer als sein K_B-Wert, so reagiert eine wässrige Lösung des Ampholyten sauer (pH < 7).
Ist der K_S-Wert des Ampholyten kleiner als sein K_B-Wert, so reagiert eine wässrige Lösung des Ampholyten basisch (pH > 7).
Näherungsformel:

$$pH = \frac{1}{2}(14 + pK_S - pK_B)$$

Für die Natriumhydrogencarbonat-Lösung ergibt sich durch Anwendung dieser Regel, bzw. der Näherungsformel:

$$K_S(HCO_3^-) < K_B(HCO_3^-)$$

$$pH = \frac{1}{2}(14 + pK_S - pK_B) = \frac{1}{2}(14 + 10{,}33 - 7{,}65) = 8{,}34$$

Eine wässrige Natriumhydrogencarbonat-Lösung reagiert basisch.

3 **Natron in der Brausetablette**

Reaktionsgleichung

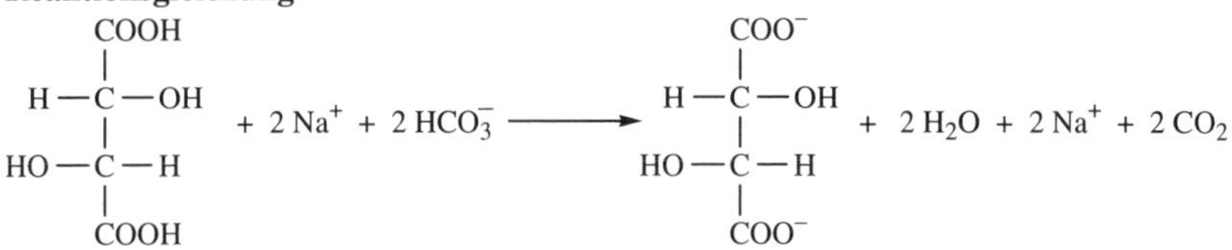

Feste Brausetablette
Die Reaktion findet im Festkörpergemisch (Tablette) nicht statt. Die Voraussetzung für eine Reaktion zwischen zwei Teilchenarten ist, dass sie in Kontakt kommen können. Offenbar ist das im gegebenen Beispiel nur der Fall, wenn die Feststoffe sich in Wasser lösen.

Berechnung der Kohlenstoffdioxid-Menge
Aus der Reaktionsgleichung liest man die folgenden Stoffmengenverhältnisse ab:

$$\frac{n(\text{Weinsäure})}{n(\text{NaHCO}_3)} = \frac{1}{2} \quad \text{und} \quad \frac{n(\text{NaHCO}_3)}{n(\text{CO}_2)} = \frac{1}{1}$$

Da die Weinsäure zwei Protonen abgeben kann, wird 1 mol Natron durch ein halbes Mol Weinsäure zersetzt.
Brausetabletten reagieren in der Regel vollständig – die Weinsäure wird also wahrscheinlich in einer entsprechend hohen Menge (Überschuss) vorliegen, was man durch Rechnung überprüfen kann:

$$n(\text{NaHCO}_3) = \frac{m(\text{NaHCO}_3)}{M(\text{NaHCO}_3)} = \frac{0{,}5\ \text{g}}{84\ \text{g} \cdot \text{mol}^{-1}} = 0{,}006\ \text{mol}$$

$$n(\text{Weinsäure}) = \frac{m(\text{Weinsäure})}{M(\text{Weinsäure})} = \frac{1{,}5\ \text{g}}{150 \cdot \text{mol}^{-1}} = 0{,}01\ \text{mol}$$

Die maximale Kohlenstoffdioxid-Stoffmenge, die gebildet werden kann, ist demnach:

$n(CO_2) = n(NaHCO_3) = 0{,}006 \text{ mol}$

Das Volumen der Kohlenstoffdioxidportion berechnet sich nach:

$$n(CO_2) = \frac{V(CO_2)}{V_m} = \frac{V(CO_2)}{24000 \text{ mL} \cdot \text{mol}^{-1}}$$

$$V(CO_2) = n(CO_2) \cdot 24000 \text{ mL} \cdot \text{mol}^{-1} = 0{,}006 \text{ mol} \cdot 24000 \text{ mL} \cdot \text{mol}^{-1} = 144 \text{ mL}$$

Aus der Brausetablette sollten 144 mL Kohlenstoffdioxid entstehen.

Versuchsergebnisse beim Lösen der Brausetabletten

Zwei gleiche Brausetabletten sollten beim „Auflösen" das gleiche Kohlenstoffdioxid-Volumen entwickeln. Die Ergebnisse weichen jedoch stark voneinander ab.

Im ersten Versuch ist das Gasvolumen im Vergleich zum berechneten Wert viel zu klein (statt 144 mL nur 40 mL). Die Abweichung lässt sich durch die gute Löslichkeit von Kohlenstoffdioxid in Wasser erklären.

Nimmt man an, dass sich im zweiten Experiment (Tablette 2) nun nur noch wenig Kohlenstoffdioxid im Wasser löst, so erwartet man als Versuchsergebnis ein Volumen, das dem berechneten Wert von 144 mL nahekommt. Man erhält als Messwert ein Volumen von 130 mL Kohlenstoffdioxid. Die Abweichung von 14 mL erklärt sich durch Lösung eines Teils des gebildeten Kohlenstoffdioxids oder durch eine Messungenauigkeit (Graduierung des Messzylinders).

4 Natron als Feuerlöschpulver

Reaktionsgleichung

$$2\,NaHCO_{3\,(s)} \longrightarrow Na_2CO_{3\,(s)} + H_2O_{(g)} + CO_{2\,(g)}$$

Reaktionsenthalpie und Reaktionsentropie

	$2\,NaHCO_{3\,(s)}$	$\longrightarrow$	$Na_2CO_{3\,(s)}$ +	$H_2O_{(g)}$ +	$CO_{2\,(g)}$	
$\Delta_f H^0 =$	–932		–1157	–242	–394	$\text{kJ} \cdot \text{mol}^{-1}$
$S^0 =$	150		61	189	214	$\text{J} \cdot \text{mol}^{-1} \cdot \text{K}^{-1}$

Es gilt:

$$\Delta_R H^0 = \sum \Delta_f H^0 = \sum \Delta_f H^0(\text{Produkte}) - \sum \Delta_f H^0(\text{Edukte})$$

$$\Delta_R S^0 = \sum S^0(\text{Produkte}) - \sum S^0(\text{Edukte})$$

Daraus ergibt sich:

$$\begin{aligned}\Delta_R H^0 &= \Delta_f H^0(Na_2CO_3) + \Delta_f H^0(H_2O\,(g)) + \Delta_f H^0(CO_2) - 2 \cdot \Delta_f H^0(NaHCO_3)\\ &= [-1157 + (-242) + (-394) - 2 \cdot (-932)]\text{ kJ} \cdot \text{mol}^{-1}\\ &= 71\text{ kJ} \cdot \text{mol}^{-1}\end{aligned}$$

$$\begin{aligned}\Delta_R S^0 &= S^0(Na_2CO_3) + S^0(H_2O\,(g)) + S^0(CO_2) - 2 \cdot S^0(NaHCO_3)\\ &= [61 + 189 + 214 - 2 \cdot 150]\text{ J} \cdot \text{mol}^{-1} \cdot \text{K}^{-1}\\ &= 164\text{ J} \cdot \text{mol}^{-1} \cdot \text{K}^{-1}\end{aligned}$$

Zersetzung bei höheren Temperaturen

Aus den thermodynamischen Daten errechnet sich die freie Reaktionsenthalpie:

$$\Delta_R G^0 = \Delta_R H^0 - T \cdot \Delta_R S^0 \quad \text{mit} \quad T = 298\ \text{K}$$

$$\Delta_R G^0 = 71\ \text{kJ} \cdot \text{mol}^{-1} - 298\ \text{K} \cdot 164\ \text{J} \cdot \text{mol}^{-1} \cdot \text{K}^{-1} \approx 22\ \text{kJ} \cdot \text{mol}^{-1}$$

Die freie Reaktionsenthalpie ist bei Standardbedingungen größer als Null und die Reaktion kann daher nicht spontan ablaufen.

Unter der Voraussetzung, dass sich $\Delta_R H$ und $\Delta_R S$ mit der Temperatur gegenüber den Standardwerten nicht ändern, und mit $\Delta_R G < 0$ als Bedingung für den Ablauf einer Reaktion kann man eine Zersetzungstemperatur abschätzen.

$$\Delta_R G^0 < 0$$

$$\Delta_R H^0 - T \cdot \Delta_R S^0 < 0$$

$$\Delta_R H^0 < T \cdot \Delta_R S^0$$

$$T > \frac{\Delta_R H^0}{\Delta_R S^0} \approx 433\ \text{K}$$

Die Temperatur ist also höher als 25 °C.

Abiturprüfung an den allgemein bildenden Gymnasien (Baden-Württemberg) 2010
Prüfungsfach: Chemie – Aufgabe II

VP

1 Beim Brotbacken spielen die wasserunlöslichen Proteine des Weizenmehls, z. B. die Gliadine, eine bedeutende Rolle für die Teigstruktur.

1.1 Gliadine zeichnen sich durch einen hohen Anteil an Glutamin und Prolin aus. Weitere Monomere sind u. a. die Aminosäuren Leucin (L-2-Amino-4-methylpentansäure) und Phenylalanin (L-2-Amino-3-phenylpropansäure).

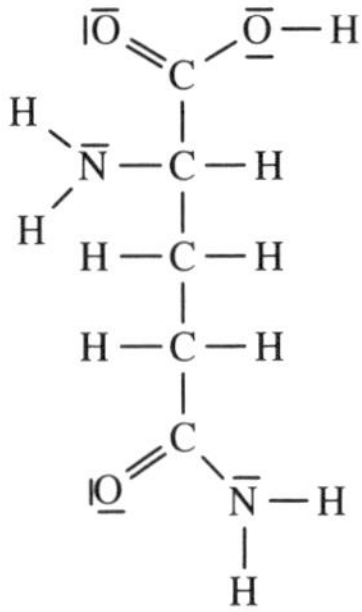

Glutamin

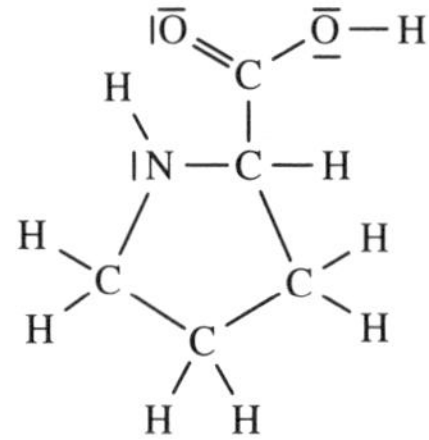

Prolin

Ein Gliadin weist in einem Abschnitt die folgende Aminosäure-Sequenz auf:

– Leucin – Prolin – Glutamin – Phenylalanin –

- Zeichnen Sie diesen Gliadinausschnitt.
  Hinweis: Die ringförmige Struktur des Prolin-Bausteins bleibt auch im Protein erhalten.
- Erläutern Sie den Einfluss eines hohen Prolingehalts auf die Sekundärstruktur des Gliadins.
- Nennen Sie zwei intramolekulare Wechselwirkungen, die in diesem Gliadinausschnitt an der Bildung der Tertiärstruktur beteiligt sind.
  Begründen Sie Ihre Aussage. 7

1.2 Beschreiben Sie einen Praktikumsversuch, mit dem sich zeigen lässt, dass in Gliadinen die Aminosäuren Leucin, Prolin, Glutamin und Phenylalanin enthalten sind. 3

2.1 In Roggenbrot entsteht die Teigstruktur durch Pentosane.
Diese Polysaccharide bestehen aus einer Kette 1,4-glycosidisch verknüpfter Xylose-Bausteine. Etwa jeder zweite Xylose-Baustein ist zusätzlich über das Kohlenstoffatom Nr. 2 mit dem Kohlenstoffatom Nr. 1 eines Arabinose-Bausteins verknüpft.

Xylose-Baustein

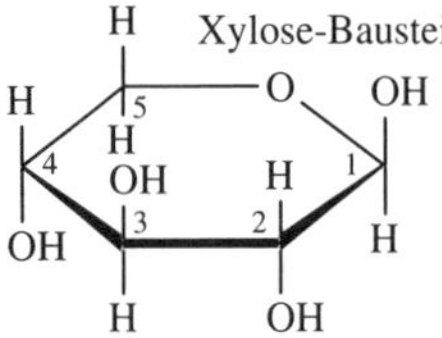

Arabinose-Baustein

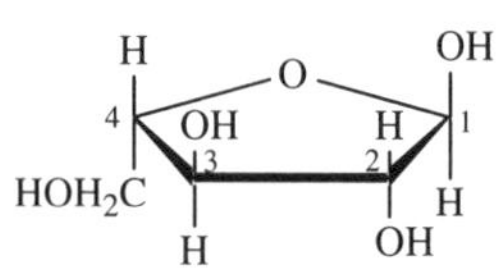

- Zeichnen Sie die offenkettige Form der beiden Bausteine in der FISCHER-Projektion.
  Ordnen Sie diesen die Bezeichnungen „L“ bzw. „D“ zu und begründen Sie Ihre Angaben.
- Zeichnen Sie einen Ausschnitt aus einem Pentosan-Molekül, der alle beschriebenen Strukturmerkmale enthält. 5

2.2 Beim Ruhen des Teigs wird ein Teil der enthaltenen Stärke enzymatisch vollständig hydrolysiert.
- Nennen Sie das entstehende Hydrolyseprodukt und beschreiben Sie ein Experiment, mit dem Sie nachweisen können, dass es sich bei dem Hydrolyseprodukt um einen reduzierenden Zucker handelt.
- Formulieren Sie eine Reaktionsgleichung zur gewählten Nachweisreaktion.
  Zeigen Sie, dass es sich dabei um eine Redoxreaktion handelt. 5

20

Lösungen

1 Gliadine

1.1 Gliadin-Teilstruktur

Strukturformelausschnitt –Leucin–Prolin–Glutamin–Phenylalanin–

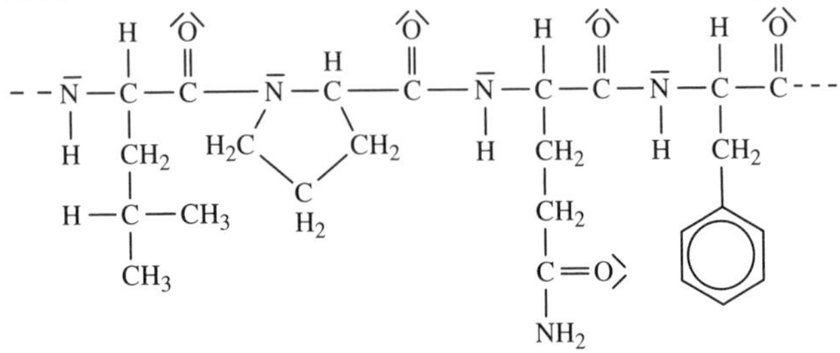

Der Einfluss des Prolingehalts auf die Sekundärstruktur

Da das Prolin durch Kondensation der Gruppe R-NH-R' mit einer Carboxyl-Funktion in die Peptidkette eingebaut wird, können – wie der Strukturformelausschnitt zeigt – an dieser Stelle keine Wasserstoffbrücken gebildet werden.

Nicht verlangt: Die Peptidbindung ist eben gebaut, d. h., die Atome C, O, N, H liegen in einer Ebene. Um die Bindungen zwischen den α-C-Atomen und den Stickstoffatomen der Peptidbindungen bzw. den α-C-Atomen und den Kohlenstoffatomen der Peptidbindungen besteht die Möglichkeit der Rotation um einen bestimmten Winkel ϕ bzw. ψ (siehe Abbildung).
Der Winkel ϕ ist an der Stelle, an der ein Prolin in die Kette eingebaut ist, eingeschränkt.

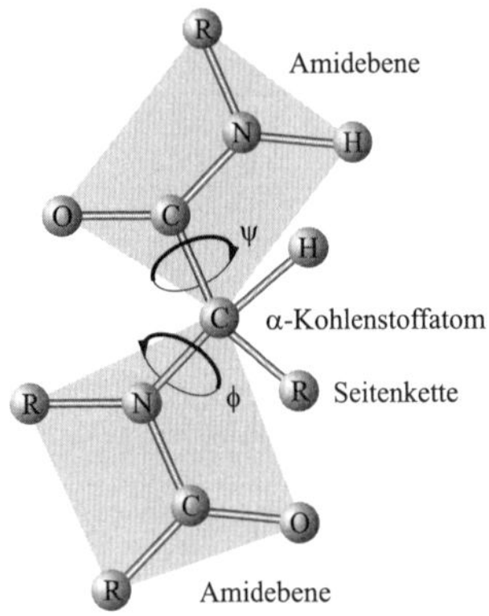

Sowohl die fehlende Möglichkeit zur Wasserstoffbrückenbildung als auch die eingeschränkte Rotationsmöglichkeit, die sich aus einem hohen Prolingehalt ergeben, haben Konsequenzen für die räumliche Struktur einer Peptidkette.

Intramolekulare Wechselwirkungen

Die Seitenketten der Aminosäuren Leucin und Phenylalanin sind hydrophob. Zwischen solchen Resten sind Van-der-Waals-Wechselwirkungen denkbar.
Die Aminogruppe des Glutamins kann mit geeigneten Partnern Wasserstoffbrückenbindungen bilden.

1.2 **Nachweis der Aminosäuren**

Aminosäure-Gemische lassen sich durch Chromatographie auftrennen. Um die Zusammensetzung eines Proteins zu analysieren, muss dieses zunächst durch saure Hydrolyse (z. B. mit Salzsäure) in die einzelnen Aminosäuren gespalten werden. Die so erhaltene Probe wird neben geeigneten Vergleichssubstanzen, hier also Leucin-, Prolin-, Glutamin- und Phenylalanin-Lösungen, auf die Chromatographie-Platte aufgetragen.

Praktische Durchführung

Auf der stationären Phase (geeignet sind z. B. DC-Platten mit Cellulose-Beschichtung) wird eine Startlinie markiert. Mithilfe von Kapillaren werden jeweils eine kleine Probe der Hydrolyse-Lösung und der Vergleichssubstanzen aufgetragen. Nachdem die Substanzflecken eingetrocknet sind, bringt man die stationäre Phase in einen Tank mit Lösungsmittel, wobei die Startlinie oberhalb der Flüssigkeit sein muss (mobile Phase; für Aminosäuregemische eignet sich ein Propanol-Wasser-Gemisch). Man wartet so lange, bis die Lösungsmittelfront das obere Plattenende fast erreicht hat. Das Chromatogramm wird mit einer Ninhydrin-Lösung als Nachweisreagenz besprüht und im Trockenschrank bei 80 °C entwickelt, wobei sich die Substanzflecken blau färben. Die Identifizierung der Aminosäuren erfolgt anhand der verwendeten Vergleichssubstanzen (Flecken auf gleicher Höhe).

Alternativ kann die Identifizierung der Substanzen auch über die Bestimmung der R_F-Werte erfolgen, die dann mit entsprechenden Tabellenwerten verglichen werden.

2.1 **Pentosane im Teig**

Strukturformeln in Fischer-Projektion

Um die Haworth-Projektionen in die jeweiligen Fischer-Projektionen zu überführen, ist zunächst festzustellen, dass es sich bei beiden Monosacchariden um Pentosen handelt (siehe Aufgabentext und Formeln). Im Falle der Xylose erfolgte der Ringschluss zur Pyranose-Form zwischen C-Atom 1 und der OH-Gruppe an C-Atom 5, bei der Arabinose erfolgte der Ringschluss zur Furanose-Form zwischen C-Atom 1 und der OH-Gruppe an C-Atom 4.

OH-Gruppen, die in der Haworth-Projektion unterhalb der Ringebene stehen, müssen in der Fischer-Projektion nach rechts gezeichnet werden, OH-Gruppen oberhalb der Ringebene weisen in der Fischer-Projektion nach links. Das gilt nicht für die OH-Gruppe am anomeren C-Atom (hier jeweils C-Atom 1), da diese bei Ringöffnung in eine CHO-Gruppe überführt wird.

Aus der Ringdarstellung der Xylose erhält man nach Umsetzung in die Fischer-Projektion ein Monosaccharid der D-Reihe, da die OH-Gruppe am letzten asymmetrisch substituierten C-Atom (C 4) nach rechts weist.

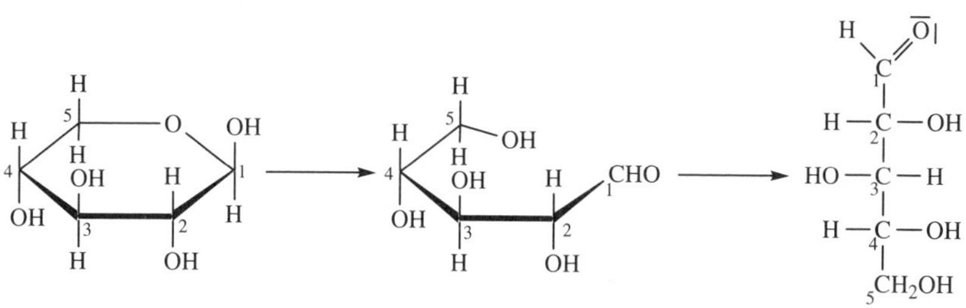

D-Xylose

Aus der Ringdarstellung der Arabinose erhält man nach Umsetzung in die Fischer-Projektion ein Monosaccharid der L-Reihe, da die OH-Gruppe am letzten asymmetrisch substituierten C-Atom (C 4) nach links weist:

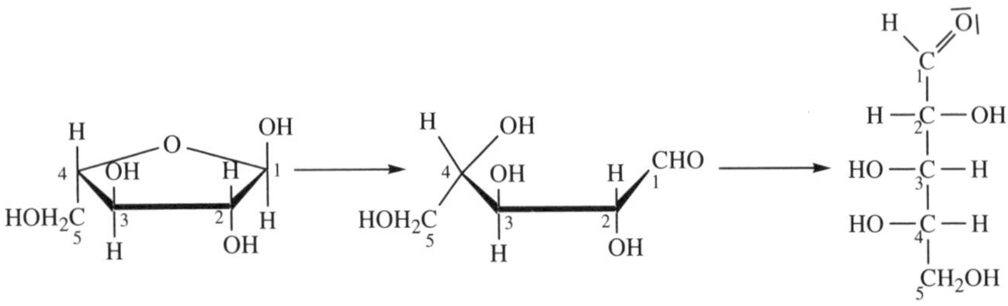

L-Arabinose

Es sind nur die jeweils rechts stehenden Fischer-Projektionsformeln verlangt.

Ausschnitt aus einem Pentosan-Molekül

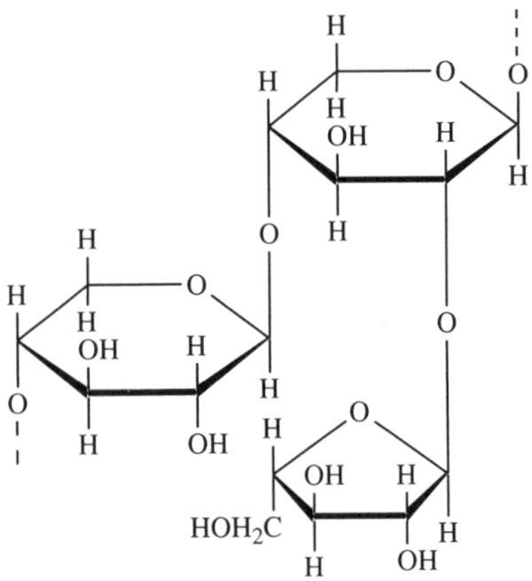

2.2 Hydrolyse der Stärke im Teig

Hydrolyseprodukt

Sofern die Stärke nur durch Amylasen abgebaut wird, kommt als Endprodukt einer vollständigen Hydrolyse Maltose in Frage. Wird die Stärke durch mehrere Enzyme (Amylasen, Maltase) hydrolysiert, so ist das Endprodukt Glucose.
Mit der Bezeichnung „vollständige Hydrolyse" in der Aufgabenstellung ist vermutlich gemeint, dass bei der enzymatischen Spaltung der kleinstmögliche Baustein der Stärke entsteht.

Hydrolyseprodukt: Glucose

Glucose ist ein reduzierender Zucker. Reduzierende Zucker kann man mit der **Fehling-** oder der **Tollens-Probe** nachweisen. Idealerweise erhält man im Falle der Fehling-Reaktion einen ziegelroten Niederschlag von Cu_2O, bei der Tollens-Probe einen Silberspiegel.

Es genügt, eine dieser Nachweismethoden unter Verwendung entsprechender Reaktionsgleichungen zu beschreiben.

Etwas Teig wird in Wasser suspendiert und abfiltriert, um die löslichen Zucker zu erhalten. Mit dieser Lösung wird der entsprechende Nachweis durchgeführt.

Fehling-Reaktion
Zu der Probelösung gibt man eine 1 : 1 Mischung von Fehling-Reagenz I und Fehling-Reagenz II. Man stellt die Probe in ein kochendes Wasserbad. Ist nach einigen Minuten eine Verfärbung von tiefblau nach orange oder ziegelrot zu erkennen, so ist die Probe positiv.

Tollens-Reaktion
Zu der Probelösung gibt man eine Silbernitrat-Lösung, der gerade so viel Ammoniak-Lösung zugesetzt wurde, bis das gebildete Silberhydroxid zum löslichen Silber-Ammoniak-Komplex reagiert hat.
Man stellt die Probe in ein kochendes Wasserbad. Ist nach einigen Minuten die Entwicklung eines braun-schwarzen Niederschlages (kolloidales Silber) oder eines Silberspiegels zu erkennen, so ist die Probe positiv.

Reaktionsgleichung

Fehling-Reaktion:

Oxidation:

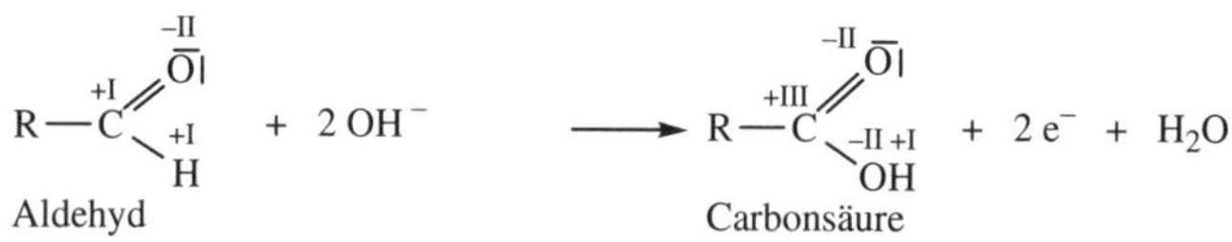

Reduktion: $2\,\overset{+II}{Cu^{2+}} + 2\,e^- + 2\,OH^- \longrightarrow \overset{+I}{Cu_2O}_{(s)} + H_2O$

Redox.: $R{-}CHO + 2\,Cu^{2+} + 4\,OH^- \longrightarrow R{-}COOH + Cu_2O_{(s)} + 2\,H_2O$

Tollens-Reaktion:

Oxidation:

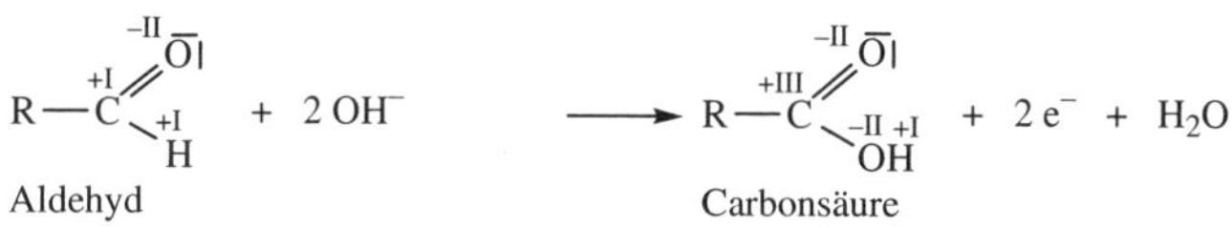

Reduktion: $2\,Ag^+ + 2\,e^- \longrightarrow 2\,Ag_{(s)}$

Redox.: $R{-}CHO + 2\,Ag^+ + 2\,OH^- \longrightarrow R{-}COOH + 2\,Ag_{(s)} + H_2O$

Es handelt sich jeweils um Redoxreaktionen, da bei beiden Reaktionen die Aldehyd-Gruppe des Zuckers zur Carboxy-Gruppe oxidiert wird.
Im Falle der Fehling-Reaktion werden Cu^{2+}-Ionen zu Cu^+-Ionen reduziert, im Falle der Tollens-Reaktion werden Ag^+-Ionen zu Ag^0 reduziert.

In der Aufgabe wird vorausgesetzt, dass nur das Hydrolyseprodukt Glucose als reduzierende Substanz im Teig vorkommt. Eine Negativkontrolle mit Einzelproben oder einer Mischung der Zutaten könnte das bestätigen.
Alternativ zur Fehling- oder Tollens-Reaktion könnte man zum Glucose-Nachweis Teststäbchen benutzen, die auf der spezifischen enzymatischen Reaktion der Glucose zu Gluconolacton und Wasserstoffperoxid beruht. Das Wasserstoffperoxid wird in einer nachgeschalteten Farbreaktion nachgewiesen.

VP

1 Vinylacetat ist eine farblose, süßlich riechende Flüssigkeit, die als Ausgangsstoff für die Herstellung von Polyvinylacetat (PVAc) eingesetzt wird.

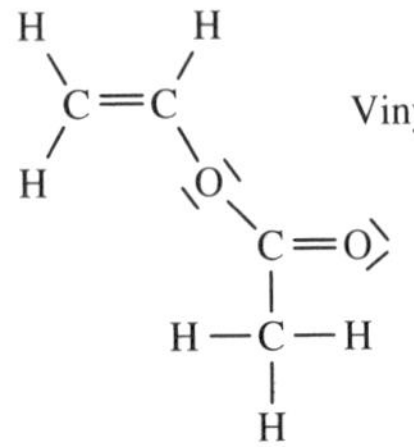

Vinylacetat

Polyvinylacetat findet u. a. als Klebstoff Verwendung. So ist UHU ®-Alleskleber eine 40 %-ige Lösung von Polyvinylacetat in organischen Lösemitteln. Nachfolgende Abbildung enthält einen Auszug aus der Produktinformation des Klebstoffherstellers.

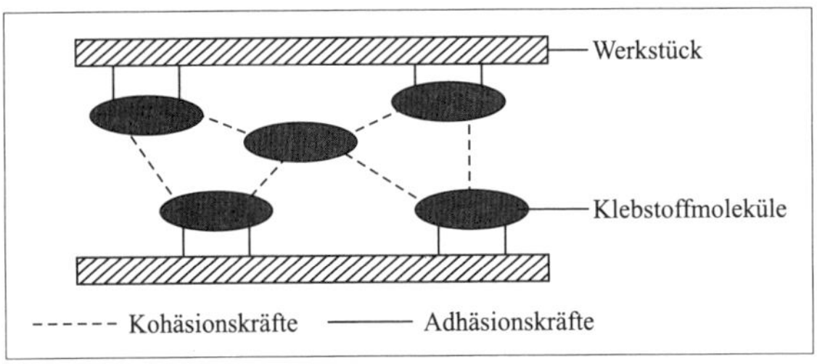

Empfehlung für das optimale Kleben:
- Materialoberfläche durch Schleifen anrauen
- Klebeflächen gründlich entfetten
- Klebstoff nicht zu dick auftragen

1.1 Formulieren Sie den Reaktionsmechanismus zur Herstellung des Polymers PVAc. Verwenden Sie dabei Strukturformeln mit bindenden und nichtbindenden Elektronenpaaren.
Benennen Sie den Reaktionstyp.
Begründen Sie die Entropieänderung im Verlauf der Polyreaktion. 5

1.2 Erklären Sie die in der Produktinformation verwendeten Begriffe Kohäsionskräfte und Adhäsionskräfte am Beispiel zweier Holzplättchen, die mit einer Schicht UHU ®-Alleskleber verklebt werden.
Benennen Sie die dabei auftretenden zwischenmolekularen Kräfte und bewerten Sie diese nach ihrer Stärke. Gehen Sie davon aus, dass Holz zu einem Großteil aus Cellulose besteht.
Begründen Sie die in der Produktinformation genannten Empfehlungen für das optimale Kleben. 6

2 Eine Probe des festen Kunststoffs PVAc wird in einem Reagenzglas zunächst erwärmt und dann erhitzt. Im oberen Teil des Reagenzglases wird ein Stück feuchtes Indikatorpapier befestigt.
Nennen und erklären Sie die Beobachtungen. 3

3 Während bei dem oben genannten Klebstoff das fertige Polymer schon vor der Anwendung vorliegt, findet bei den Reaktionsklebstoffen die Bildung des Polymers erst bei der Anwendung statt.
Ausgangsstoffe für einen Reaktionsklebstoff können Hexan-1,6-diisocyanat und Butan-1,4-diol sein.
Geben Sie für die beiden Monomere je eine Strukturformel mit bindenden und nichtbindenden Elektronenpaaren an und zeichnen Sie einen Strukturformelausschnitt aus dem daraus gebildeten Kunststoffmolekül, welcher mindestens drei Monomere enthält.
Benennen Sie den Reaktionstyp. 4

4 Aus dem Kunststoff PVAc lässt sich ein weiterer Kunststoff, Polyvinylalkohol (PVA, Polyethenol), herstellen. Dieser wasserlösliche Kunststoff findet u. a. Verwendung in Augentropfen.
Formulieren Sie eine Reaktionsgleichung für die Herstellung von PVA aus PVAc. Verwenden Sie Strukturformelausschnitte bzw. Strukturformeln und benennen Sie den Reaktionstyp. 2

20

1.1 Herstellung von Polyvinylacetat

Reaktionsmechanismus

Es handelt sich um eine radikalische Polymerisation. Als Radikalbildner können Peroxide (z. B. Dibenzoylperoxid) oder Azoisobutyronitril verwendet werden.

Radikalbildung

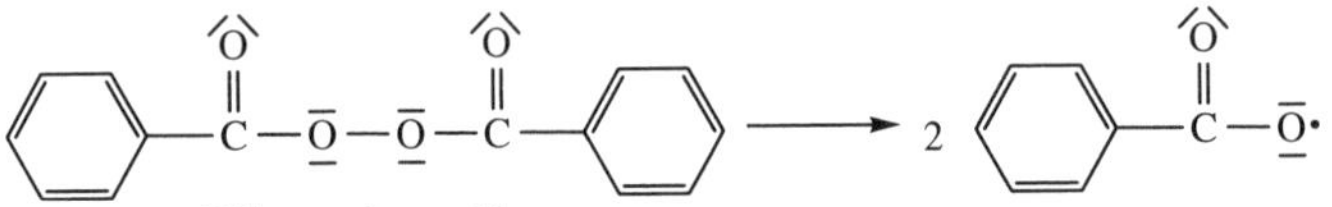

Dibenzoylperoxid

Kettenstart

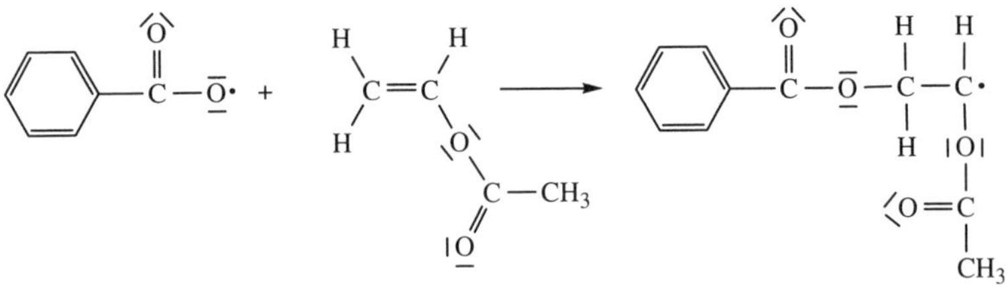

Kettenwachstum

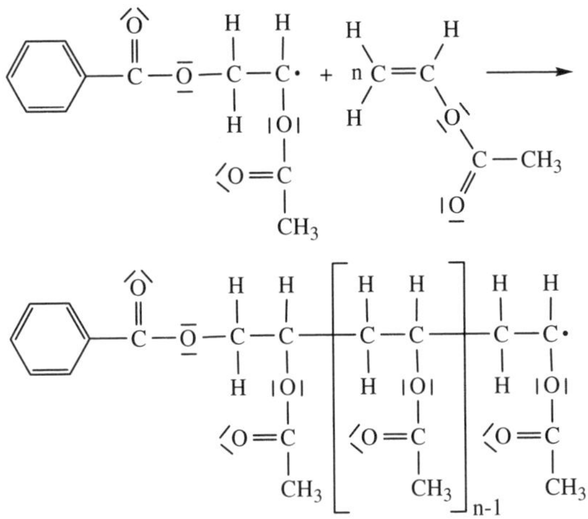

Mögliche Abbruchreaktionen

Kettenvereinigung:

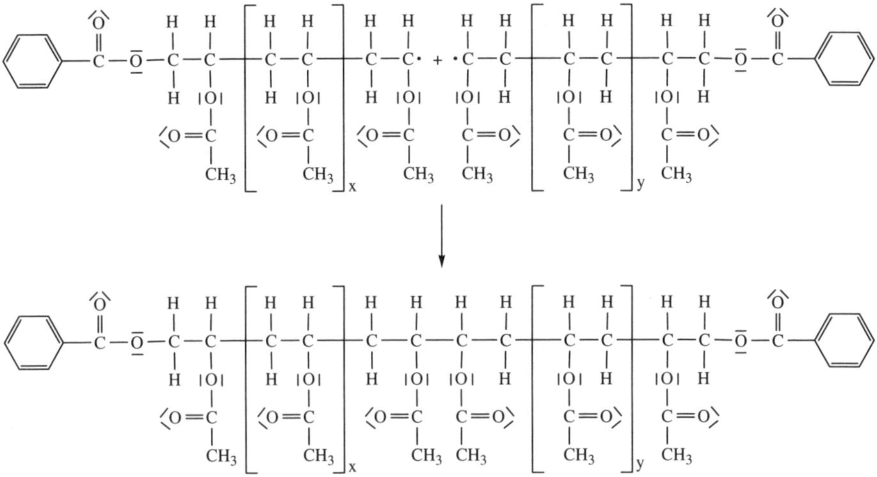

Disproportionierung:

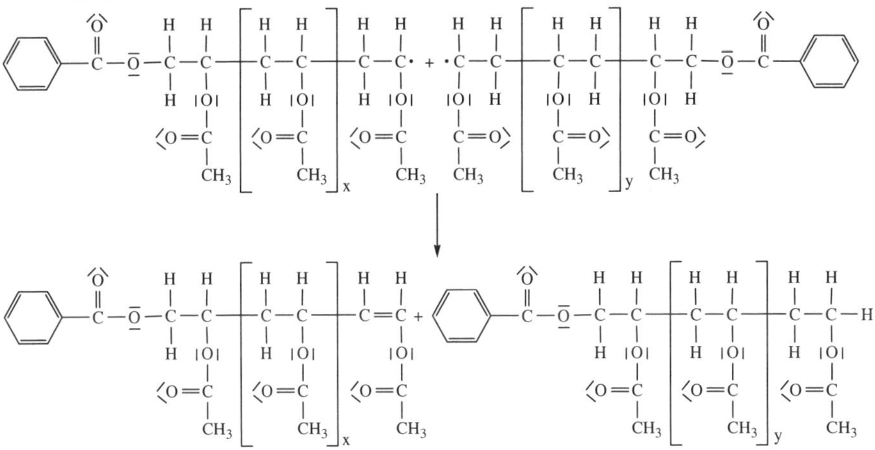

Entropieänderung

Bei den meisten Polymerisationsreaktionen ist die Entropieänderung $\Delta_R S < 0$, weil die Teilchenzahl abnimmt – es ist plausibel anzunehmen, dass das hier ebenfalls zutrifft.

1.2 Kohäsion und Adhäsion

Begriffserklärung

Die beiden Begriffe kommen aus dem Lateinischen und bedeuten „Zusammenhängen" (Kohäsion, von cohaerere), bzw. „Anhaften" (Adhäsion, von adhaerere). Sofern Ihnen die Begriffe nicht geläufig sind, können Sie aus der Abbildung erschließen, dass Kohäsionskräfte offenbar nur zwischen den Klebstoffmolekülen vorkommen, Adhäsionskräfte dagegen zwischen dem Werkstück und den Klebstoffmolekülen.

Unter **Kohäsion** versteht man den „Zusammenhalt" der Moleküle eines Stoffes. Kohäsionskräfte wirken also zwischen den Molekülen **eines** bestimmten Stoffes. Im Beispiel sind die Polyvinylacetat-Ketten gemeint.
Unter **Adhäsion** versteht man „Anhaften". Die Adhäsionskräfte wirken zwischen verschiedenen Stoffen, also auch zwischen verschiedenen Teilchenarten. Im Beispiel sind das die „Werkstoffmoleküle" und die Klebstoffmoleküle.

Zwischenmolekulare Kräfte
Zwischen den unpolaren Kohlenwasserstoffanteilen der Polyvinylacetat-Polymere wirken **Van-der-Waals-Kräfte**, zwischen den Estergruppen der Seitenketten können sich zusätzlich **Dipol-Dipol-Wechselwirkungen** ausbilden.
Nach den Angaben in der Aufgabe ist anzunehmen, dass sich zwischen den Polyvinylacetat-Ketten und den Cellulose-Molekülen im Werkstoff Holz **Wasserstoffbrücken** bilden können (zwischen den OH-Gruppen der Cellulose und den Estergruppen des PVAcs).

Der Betrag der Adhäsions- und Kohäsionskräfte hängt u. a. von der Kontaktfläche zwischen den jeweiligen Molekülen ab. Die Adhäsionskräfte zwischen PVAc und Cellulose sind wegen der Wasserstoffbrücken vergleichsweise größer als die Kräfte im Inneren einer PVAc-Klebstoffschicht.

Klebe-Empfehlungen
Schleifen der Materialoberfläche
Eine Oberflächenbehandlung durch Schleifen oder Schmirgeln kann mögliche Verunreinigungen auf dem Werkstück beseitigen.
Bei einigen Materialien erreicht man durch eine solche Behandlung auch eine vorteilhafte Vergrößerung der Werkstück-Oberfläche. Dabei werden mikroskopische Unebenheiten erzeugt, die den Kontakt von Klebstoff zu Werkstück optimieren.

Entfettung
Ein Fettfilm verhindert eine gleichmäßige Benetzung des Werkstoffstückes mit Klebstoff und die Wechselwirkungen der Klebstoffmoleküle mit der Werkstoffoberfläche sind eingeschränkt.

Dünnes Auftragen des Klebstoffes
Bei Belastung der verklebten Materialien kann die Kohäsionsschicht zum begrenzenden Faktor für die Festigkeit der Verbindung werden, weil dann hauptsächlich sie den Zusammenhalt der Werkstücke bestimmt. Sind die Kohäsionskräfte vergleichsweise klein, wie dies im gezeigten Beispiel der Fall ist, so ist bei hoher Belastung ein Bruch innerhalb der Klebeschicht wahrscheinlich („Kohäsionsbruch").

Die optimale Dicke einer Klebeschicht hängt von verschiedenen Faktoren ab. Man hat in der praktischen Durchführung bei vielen Klebeproblemen eine optimale Dicke von 0,100 –0,15 mm festgestellt.

2 **Thermisches Verhalten von PVAc**

Beobachtungen und Erklärung

Das PVAc ist wegen der relativ geringen zwischenmolekularen Kräfte und fehlender kovalenter Verknüpfungen zwischen den Ketten ein **Thermoplast**. Beim Erwärmen können sich die Ketten gegeneinander bewegen, daher wird der Kunststoff weich und schmilzt. Wird weiter erhitzt, so tritt Zersetzung ein, weil die zwischenmolekularen Kräfte einen Übergang des Polymers in die Gasphase weitgehend verhindern. Dabei wird zunächst Essigsäure aus den Polymerseitenketten abgespalten. Die Essigsäure reagiert mit Wasser und das Indikatorpapier färbt sich rot.

$$CH_3COOH + H_2O \rightleftharpoons CH_3COO^- + H_3O^+$$

3 **Reaktionsklebstoff Polyurethan**

Strukturformeln der Monomere

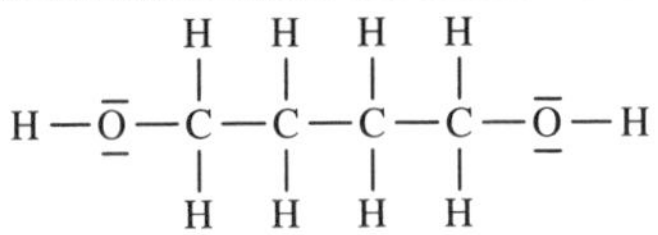

Butan-1,4-diol

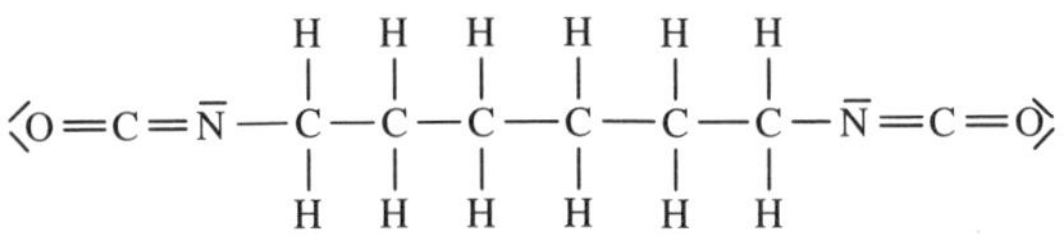

Hexan-1,6-diisocyanat

Strukturformelausschnitt des Polyurethans

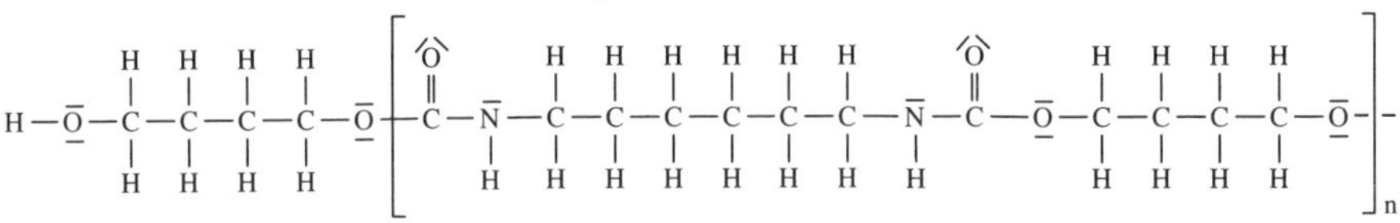

Reaktionstyp: Polyaddition

4 **Polyvinylalkohol aus Polyvinylacetat**

Die Seitenketten des Polyvinylacetats kann man als Essigsäureester auffassen. Die alkoholische OH-Gruppe ist dabei an die Polymerkette gebunden. Die Abspaltung des Essigsäure-Anteils führt zum Polyvinylalkohol. Das erreicht man durch alkalische Hydrolyse oder durch Umesterung mit Methanol (analog zur Herstellung von Biodiesel).

Reaktionsgleichung

Alkalische Hydrolyse („Verseifung")

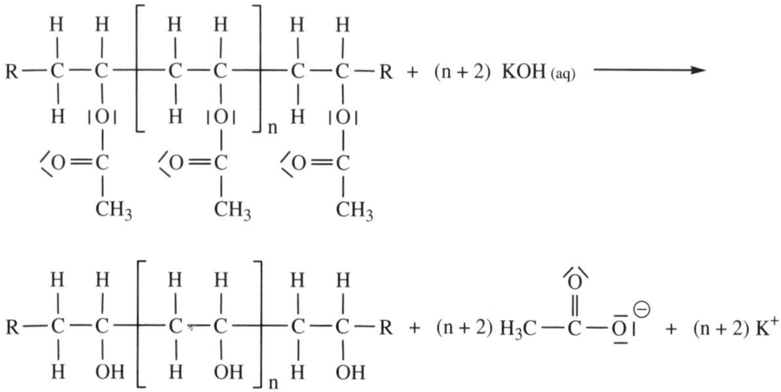

Alternativ: Umesterung

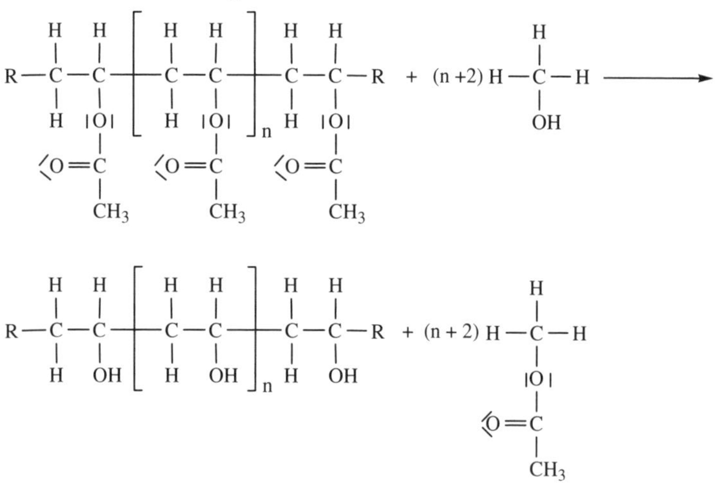

Abiturprüfung an den allgemein bildenden Gymnasien (Baden-Württemberg) 2010
Prüfungsfach: Chemie – Aufgabe IV

VP

In der Schwarzweiß-Fotografie spielen Silber und seine Verbindungen eine wichtige Rolle. Bei der Entwicklung solcher Fotos fallen erhebliche Mengen gelöster Silberverbindungen an. Aus ökologischen und ökonomischen Gründen ist es sinnvoll, aus diesen Rückständen Silber zurückzugewinnen.
Für diese Art der Silbergewinnung ist der Einsatz des sogenannten „Eisenwolle-Eimers" eine geeignete Methode. Dabei leitet man, wie in der untenstehenden Abbildung gezeigt, die gelösten Silberverbindungen durch den Eimer. Die abfließende Lösung kann anschließend über die Kanalisation entsorgt werden.

Schematische Darstellung eines „Eisenwolle-Eimers"

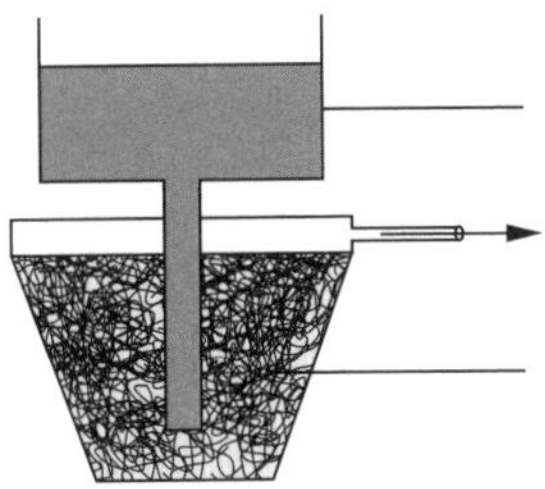

1.1 Erläutern Sie die chemischen Vorgänge für diese Art der Silbergewinnung und formulieren Sie dazu auch eine Reaktionsgleichung. 4

1.2 Fertigen Sie eine beschriftete Skizze einer galvanischen Zelle an, in der die entsprechenden Vorgänge wie im Eimer ablaufen können. Gehen Sie dabei von Standardbedingungen aus.
Berechnen Sie die Spannung, die an diesem galvanischen Element gemessen werden kann.
Erklären Sie, warum es nicht möglich ist, diese Spannung im Eimer zu messen. 4

1.3 Berechnen Sie die Masse an elementarem Silber, die durch den Umsatz von einem Kilogramm Eisenwolle gewonnen werden kann. 3

2 Das Vorhandensein von Silberverbindungen in der abfließenden Lösung kann durch Reaktion mit einer Kochsalzlösung, bei der ein Niederschlag entsteht, überprüft werden.
Formulieren Sie eine für diese Reaktion geeignete Gleichung und benennen Sie den entstehenden Niederschlag. 2

3 Zur Gewinnung des Silbers aus dem zurückbleibenden Eisenwolle-Silber-Gemisch im Eimer muss dieses aufgearbeitet werden. Dazu wird in einem ersten Schritt verdünnte Schwefelsäure zugegeben.
Formulieren Sie für die dabei ablaufende Reaktion eine Reaktionsgleichung.
Beschreiben Sie das weitere Vorgehen. 3

4 Zur Gewinnung von Metallen aus Salzlösungen wird häufig ein anderes elektrochemisches Verfahren angewandt. Dieses kann auch für die Gewinnung von Silber aus der bei der Entwicklung von Fotos anfallenden Silbersalz-Lösung eingesetzt werden.
Erläutern Sie dieses Verfahren unter Verwendung einer beschrifteten Skizze. 4

20

Lösungen

1.1 **Chemie der Silbergewinnung**

Es handelt sich um eine Redoxreaktion. Die Silberionen-haltige Lösung fließt im Eimer entlang der Eisenwolle. An der Oberfläche des Eisens werden die Silberionen zu Silberatomen reduziert. Das Eisen reagiert dabei unter Elektronenabgabe zu Eisen(II)-Ionen.

Oxidation: $Fe \longrightarrow Fe^{2+} + 2\,e^-$

Reduktion: $2\,Ag^+ + 2\,e^- \longrightarrow 2\,Ag$

Redoxreaktion: $2\,Ag^+ + Fe \longrightarrow 2\,Ag + Fe^{2+}$

1.2 **Galvanisches Element als Modell für den „Eisenwolle-Eimer"**

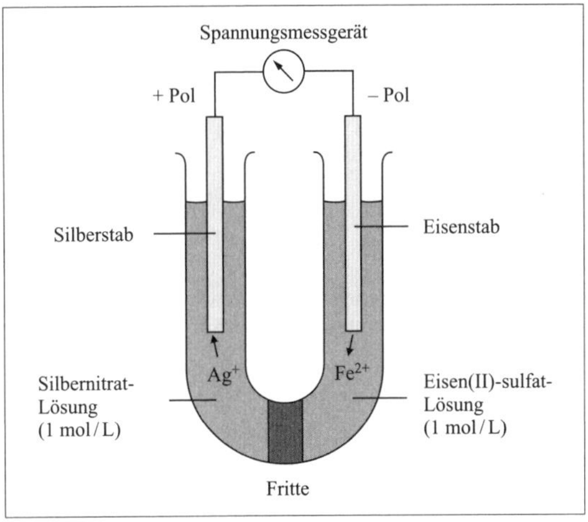

Spannungsberechnung

Die Zellspannung errechnet sich mit

$U = \Delta E = E^0$ (Akzeptor = Oxidationsmittel) – E^0 (Donor = Reduktionsmittel)

zu

$U = E^0$ (Akzeptor) – E^0 (Donor) = + 0,80 V – (– 0,44 V) = 1,24 V.

Spannung im „Eisenwolle-Eimer"

Im „Eisenwolle-Eimer" kommen die Silber-Ionen und das Eisen in direkten Kontakt, sodass Oxidations- und Reduktionsreaktion nicht räumlich getrennt sind.

1.3 **Berechnung der Silber-Masse**

Nach der Reaktionsgleichung können mit einem Mol Eisen maximal 2 Mol Silber gewonnen werden.

$$\frac{n(\mathrm{Ag})}{n(\mathrm{Fe})} = \frac{2}{1}$$

$$n(\mathrm{Ag}) = 2 \cdot n(\mathrm{Fe})$$

$$n(\mathrm{Fe}) = \frac{m(\mathrm{Fe})}{M(\mathrm{Fe})} = \frac{1000\ \mathrm{g}}{55{,}8\ \mathrm{g \cdot mol^{-1}}} = 17{,}92\ \mathrm{mol}$$

$$n(\mathrm{Ag}) = 2 \cdot n(\mathrm{Fe}) = 2 \cdot 17{,}92\ \mathrm{mol} = 35{,}84\ \mathrm{mol}$$

$$n(\mathrm{Ag}) = \frac{m(\mathrm{Ag})}{M(\mathrm{Ag})}$$

$$m(\mathrm{Ag}) = n(\mathrm{Ag}) \cdot M(\mathrm{Ag}) = 35{,}84\ \mathrm{mol} \cdot 107{,}9\ \mathrm{g \cdot mol^{-1}} \approx 3867\ \mathrm{g}$$

2 **Nachweis von Silberverbindungen**

Silber(I)-Ionen reagieren in wässriger Lösung mit Chlorid-Ionen zu Silber(I)-chlorid. Das Silberchlorid fällt dabei als weißer Niederschlag aus.

$$Ag^+ + NO_3^- + Na^+ + Cl^- \longrightarrow AgCl_{(s)} + Na^+ + NO_3^-$$

3 **Rückgewinnung des Silbers**

Silber reagiert als Edelmetall mit nicht-oxidierenden Säuren wie Schwefelsäure nicht, während das Eisen als unedles Metall mit verdünnten Mineralsäuren zu einem Eisen(II)-salz und Wasserstoff reagiert.

$$Fe + 2\,H_3O^+ + SO_4^{2-} \longrightarrow Fe^{2+} + SO_4^{2-} + H_2 + 2\,H_2O$$

Wenn alle Eisenwolle-Reste zu Eisen(II)-sulfat reagiert haben, verbleibt im Eimer eine Suspension von festem Silber in einer wässrigen Eisen(II)-sulfat-Lösung. Das Silber kann als Filterrückstand durch Abfiltrieren gewonnen werden.

4 **Elektrolytische Metallgewinnung**

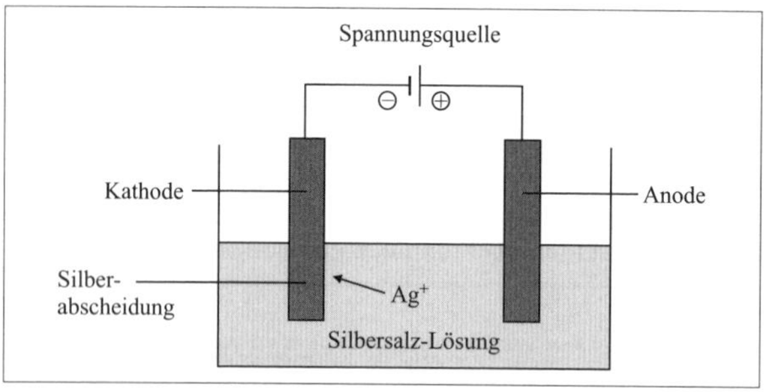

Man elektrolysiert die Silbersalz-Lösung. Als Kathode kann man eine Silber-Elektrode verwenden, da dort die Silber-Ionen aus der Lösung reduziert werden und sich als elementares Silber auf der Elektrode abscheiden.

Verwendet man als Anodenmaterial Roh-Silber, so reagiert die Anode zu Ag^+, das sich dann ebenfalls an der Kathode abscheidet (analog zur Kupferraffination).

VP

1 Bereits seit 1900 gibt es für Fertigmahlzeiten speziell konstruierte Konservendosen, die durch eine chemische Reaktion erwärmt werden können.
Eine in der Praxis erprobte Version einer Hot-Can®-Konservendose ist im untenstehenden Schaubild schematisch dargestellt. Hierbei wird die bei der Reaktion von Calciumoxid mit Wasser zu Calciumhydroxid freigesetzte Energie zur Erwärmung der Fertigmahlzeit genutzt.

Funktionsweise:
Die Trennschicht wird an mehreren Stellen mit einem Lochdorn durchstoßen, wodurch das Wasser in die Calciumoxid-Schicht gelangt.
Die exotherme Reaktion beginnt und der Doseninhalt erwärmt sich innerhalb weniger Minuten.

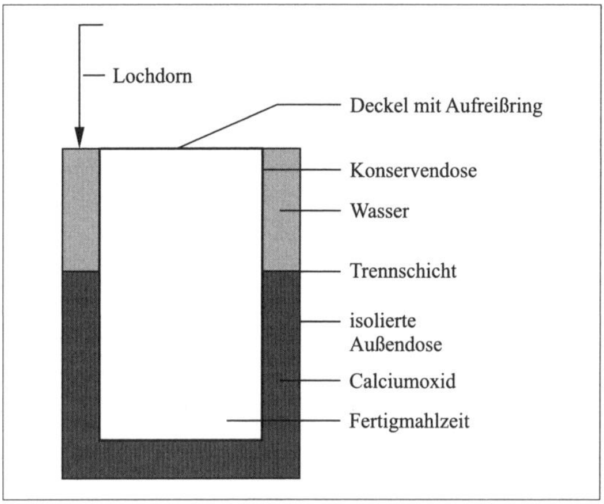

1.1 Formulieren Sie eine Reaktionsgleichung für die ablaufende Reaktion und berechnen Sie hierfür die Standardreaktionsenthalpie $\Delta_R H^0$.
(Hydratationseffekte bleiben unberücksichtigt) 3

1.2 Berechnen Sie die Massen an Calciumoxid und Wasser in der Außendose, die erforderlich sind, um 400 mL Kaffee um 75 K zu erwärmen.

Hinweise/Vereinfachungen:
Das System kann als isoliert betrachtet werden.
Für Kaffee können näherungsweise die Dichte und die spezifische Wärmekapazität des Wasssers ($c_W = 4{,}18\ J \cdot g^{-1} \cdot K^{-1}$) verwendet werden.
Wärmekapazität der Hot-Can® (inklusive Wasser und Calciumoxid):
$C = 449\ J \cdot K^{-1}$ 4

1.3 Calciumhydroxid bildet mit Wasser eine stark alkalische Lösung.

- Berechnen Sie den pH-Wert einer gesättigten Calciumhydroxid-Lösung, bei der in einem Liter Lösung 1,7 g Calciumhydroxid gelöst sind.
- Zeigen Sie mithilfe einer Reaktionsgleichung, dass durch Umsetzung der Lösung mit Kohlenstoffdioxid unbedenkliche Produkte entstehen.
  Benennen Sie diese und beurteilen Sie, ob dadurch eine weggeworfene Dose unbedenklich ist. 5

2 Zur exakten Bestimmung der Stoffmengenkonzentration *c* von Salzsäure wird eine Titration durchgeführt. Hierbei wird bei 20 °C zu 20 mL Salzsäure unbekannter Konzentration Natronlauge der Stoffmengenkonzentration $c = 1\ \text{mol} \cdot \text{L}^{-1}$ zugetropft. Dabei werden sowohl der pH-Wert als auch die Temperatur der Lösung fortlaufend gemessen.
Die Messergebnisse werden in Abhängigkeit vom Volumen der zugetropften Natronlauge dargestellt.

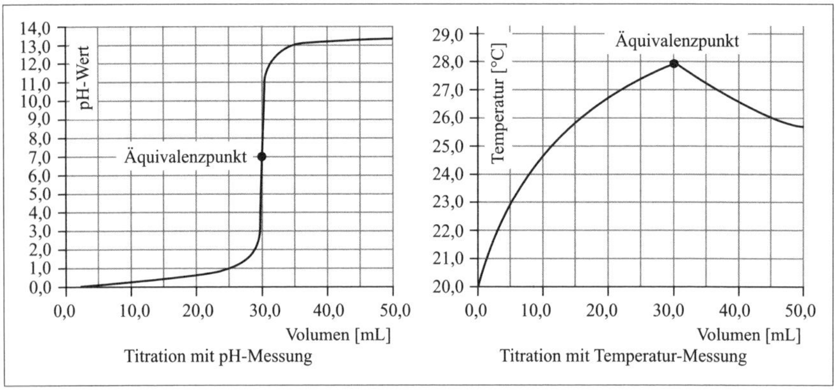

2.1 Begründen Sie, warum der Äquivalenzpunkt bei pH = 7 liegt und berechnen Sie die Stoffmengenkonzentration der Salzsäure.
Erläutern Sie, welcher pH-Wert sich näherungsweise einstellt, wenn zu der Lösung weiterhin Natronlauge zugetropft wird. 4

2.2 Erklären Sie, weshalb der Äquivalenzpunkt auch über die Temperaturkurve bestimmt werden kann.
Beurteilen Sie den Einfluss der Konzentrationen der Lösungen auf die Eignung der Temperatur-Methode zur Äquivalenzpunktbestimmung.

4

20

Lösungen

1 Hot Can®

1.1 Reaktionsgleichung

$$CaO_{(s)} + H_2O_{(l)} \longrightarrow Ca(OH)_{2\,(s)}$$

Berechnung der Standardreaktionsenthalpie

Die Werte für die Bildungsenthalpien können den Tabellen im Anhang entnommen werden.

$$\Delta_R H^0 = \sum \Delta_f H^0 \text{ (Produkte)} - \sum \Delta_f H^0 \text{ (Edukte)}$$

$$\Delta_R H^0 = \Delta_f H^0(Ca(OH)_2) - (\Delta_f H^0(CaO) + \Delta_f H^0(H_2O))$$

$$= -986 \text{ kJ} \cdot \text{mol}^{-1} - (-636 \text{ kJ} \cdot \text{mol}^{-1} + (-286 \text{ kJ} \cdot \text{mol}^{-1}))$$

$$= -986 \text{ kJ} \cdot \text{mol}^{-1} - (-922 \text{ kJ} \cdot \text{mol}^{-1}) = -64 \text{ kJ} \cdot \text{mol}^{-1}$$

1.2 Erwärmung von Kaffee in der Hot Can®

Der Ansatz zur Lösung der Aufgabe ergibt sich aus der Überlegung, dass die bei der Reaktion freiwerdende Wärme ($Q_{Reaktion}$) sowohl die Dose, als auch den Kaffee erwärmt.

Geg.:
$c_w = 4{,}18 \text{ J} \cdot \text{g}^{-1} \cdot \text{K}^{-1}$
$m_{Kaffee} = 400 \text{ g}$
$\Delta T = 75 \text{ K}$
$C_{Dose} = 449 \text{ J} \cdot \text{K}^{-1}$

$$Q_{Reaktion} = Q_{Kaffee} + Q_{Dose} = c_{Kaffee} \cdot m_{Kaffee} \cdot \Delta T + C_{Dose} \cdot \Delta T$$

$$\approx c_w \cdot m_{Kaffee} \cdot \Delta T + C_{Dose} \cdot \Delta T$$

$$Q_{Reaktion} = 4{,}18 \text{ J} \cdot \text{g}^{-1} \cdot \text{K}^{-1} \cdot 400 \text{ g} \cdot 75 \text{ K} + 449 \text{ J} \cdot \text{K}^{-1} \cdot 75 \text{ K}$$

$$= 125\,400 \text{ J} + 33\,675 \text{ J} \approx 159 \text{ kJ}$$

Die Reaktionsenthalpie für einen Umsatz gemäß Reaktionsgleichung ist aus Aufgabe 1.1 bekannt und wird zur Berechnung der Massen von Calciumoxid und Wasser benutzt.

$$Q_{Reaktion} = n \cdot |\Delta_R H^0| \quad \Leftrightarrow \quad n = \frac{Q_{Reaktion}}{|\Delta_R H^0|} = \frac{159 \text{ kJ}}{64 \text{ kJ} \cdot \text{mol}^{-1}} \approx 2{,}48 \text{ mol}$$

Um die gewünschte Wärmemenge zu erhalten, müssen also 2,48 mol Calciumoxid mit 2,48 mol Wasser zur Reaktion gebracht werden.

$$n(CaO) = \frac{m(CaO)}{M(CaO)} \Leftrightarrow m(CaO) = n(CaO) \cdot M(CaO) = 2{,}48 \text{ mol} \cdot 56 \text{ g} \cdot \text{mol}^{-1} = 138{,}9 \text{ g}$$

$$n(H_2O) = \frac{m(H_2O)}{M(H_2O)} \Leftrightarrow m(H_2O) = n(H_2O) \cdot M(H_2O) = 2{,}48 \text{ mol} \cdot 18 \text{ g} \cdot \text{mol}^{-1} = 44{,}6 \text{ g}$$

Die Reaktion von 138,9 g Calciumoxid und 44,6 g Wasser liefert die benötigte Wärmemenge, um 400 mL Kaffee um 75 K zu erwärmen.

1.3 **pH-Wert der Calciumhydroxid-Lösung**

In einer wässrigen Lösung von Calciumhydroxid sind pro Mol gelöstem Calciumhydroxid je ein Mol Ca^{2+}-Ionen und 2 mol OH^--Ionen enthalten. Damit kann man die Konzentration der Hydroxid-Ionen in der Lösung berechnen und aus der Beziehung pH + pOH = 14 erhält man den gesuchten pH-Wert.

$$n(Ca(OH)_2) = \frac{m(Ca(OH)_2)}{M(Ca(OH)_2)} = \frac{1{,}7\ g}{74\ g \cdot mol^{-1}} \approx 0{,}023\ mol$$

$$n(OH^-) = 2 \cdot n(Ca(OH)_2) = 0{,}046\ mol$$

$$c(OH^-) = \frac{n(OH^-)}{V} = \frac{0{,}046\ mol}{1\ L} = 0{,}046\ mol \cdot L^{-1}$$

$$pH = 14 - pOH = 14 - (-\log c(OH^-)) = 14 - 1{,}34 = 12{,}66$$

Reaktion der Calciumhydroxid-Lösung mit Kohlenstoffdioxid (Kalkwasser-Reaktion)

$$Ca(OH)_{2\,(aq)} + CO_{2\,(g)} \longrightarrow CaCO_{3\,(s)} + H_2O_{(l)}$$

Bei der Reaktion entsteht neben Wasser auch Calciumcarbonat, das in der Natur unter anderem als Kalkstein vorkommt. Eine weggeworfene Dose ist also bezüglich dieser Reaktion als unbedenklich einzustufen – allerdings nur, wenn das gesamte Calciumoxid zu Calciumhydroxid umgesetzt wurde und dieses später vollständig gemäß der angegebenen Reaktionsgleichung reagiert.

2 **Titration von Salzsäure**

2.1 **Neutralisation, Stoffmengenkonzentration und pH-Wert**

Der Äquivalenzpunkt der Titration von Salzsäure mit Natronlauge liegt bei pH = 7 (vollständige Neutralisation), da bei der Reaktion gelöstes Natriumchlorid entsteht, das pH-Wert neutrale Lösungen bildet.

$$\underbrace{H_3O^+ + Cl^-}_{\text{Salzsäure}} + \underbrace{Na^+ + OH^-}_{\text{Natronlauge}} \longrightarrow Na^+ + Cl^- + 2\,H_2O$$

Die Konzentration der Salzsäure lässt sich mit der Bedingung $n(OH^-) = n(H_3O^+)$ berechnen. Die notwendigen Angaben entnimmt man dem Aufgabentext bzw. der linken Abbildung.

Geg.: $V(HCl) = 20\ mL$
$V(NaOH) = 30\ mL$
$c(NaOH) = 1\ mol \cdot L^{-1}$

$$n(OH^-) = n(H_3O^+)$$

$$c(OH^-) \cdot V(OH^-) = c(H_3O^+) \cdot V(H_3O^+)$$

$$c(H_3O^+) = \frac{c(OH^-) \cdot V(OH^-)}{V(H_3O^+)} = \frac{1\ mol \cdot L^{-1} \cdot 30\ mL}{20\ mL} = 1{,}5\ mol \cdot L^{-1}$$

Eine einfache Abschätzung des pH-Wertes nach weiterer NaOH-Zugabe ergibt sich aus folgender Überlegung: Man gibt zu dem geringen Volumen an Salzsäure sehr viel Natronlauge (z. B. 1 L). Unter den gegebenen Bedingungen wird nur ein sehr kleiner Teil der Hydroxid-Ionen in der Natronlauge neutralisiert und die Lösung hat ungefähr den pH-Wert der Natronlauge.

$pH = 14 - pOH = 14 - (-\log c(OH^-)) \approx 14 - (-\log 1) = 14.$

alternativ:
Man liest zunächst aus der Titrationskurve das insgesamt zugegebene Volumen an Natronlauge ab ($V(NaOH) = 50\text{ mL}$). Davon wurden 30 mL für die Neutralisation verbraucht, d. h. 20 mL Natronlauge sind über den Äquivalenzpunkt hinaus zugetropft worden.
Für die Stoffmenge der Hydroxid-Ionen in der Lösung gilt:
$n(OH^-) = c(OH^-) \cdot V(OH^-) = 1\text{ mol} \cdot L^{-1} \cdot 20 \cdot 10^{-3}\text{ L} = 2 \cdot 10^{-2}\text{ mol}$

Für die Konzentration der OH^--Ionen bzw. den pH-Wert der Lösung gilt:

$$c(OH^-) = \frac{n(OH^-)}{V_{gesamt}} = \frac{n(OH^-)}{V(HCl) + V(NaOH)} = \frac{2 \cdot 10^{-2}\text{ mol}}{70 \cdot 10^{-3}\text{ L}} \approx 0{,}286\text{ mol} \cdot L^{-1}$$

$pH = 14 - pOH = 14 - (-\log c(OH^-)) = 14 - 0{,}54 = 13{,}46.$

Das so berechnete Ergebnis stimmt mit der grafischen Darstellung der Titrationskurve in der Aufgabe gut überein.

2.2 **Äquivalenzpunkt durch Temperaturmessung**
Die Neutralisationsreaktion ist exotherm. Man kann also bei der Zugabe von Natronlauge zur Salzsäure einen Temperaturanstieg messen. Die bei der Reaktion freigesetzte Wärmemenge ist proportional zur Stoffmenge, bzw. bei gegebenem Probevolumen proportional zur Konzentration der reagierenden Teilchen. Der Temperaturanstieg wird daher bei der Verwendung konzentrierter Lösungen größer sein als bei gering konzentrierten Lösungen.
Findet keine Reaktion mehr statt – ist also der Äquivalenzpunkt erreicht – so führt die weitere Zugabe von Natronlauge wieder zu einer Abkühlung (sofern die Temperaturen der Probe und der zugetropften Lauge zu Beginn gleich waren). Bei einer Auftragung der Temperatur gegen das Volumen der zugetropften Natronlauge wird man also eine Kurve mit einem ausgeprägten Knick erhalten. Diese Stelle markiert den Äquivalenzpunkt.

Weitere Voraussetzungen für das Gelingen dieser Methode:
Das pro Zeiteinheit zugetropfte Volumen an Titrationslösung muss konstant sein. Der Vorgang muss schnell durchgeführt werden und die Temperaturmessung über ein schnell ansprechendes Thermometer erfolgen. Ist das nicht der Fall, dann müssen die Wärmeverluste durch die Verwendung thermisch isolierter Gefäße (Kalorimeter) minimiert werden.

Konzentration der Lösungen
Die thermometrische Titration eignet sich nur für Probelösungen mit relativ hohen Konzentrationen. Außerdem sollte die Titratorlösung für die meisten Anwendungen um mehrere Zehnerpotenzen höher konzentriert sein als die Probe. Nur dann ist die zu messende Temperaturänderung grafisch noch ausreichend genau zu erfassen.

Abiturprüfung an den allgemein bildenden Gymnasien (Baden-Württemberg) 2011
Prüfungsfach: Chemie – Aufgabe II

VP

1 Alginsäure kommt in den Zellwänden von Algen vor. Sie verleiht ihnen als interzelluläre Gelmatrix sowohl Flexibilität als auch Stabilität.
Alginsäure ist ein Polysaccharid, in dem die beiden Uronsäuren L-Guluronsäure und D-Mannuronsäure abwechselnd zu linearen Ketten verbunden sind.

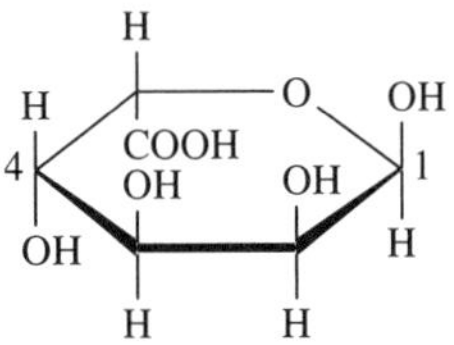

L-Guluronsäure

1.1 Die β-D-Mannuronsäure unterscheidet sich von der β-D-Glucose in der Stellung der OH-Gruppe am C-Atom Nr. 2 und das C-Atom Nr. 6 ist zur Carboxylgruppe oxidiert.
Zeichnen Sie die Strukturformel der β-D-Mannuronsäure in der HAWORTH-Projektion. 2

1.2 Die beiden Uronsäuren sollen 1,4-glykosidisch zu einem Disaccharid verbunden werden.
- Formulieren Sie die vollständige Reaktionsgleichung in HAWORTH-Projektion und benennen Sie den Reaktionstyp.
- Begründen Sie, ob das von Ihnen gezeichnete Disaccharid reduzierend wirkt. Beschreiben Sie ein Experiment, mit dem Sie Ihre Aussage überprüfen können.
- Zeigen Sie mithilfe von Oxidationszahlen, dass die beschriebene Nachweisreaktion eine Redoxreaktion ist. 7

2 Die Salze der Alginsäure, die sogenannten Alginate, werden bei der Lebensmittelherstellung als Gelier- und Verdickungsmittel eingesetzt.

2.1 Die in Wasser unlösliche Alginsäure kann durch Reaktion mit Natronlauge in wasserlösliches Natriumalginat überführt werden.
Zeichnen Sie einen typischen Strukturformelausschnitt in HAWORTH-Projektion und erläutern Sie die gute Wasserlöslichkeit des Natriumalginats im Vergleich zur Alginsäure. 3

2.2 Bei der Verwendung von Alginaten als Geliermittel ersetzt man die Natrium-Ionen durch Calcium-Ionen. Die Beweglichkeit der Polymerketten wird dadurch erheblich verringert.
Erklären Sie dieses Phänomen. 2

3 Für Soßen und Süßspeisen wird häufig die aus Knochen und Knorpel von Schlachttierabfällen gewonnene Gelatine als Verdickungsmittel verwendet.
Gelatinepulver wird in heißem Wasser gelöst, beim Abkühlen beginnt die Verdickung. Bei Zugabe von Ninhydrin-Lösung färbt sich das Gel violett. Auch die BIURET-Probe verläuft positiv.

- Benennen Sie die Stoffklasse, die mit diesen Reaktionen nachgewiesen werden kann.
- Vergleichen Sie die Monomere dieser Stoffklasse mit den Monomeren der oben beschriebenen Alginsäure (drei Angaben).

Das Geliervermögen der Gelatine hängt von der Zusammensetzung der Makromoleküle ab.

- Charakterisieren Sie die Monomere, die hierfür besonders geeignet sind, und begründen Sie. 6

20

Lösungen

1 Alginsäure

1.1

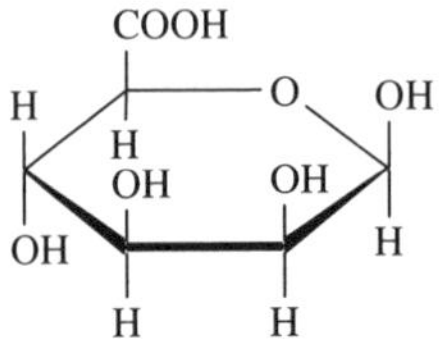

β-D-Mannuronsäure

1.2 Disaccharid aus β-D-Mannuronsäure und L-Guluronsäure

Es gibt zwei Möglichkeiten, die Verknüpfung der beiden Bausteine zu einem Disaccharid zu realisieren. Laut Aufgabenstellung ist nur eine der beiden Lösungen verlangt.

Bildung von β-L-Guluronsäure (1→4) D-Mannuronsäure

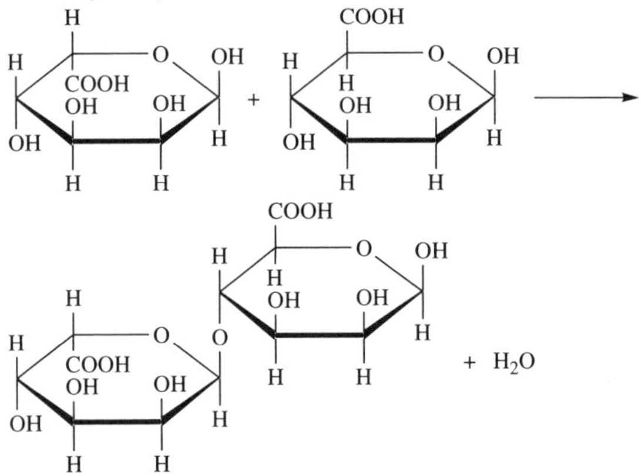

alternativ:

Bildung von β-D-Mannuronsäure (1→4) L-Guluronsäure

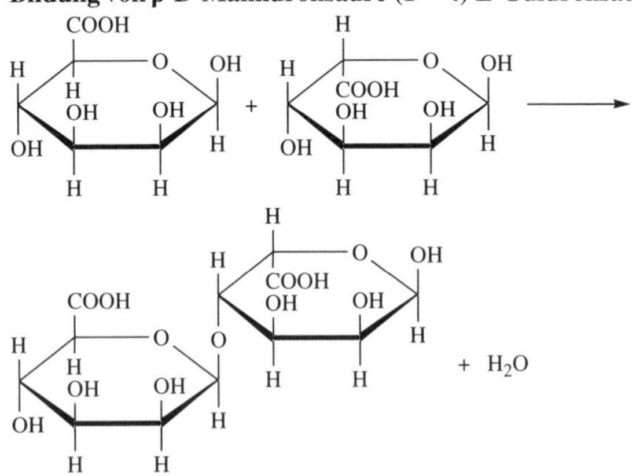

Bei der Bildung der glykosidischen Bindung wird Wasser gebildet; es handelt sich daher um eine **Kondensationsreaktion**.

Reduzierende Wirkung der Disaccharide

Beide oben angegebenen Disaccharide wirken reduzierend, da am jeweils rechten Ring eine Öffnung der C1–O-Bindung und damit eine Oxidation am C1-Atom möglich ist.

z. B.:

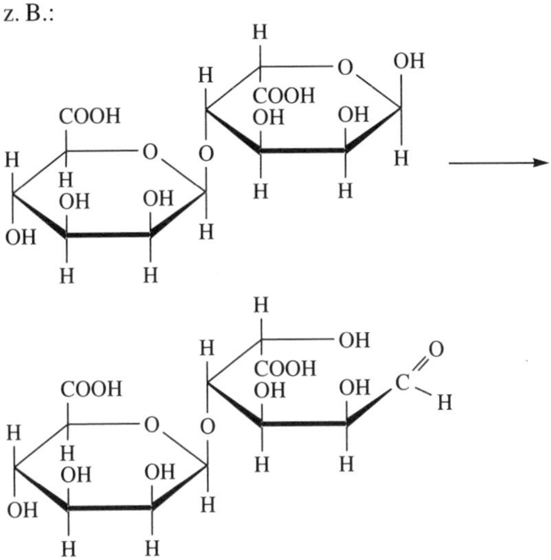

Man kann die reduzierende Wirkung des Disaccharids durch die **Fehling-** oder **Tollens-Reaktion** nachweisen.

Fehling-Reaktion

Zu einer Lösung des Disaccharids gibt man eine 1 : 1 Mischung von Fehling-Reagenz I und Fehling-Reagenz II. Man stellt die Probe in ein kochendes Wasserbad. Ist nach einigen Minuten eine Verfärbung von tiefblau nach orange oder ziegelrot zu erkennen, so ist die Probe positiv.

Die Reaktionsgleichung der Fehling-Reaktion ist nicht explizit verlangt.

Oxidation:	$R{-}CHO + 2\,OH^-$ Aldehyd	$\longrightarrow$	$R{-}COOH + 2\,e^- + H_2O$ Carbonsäure
Reduktion:	$2\,Cu^{2+} + 2\,e^- + 2\,OH^-$	$\longrightarrow$	$Cu_2O_{(s)} + H_2O$
Bilanz:	$R{-}CHO + 2\,Cu^{2+} + 4\,OH^-$	$\longrightarrow$	$R{-}COOH + Cu_2O_{(s)} + 2\,H_2O$

alternativ:

Tollens-Reaktion

Zu einer Lösung des Disaccharids gibt man eine Silbernitrat-Lösung, der gerade so viel Ammoniak-Lösung zugesetzt wurde, bis das gebildete Silberhydroxid zum löslichen Silber-Diammin-Komplex reagiert hat. Man stellt die Probe in ein kochendes Wasserbad. Ist nach einigen Minuten die Entwicklung eines braun-schwarzen Niederschlages (kolloidales Silber) oder eines Silberspiegels zu erkennen, so ist die Probe positiv.

Die Reaktionsgleichung der Tollens-Reaktion ist nicht explizit verlangt.

Oxidation:	$R{-}CHO + 2\,OH^-$ Aldehyd	$\longrightarrow$	$R{-}COOH + 2\,e^- + H_2O$ Carbonsäure
Reduktion:	$2\,Ag^+ + 2\,e^-$	$\longrightarrow$	$2\,Ag_{(s)}$
Bilanz:	$R{-}CHO + 2\,Ag^+ + 2\,OH^-$	$\longrightarrow$	$R{-}COOH + 2\,Ag_{(s)} + H_2O$

Oxidationszahlen

Da man das Disaccharid als Aldehyd auffassen kann und dieser zur Carbonsäure oxidiert wird, genügt die Darstellung der funktionellen Gruppen und die Abkürzung des Restmoleküls mit „R“.

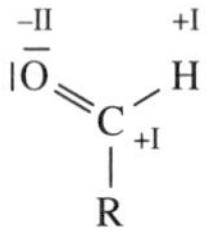

Aldehyd

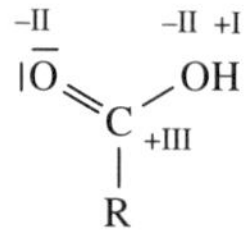

Carbonsäure

Bei der Fehling-Reaktion werden Cu^{2+}-Ionen zu Cu^+-Ionen reduziert, wobei sich die Oxidationszahl von +II auf +I verringert.
Bei der Tollens-Reaktion werden Ag^+-Ionen zu elementarem Silber Ag^0 reduziert, wobei sich die Oxidationszahl von +I auf 0 verringert.

2.1 **Alginate**

Strukturformelausschnitt

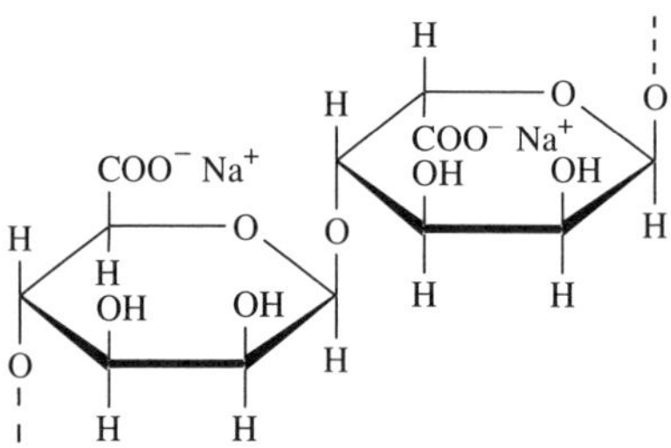

Wasserlöslichkeit

Durch die Umsetzung mit Natronlauge bilden sich ionische Gruppen, die eine gute Hydratisierung ermöglichen.

2.2 **Alginate als Geliermittel**

Calcium-Ionen haben eine höhere Ladungsdichte als Natrium-Ionen. Zwischen den Alginat-Ketten können sich daher über Calcium-Ionen Salzbrücken ausbilden, die eine stabile Quervernetzung ermöglichen.

3 **Ninhydrin- und Biuret-Reaktion**

Mit beiden Reaktionen können – mit unterschiedlicher Empfindlichkeit und Färbung – Aminosäuren, Peptide und Proteine nachgewiesen werden.

Vergleich der Monomere

Die Monomere von Proteinen sind **Aminosäuren** mit der allgemeinen Formel

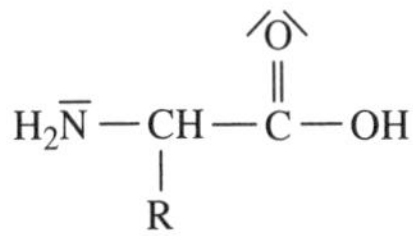

Aminosäuren enthalten im Gegensatz zu den Monomeren der Alginsäure in der Aminogruppe chemisch gebundenen Stickstoff.
Die Verknüpfung der Monomere erfolgt bei den Kohlenhydraten über glykosidische Bindungen (C–O–C-Brücken), bei den Proteinen über Peptidbindungen (–CONH–).
Proteinogene Aminosäuren unterscheiden sich in der Struktur des Restes R. Dieser kann polar, unpolar, sauer oder basisch oder aromatisch sein.

Gelierfähigkeit

Ein makromolekularer Stoff kann gelieren, wenn die ihn aufbauenden Moleküle ein dreidimensionales Netzwerk bilden und in dieses Netzwerk Wasser eingelagert werden kann. Der Kontext der Aufgabe lässt vermuten, dass saure, basische und polare Reste an den Aminosäuren der Gelierfähigkeit förderlich sein könnten, da diese Reste gut hydratisierbar sind.

VP

Aromatische Dicarbonsäuren wie Phthalsäure und Terephthalsäure und deren Derivate sind wichtige Bausteine moderner Kunststoffe.

1.1 Sie finden Verwendung in Aramiden (aromatischen Polyamiden), die sich zur Herstellung hitzefester Kunstfasern wie z. B. NOMEX® in Brandschutzkleidung eignen. Bei der NOMEX®-Synthese verwendet man 1,3-Diaminobenzol und m-Phthaloyldichlorid (m-Phthalsäuredichlorid).

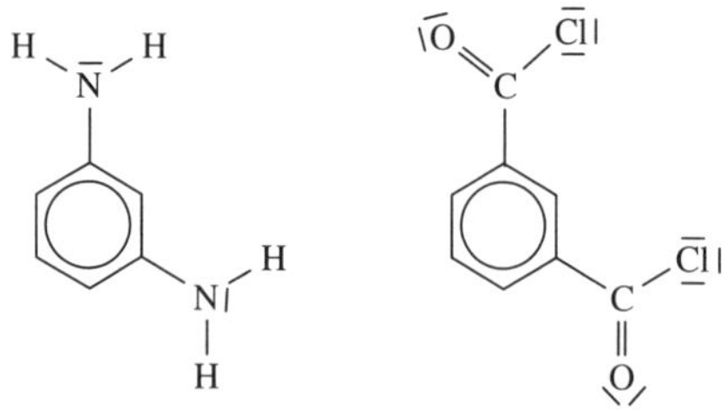

1,3-Diaminobenzol m-Phthaloyldichlorid

Zeichnen Sie einen Strukturformelausschnitt von NOMEX®, der drei Monomer-Bausteine umfasst und benennen Sie den Reaktionstyp der NOMEX®-Synthese. 3

1.2 Getränkeflaschen bestehen häufig aus PET (Polyethylenterephthalat):

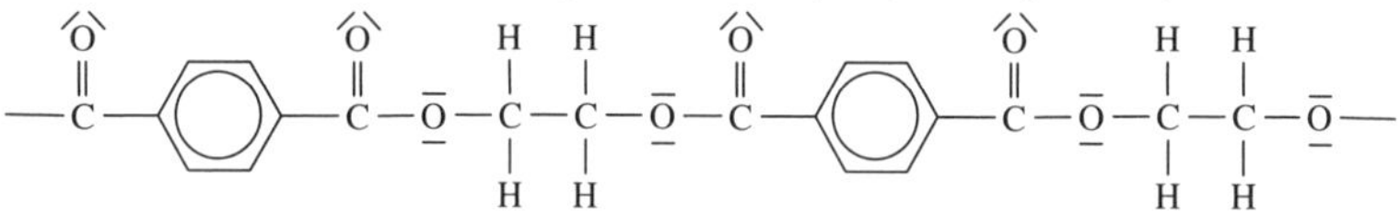

Zeichnen Sie die Strukturformeln der Monomere und benennen Sie die Stoffklassen der Monomere und des Polymers. 4

1.3 Obwohl es sich sowohl bei NOMEX® als auch bei PET um lineare Makromoleküle handelt, zeigen sie unterschiedliches thermisches Verhalten. PET schmilzt ab etwa 235 °C, NOMEX® hingegen zersetzt sich ab ca. 400 °C unter Verkohlung ohne zu schmelzen.

- Erklären Sie das unterschiedliche Verhalten beim Erwärmen.

Durch Abwandlung eines Monomers von PET könnte das thermische Verhalten des Kunststoffs an das von NOMEX® angeglichen werden.

- Geben Sie eine Strukturformel eines geeigneten Monomers an und begründen Sie Ihre Wahl. 5

1.4 Moderne Kunststoffe sollen nach Möglichkeit wiederverwertbar sein.
Beschreiben Sie für NOMEX® und PET zwei unterschiedliche Verwertungsverfahren. 3

2 Die Salze der Phthalsäure werden Phthalate genannt. Kaliumhydrogenphthalat findet zum Beispiel Verwendung in Pufferlösungen.

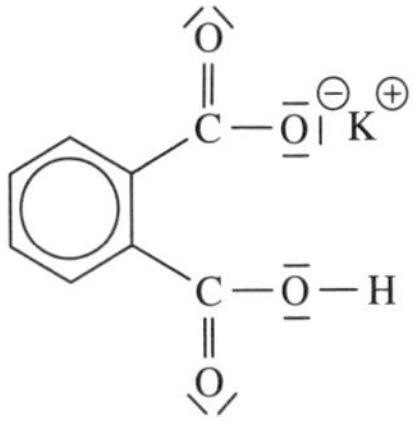

Kaliumhydrogenphthalat

- Erläutern Sie anhand der Molekülstruktur, dass Kaliumhydrogenphthalat zur Herstellung von Pufferlösungen geeignet ist.
- Berechnen Sie die Stoffmengenkonzentration *c* einer Lösung, bei der ein Liter Lösung 50 g Kaliumhydrogenphthalat enthält. 5

20

Lösungen

1 Moderne Kunststoffe

1.1 Strukturformelausschnitt

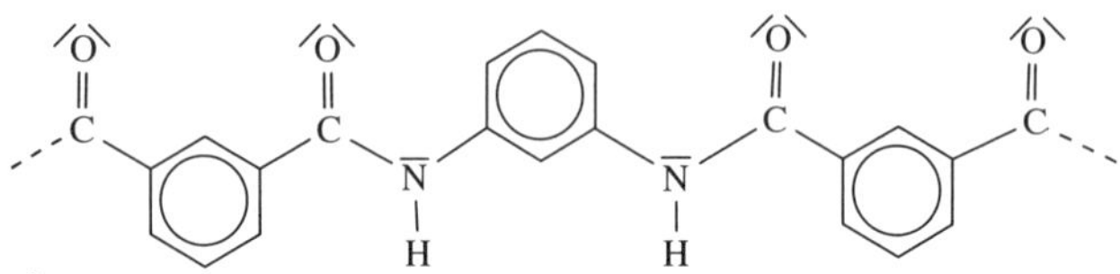

oder

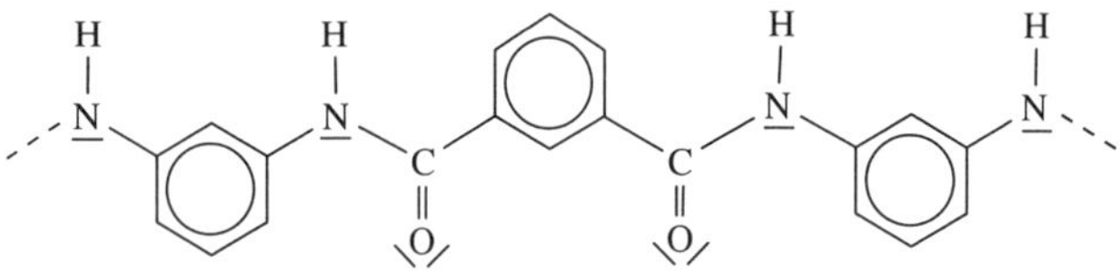

Die Reaktion verläuft unter Abspaltung von Chlorwasserstoff – es handelt sich um eine **Polykondensation**.

1.2 PET-Monomere

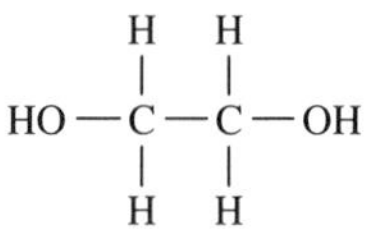

Ethan-1,2-diol

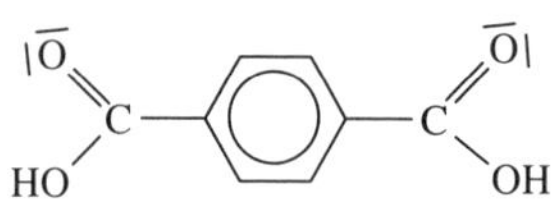

Terephthalsäure

Ethandiol zählt zu der Stoffklasse der **Diole**, Terephthalsäure zu den **aromatischen Dicarbonsäuren** und das Polymer zu den **Polyestern**.

1.3 Nomex® und PET im Vergleich

Verhalten beim Erwärmen

Beim Erwärmen eines Stoffes wird die Bewegung seiner konstituierenden Teilchen vergrößert. Sofern die zugeführte thermische Energie größer ist als die Energie der zwischenmolekularen Wechselwirkungen, schmilzt der Stoff. Das gilt allerdings nur dann, wenn die Energie zur Lösung der zwischenmolekularen Bindungen kleiner ist, als die Energie der kovalenten Bindungen innerhalb der Moleküle. Andernfalls tritt Zersetzung unter Zerstörung der Molekülstruktur ein. Beispiele dafür findet man beim thermischen Verhalten von Aminosäuren, Kohlenhydraten und Makromolekülen.

Im Kunststoff Nomex® bilden sich **Wasserstoffbrückenbindungen** zwischen den Amid-Gruppen aus. Die Energie der zwischenmolekularen Bindungen ist damit offenbar größer als die Energie der Bindungen innerhalb des Makromoleküls, sonst könnte Nomex® geschmolzen werden.

Da man PET schmelzen kann, muss die Energie der zwischenmolekularen Bindungen vergleichsweise gering sein. Zwischen den PET-Ketten wirken **Dipol-Dipol-Kräfte** und **Van-der-Waals-Kräfte**.

Kunststoff mit ähnlichen thermischen Eigenschaften wie Nomex®

Anstelle des Bausteins Ethan-1,2-diol könnte das Diamin 1,4-Diaminobenzol verwendet werden. Der resultierende Kunststoff Kevlar® hat ähnliche Eigenschaften wie Nomex®. Auch in Kevlar® können sich zwischen den Amidbindungen Wasserstoffbrückenbindungen ausbilden.

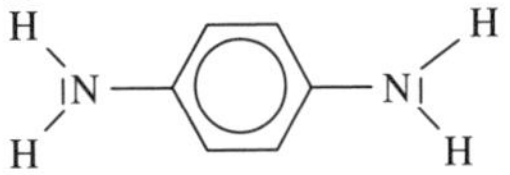

1,4-Diaminobenzol

alternativ:

Ethan-1,2-diol könnte gegen Glycerin ausgetauscht werden. Durch die dritte Hydroxygruppe ergibt sich die Möglichkeit einer Quervernetzung der Polymerketten. Der resultierende Kunststoff wird nun eher duroplastische Eigenschaften haben.

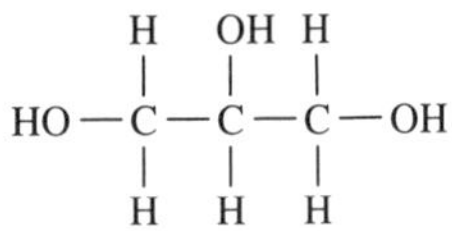

Glycerin

Es wäre auch denkbar, andere, aus trifunktionellen Molekülen aufgebaute Stoffe, einzusetzen (z. B. eine Tricarbonsäure oder eine Dihydroxycarbonsäure).

Zusatzinformation: Ein bekanntes Beispiel für einen verzweigten Polyester ist das Glyptal, das aus Phthalsäureanhydrid und Glycerin hergestellt werden kann.

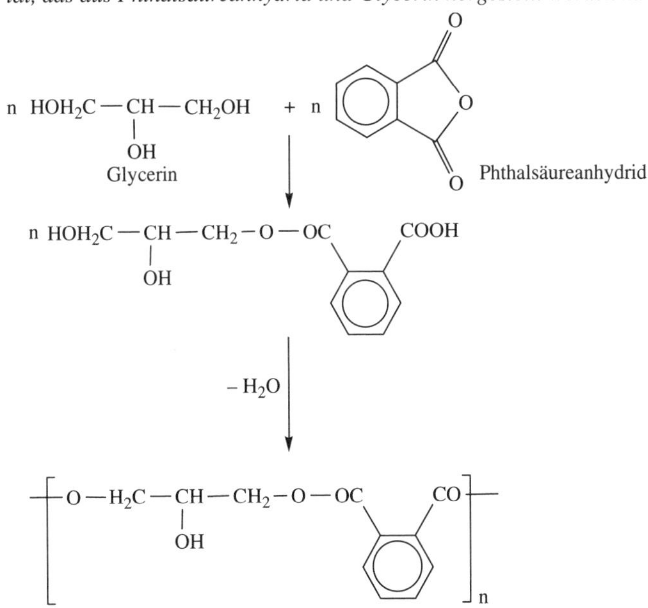

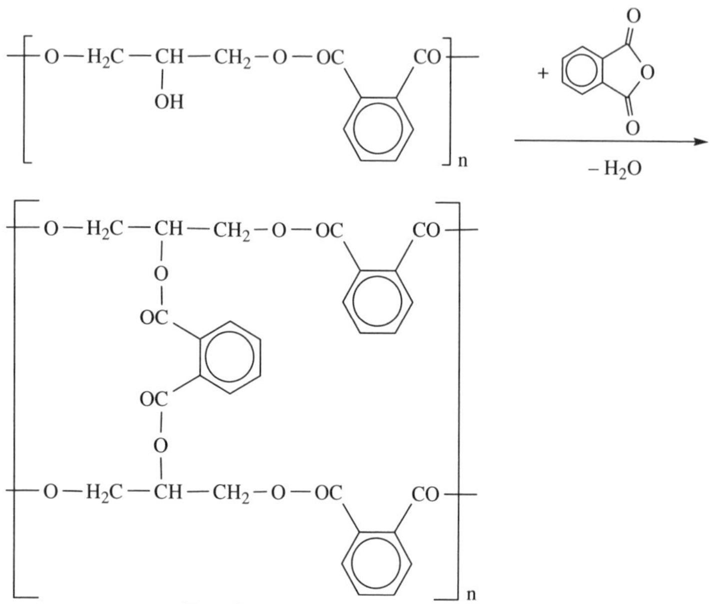

Glyptalharz

1.4 **Wiederverwertung von PET und Nomex®**

Werkstoffliche Wiederverwertung: PET (z. B. Getränkeflaschen) wird gereinigt, zerkleinert und zum Granulat verarbeitet.

alternativ:

Rohstoffliche Wiederverwertung: Bei der Methanolyse wird das PET (in Gegenwart von Katalysatoren) mit Methanol umgesetzt. Ethandiol wird dabei direkt zurückgewonnen, Terephthalsäure in Form von Terephthalsäuredimethylester.

Nomex®

Energetische Wiederverwertung: Die Verbrennung von Nomex® liefert Energie.

2 **Kaliumhydrogenphthalat als Puffer**

Die Hydrogenphthalat-Moleküle enthalten eine Säure-Gruppe (–COOH) und eine basische Funktion ($-COO^-$), sodass sie als Protonendonoren oder als Protonenakzeptoren fungieren können.

Berechnung der Stoffmengenkonzentration

Die molare Masse *M* von Kaliumhydrogenphthalat beträgt $204 \text{ g} \cdot \text{mol}^{-1}$.
Es wurden 50 g der Substanz in einem Liter eingewogen.

$$n = \frac{m}{M} = \frac{50 \text{ g}}{204 \text{ g} \cdot \text{mol}^{-1}} \approx 0{,}245 \text{ mol}$$

$$c = \frac{n}{V} = \frac{0{,}245 \text{ mol}}{1 \text{ L}} = 0{,}245 \text{ mol} \cdot \text{L}^{-1}$$

Die Konzentration der Lösung beträgt $0{,}245 \text{ mol} \cdot \text{L}^{-1}$.

Abiturprüfung an den allgemein bildenden Gymnasien (Baden-Württemberg) 2011
Prüfungsfach: Chemie – Aufgabe IV

VP

1 Umweltfreundliche, elektrisch betriebene Automobile gewinnen zunehmend Marktanteile. In diesem Zusammenhang werden geeignete Akkumulatoren, vorwiegend auf Lithiumbasis, ständig weiterentwickelt.
Lithium kommt in der Natur nur in Verbindungen vor. Elementares Lithium wird durch Elektrolyse einer Schmelze von Lithiumchlorid, dem zur Senkung der Schmelztemperatur Kaliumchlorid beigemengt wurde, bei etwa 360 °C hergestellt.

- Zeichnen Sie eine beschriftete Skizze einer Elektrolysezelle zur Herstellung von Lithium aus einer Lithiumchloridschmelze.
  Geben Sie Reaktionsgleichungen für die Elektrodenreaktionen und für die Gesamtreaktion an.
- Begründen Sie mithilfe der Standardelektrodenpotenziale, welchen Vorteil Lithium für den Einsatz in Batterien und Akkumulatoren bietet.
- Erklären Sie anhand je eines selbst gewählten Beispiels den wesentlichen Unterschied zwischen einer Batterie und einem Akkumulator. 8

2 Moderne Lithiumakkumulatoren arbeiten mit einer Polymermembran, in der ein Lithiumsalz gelöst ist. Diese Membran dient als Elektrolyt zwischen Pluspol und Minuspol.
Ein Formelausschnitt des Polymermoleküls ist in der folgenden Abbildung dargestellt:

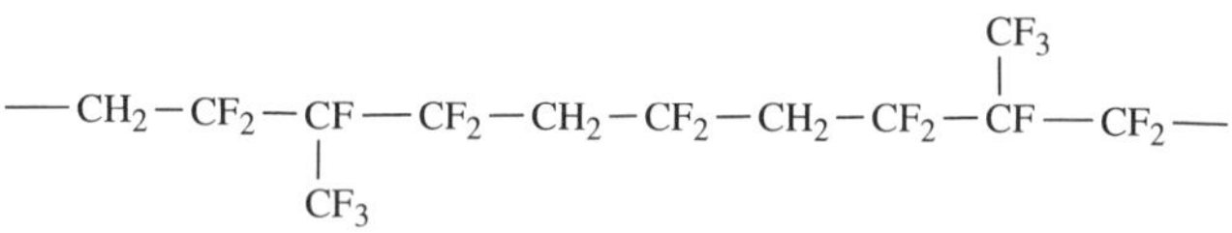

- Zeichnen Sie die Strukturformeln der beiden unterschiedlichen Monomere mit allen bindenden und nichtbindenden Elektronenpaaren und benennen Sie die Ausgangsstoffe.
- Geben Sie den Reaktionstyp der Polyreaktion an und formulieren Sie einen Reaktionsmechanismus. 6

3 Neuerdings wird für eine umweltfreundliche, ausschließlich mittels „Wasserenergie" betriebene Uhr geworben, die sogenannte *water powered clock*.
Zur Bedienung und Funktionsweise der Uhr gibt der Hersteller folgende Angaben:

> *„Das erforderliche Wasser wird über einen Einfüllstutzen an der Oberseite der Uhr eingefüllt, dabei darf der Tank nur maximal zwei Drittel gefüllt werden.*
> *Die Energie einer Tankfüllung reicht ungefähr zwei Wochen, dann muss das Wasser erneuert werden.*
> *Als zusätzlicher Treibstoff wird eine Prise Kochsalz ins Wasser gegeben.*
> *Das Uhrwerk zieht die Energie über Zink- und Kupferelektroden, die in den Wassertank reichen, aus dem Salzwasser."*

Zur Überprüfung der Herstellerangaben wird der abgebildete Modellversuch durchgeführt:

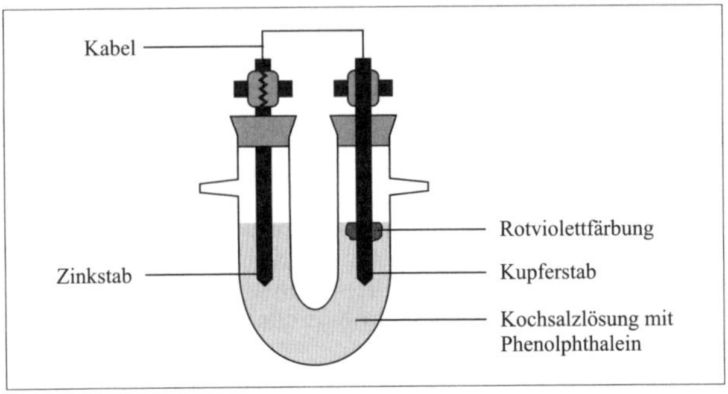

Bereits nach kurzer Zeit tritt im oberen Bereich der Kochsalzlösung um den Kupferstab eine Rotviolettfärbung auf.

- Werten Sie die Beobachtung aus dem Modellversuch aus und erklären Sie mithilfe der experimentell gewonnenen Erkenntnisse die wirkliche Funktionsweise der Uhr.
  Formulieren Sie die entsprechenden Reaktionsgleichungen.
- Vergleichen Sie Ihre Ergebnisse mit den Aussagen des Herstellers. 6

20

1 Elektrolyse einer Lithiumchloridschmelze

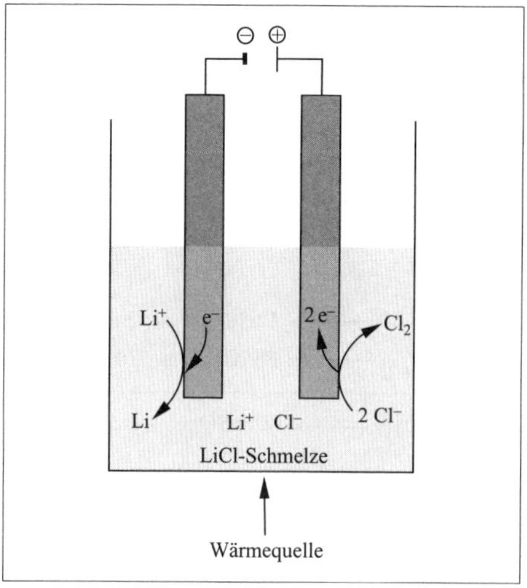

Elektrodenreaktionen

Pluspol:	$2\,Cl^- \longrightarrow Cl_2 + 2\,e^-$	
Minuspol:	$Li^+ + e^- \longrightarrow Li$	$\mid \cdot 2$
Gesamtreaktion:	$2\,Li^+ + 2\,Cl^- \longrightarrow 2\,Li + Cl_2$	

Das in der Aufgabenstellung erwähnte Kaliumchlorid muss nicht berücksichtigt werden.

Die Vorteile von Lithium sind sein stark negatives Elektrodenpotential ($E^0 = -3{,}04$ V) und seine sehr geringe Dichte. In Batterien und Akkumulatoren können daher bei Verwendung von Lithium hohe Spannungen bei geringer Masse der Anordnung erreicht werden.

Unterschied zwischen Batterien und Akkumulatoren

Batterien (Primärelemente) nutzen einen elektrochemischen Vorgang zur Spannungserzeugung. Dabei wird das Elektrodenmaterial verbraucht und kann durch eine Aufladung nicht zurückgewonnen werden. Bei Akkumulatoren (Sekundärelementen) hingegen kann das Elektrodenmaterial zurückgebildet und die Anordnung erneut als Spannungsquelle verwendet werden. Ein Akkumulator kann so über viele Entlade- und Lade-Zyklen genutzt werden.

Alkali-Mangan-Zelle als Primärelement:

Minuspol:	$Zn \longrightarrow Zn^{2+} + 2\,e^-$	
Pluspol:	$2\,MnO_2 + 2\,H_2O + 2\,e^- \longrightarrow 2\,MnO(OH) + 2\,OH^-$	
vereinfachte Elektrolytreaktion:	$Zn^{2+} + 2\,OH^- \longrightarrow ZnO + H_2O$	
Gesamtreaktion:	$Zn + 2\,MnO_2 + H_2O \longrightarrow 2\,MnO(OH) + ZnO$	

Zink und Mangandioxid werden verbraucht und können nicht durch eine Wiederaufladung zurückgewonnen werden.

Bleiakkumulator:

Entladevorgang:

Minuspol:	$Pb + SO_4^{2-} \longrightarrow PbSO_{4\,(s)} + 2\,e^-$
Pluspol:	$PbO_{2\,(s)} + 2\,e^- + 4\,H^+ + SO_4^{2-} \longrightarrow PbSO_{4\,(s)} + 2\,H_2O$
Gesamtreaktion:	$Pb + PbO_{2\,(s)} + 4\,H^+ + 2\,SO_4^{2-} \longrightarrow 2\,PbSO_{4\,(s)} + 2\,H_2O$

Ladevorgang:

Pluspol:	$PbSO_{4\,(s)} + 2\,H_2O \longrightarrow PbO_2 + SO_4^{2-} + 4\,H^+ + 2\,e^-$
Minuspol:	$PbSO_{4\,(s)} + 2\,e^- \longrightarrow Pb + SO_4^{2-}$
Gesamtreaktion:	$2\,PbSO_{4\,(s)} + 2\,H_2O \longrightarrow Pb + PbO_{2\,(s)} + 4\,H^+ + 2\,SO_4^{2-}$

Beim Ladevorgang werden die beim Entladevorgang ablaufenden Reaktionen umgekehrt, d. h. die Bleisulfatschicht an den beiden Elektroden wird durch den Ladevorgang „aufgelöst“ und es bilden sich Bleioxid bzw. Blei. Der Minuspol einer Gleichspannungsquelle wird dabei an die Blei-Platte angelegt, der Pluspol an die Bleioxid-Platte. Bei der Entladung werden die Elektrodenmaterialien Pb/PbO_2 verbraucht und bei der Aufladung wieder zurückgebildet.

Die Aufgabenstellung lässt auch die Beschreibung anderer Batterien bzw. Akkumulatoren zu, z. B. die Hg/Zn-Batterie bzw. den Ni-Metallhydrid- oder den NiCd-Akkumulator.

2 **Strukturformeln der Monomere**

Folgende Überlegungen können angestellt werden:
Das Molekül enthält keine Amid- oder Esterbindungen. Die durchgängige Kette besteht ausschließlich aus Verknüpfungen zwischen C-Atomen. Es ist damit wahrscheinlich, dass sich das Makromolekül durch Reaktion von Alken-Monomeren gebildet hat.
Für die Ermittlung der Monomere ist es nun hilfreich, die Polymerkette durch Striche in verschiedene Abschnitte einzuteilen. Dabei müssen die verschiedenen Einheiten so gewählt sein, dass sie als Monomere eine Doppelbindung haben können. Außerdem wird der einfachste Fall, nämlich der Aufbau aus nur zwei Monomeren, angenommen.

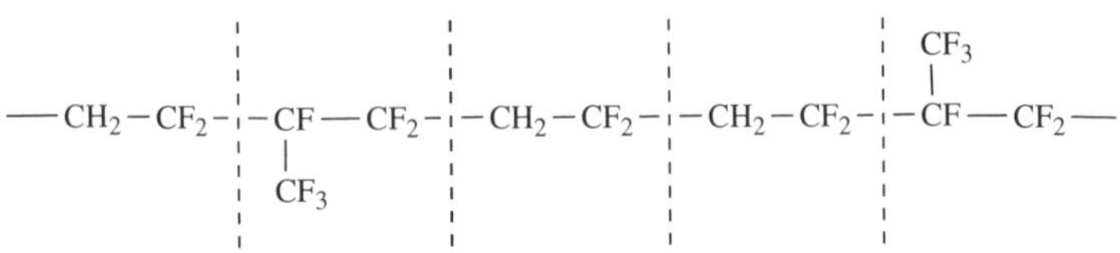

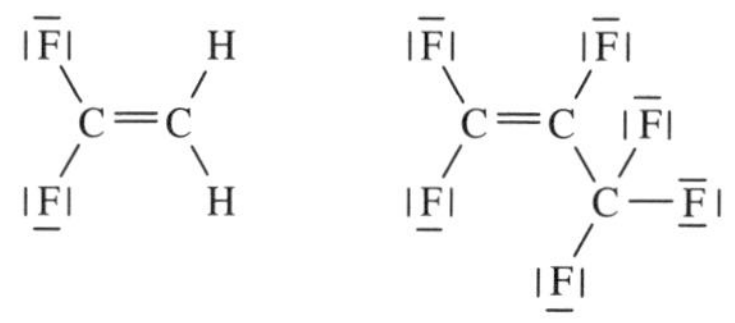

1,1-Difluorethen Hexafluorpropen

Reaktionstyp und Reaktionsmechanismus
Alkene lassen sich durch **radikalische Polymerisation** verknüpfen. Da es sich bei den beiden Monomeren um fluorierte Alkene handelt, kann man annehmen, dass dieser Reaktionstyp der betrachteten Polymerbildung zugrunde liegt. Es bildet sich ein Copolymer.

Die Wahl des Radikalbildners hängt u. a. von den gewünschten Produkteigenschaften ab. Für viele radikalische Polymerisationen können Peroxide oder Azoisobutyronitril verwendet werden.

Bildung eines Starterradikals

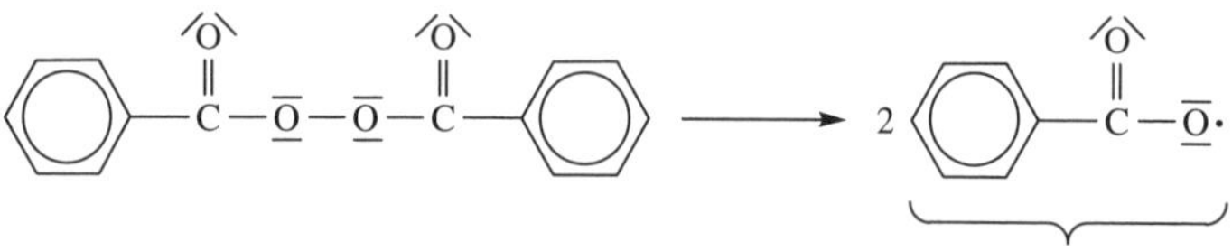

Dibenzoylperoxid R·

Da sich aus dem Formelausschnitt in der Aufgabenstellung nicht erschließt, ob eine bestimmte Abfolge der Monomere vorliegt, kann zur Lösung nur ein Monomer verwendet werden. Alternative Lösungen sind möglich.

Um den Schreibaufwand zu verringern, empfiehlt es sich, für Hexafluorpropen die folgende Formel zu verwenden:

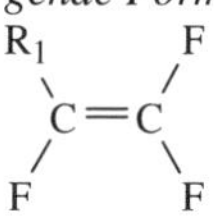

Mit $R_1 = CF_3$

Entsprechend ist die nachfolgende Darstellung des Reaktionsablaufs zu interpretieren.

Möglicher Kettenstart

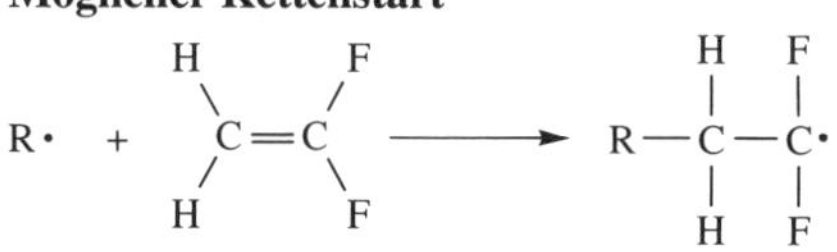

Kettenwachstum

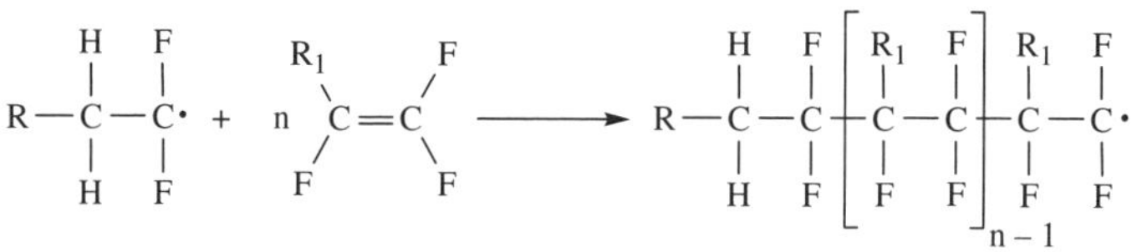

Mögliche Abbruchreaktionen
Kettenvereinigung:

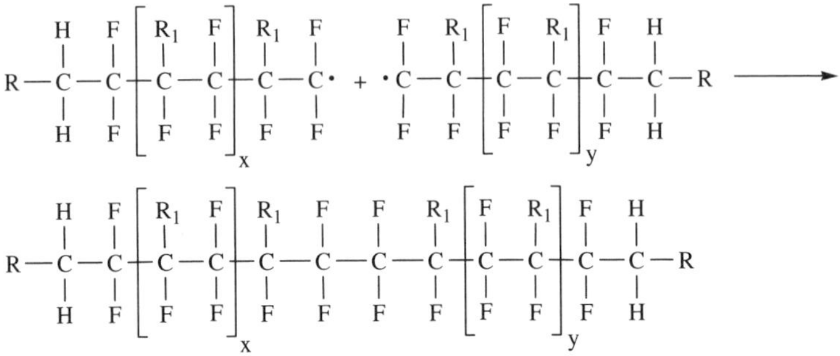

Eine Disproportionierung kann nur erfolgen, wenn in einer der beiden Ketten der endständige Baustein ein 1,1-Difluorethylradikal ist.

Disproportionierung:

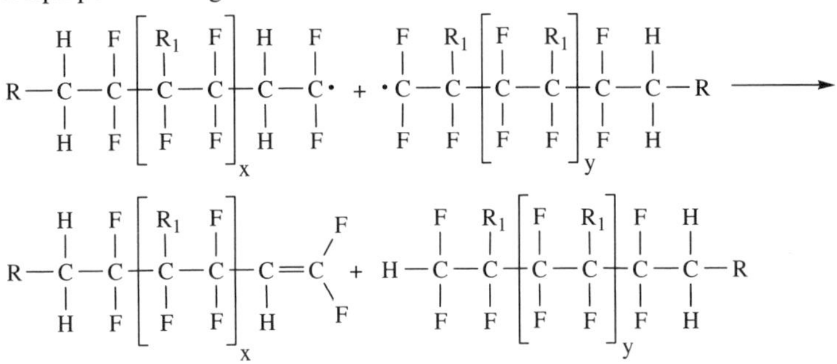

3 „Water powered clock“

Zur Bearbeitung dieser Aufgabe ist es hilfreich, zuerst den abgedruckten Herstellertext genau zu lesen und die darin enthaltenen Aussagen zu überprüfen. So heißt es dort „Das Uhrwerk zieht die Energie […] aus dem Salzwasser“. Die Behauptung, man könne ruhendem (Salz-)Wasser bei konstanter Temperatur Energie entnehmen, verletzt grundlegende physikalische Gesetzmäßigkeiten. Damit ist klar, dass die Energie über einen in der Uhr ablaufenden Prozess – eine elektrochemische Reaktion – geliefert werden muss. Wie dieser funktioniert, wird anhand der Abbildung des Modellversuchs veranschaulicht.

Modellversuch
Aus der Aufgabenstellung geht hervor, dass die Lösung um den Kupferstab nach einiger Zeit basisch reagiert. An dieser Stelle müssen also Protonen verbraucht werden oder OH^--Ionen gebildet werden. Dafür kommen zwei Reaktionen in Betracht:

(1) $2\,H_3O^+ + 2\,e^- \longrightarrow H_2 + 2\,H_2O$ (bei pH = 7)

oder

(2) $O_2 + 4\,e^- + 2\,H_2O \longrightarrow 4\,OH^-$

Für beide Reaktionen müssen Elektronen geliefert werden, weswegen man annehmen kann, dass am Zinkstab folgende Reaktion abläuft:

$$Zn \longrightarrow Zn^{2+} + 2\,e^-$$

Um nun herauszufinden, ob Reaktion (1) oder Reaktion (2) an der Kupferelektrode abläuft, werden Aufgabenstellung und Herstellerangaben noch einmal auf eventuell vorhandene Hinweise durchgesehen.

Sowohl die geschilderte Beobachtung „im oberen Bereich der Kochsalzlösung um den Kupferstab tritt eine Rotviolettfärbung auf", als auch die Formulierung aus den Herstellerangaben „dabei darf der Tank nur maximal zwei Drittel gefüllt werden" weisen darauf hin, dass die Luft (und damit einer ihrer Bestandteile) über dem Elektrolyten für die ablaufenden Reaktionen von Bedeutung ist. Daher ist es plausibel anzunehmen, dass Reaktion (2) abläuft.

Chemische Vorgänge der water powered clock

Zinkstab (Oxidation): $Zn \longrightarrow Zn^{2+} + 2\,e^-$

Kupferstab (Reduktion): $O_2 + 4\,e^- + 2\,H_2O \longrightarrow 4\,OH^-$

Der Kupferstab dient nur als Elektrode. Zur kontinuierlichen Funktion der Batterie ist die Anwesenheit von Sauerstoff erforderlich, der aus dem Gasraum eindiffundiert. Die Batterie erschöpft sich, weil sich durch die pH-Wert-Änderung das Potenzial der Reaktion verringert und die Spannung somit kleiner wird. Das Kochsalz dient als Elektrolyt.

Anmerkung: Es wäre auch denkbar, dass die „Laufzeit mit einer Tankfüllung" durch den Sauerstoffgehalt der Lösung begrenzt wird. Allerdings diffundiert mit einiger Wahrscheinlichkeit immer Sauerstoff in die Anordnung. Möglicherweise sind auch beide Effekte, eine Sauerstoffverarmung der Lösung und ein Anstieg des pH-Wertes für den Rückgang der Batterieleistung verantwortlich.

Vergleich mit den Aussagen des Herstellers

Die Energie für den Betrieb des Uhrwerks stammt aus einer elektrochemischen Reaktion, bei der Zink, Wasser und Sauerstoff beteiligt sind. Das Salz dient der Erhöhung der Leitfähigkeit. Da sich die Zusammensetzung der Elektrolytlösung während der Betriebsdauer verändert, muss sie ersetzt werden.

Abiturprüfung an den allgemein bildenden Gymnasien (Baden-Württemberg) 2012
Prüfungsfach: Chemie – Aufgabe I

VP

1 Benzoesäure (Benzolcarbonsäure) und ihre Salze werden als Konservierungsmittel (E210–E213) in diversen Lebensmitteln eingesetzt.

1.1 Die technische Herstellung von Benzoesäure erfolgt durch katalytische Oxidation von Toluol (Methylbenzol) mit Luftsauerstoff. Als weiteres Produkt entsteht Wasser.
- Formulieren Sie für diese Reaktion eine Reaktionsgleichung unter Verwendung von Strukturformeln mit bindenden und nichtbindenden Elektronenpaaren.
- Begründen Sie mit Hilfe von Oxidationszahlen, dass es sich hierbei um eine Redoxreaktion handelt.

Toluol und Benzoesäure gehören auf Grund ihrer Struktur zu den aromatischen Verbindungen.
- Nennen Sie Besonderheiten des gemeinsamen Strukturelementes, welches Benzoesäure und Toluol den aromatischen Verbindungen zuordnet. 5

1.2 Eine Stoffportion Benzoesäure der Masse 12,2 g wird in Wasser gelöst und auf einen Liter Lösung aufgefüllt.
In dieser Lösung wird ein pH-Wert von 2,61 gemessen.
- Formulieren Sie die Reaktionsgleichung für das Protolysegleichgewicht in wässriger Lösung.
- Geben Sie das Massenwirkungsgesetz für diese Reaktion an und berechnen Sie die Säurekonstante der Benzoesäure.
  Begründen Sie eventuelle Vereinfachungen im Rechenweg. 5

1.3 Eine wässrige Lösung von Benzoesäure und Natriumbenzoat kann als Puffersystem wirken.
- Erklären Sie, wie dieses System den pH-Wert bei Zugabe von Säuren bzw. Basen stabilisieren kann. 2

1.4 Die Bildungsenthalpie von Benzoesäure soll experimentell ermittelt werden.
Dazu wird in einem Verbrennungskalorimeter (siehe Abbildung) eine Stoffportion Benzoesäure von $m = 0{,}20$ g verbrannt. Dabei wird im Wasser (500 g) eine Temperaturerhöhung von $\Delta\vartheta = 2{,}3$ K gemessen.
Die Wärmekapazität der verwendeten Kalorimeteranordnung beträgt $120\ J \cdot K^{-1}$.
Die spezifische Wärmekapazität von Wasser beträgt $c_W = 4{,}18\ J \cdot g^{-1} \cdot K^{-1}$.
Nach der Verbrennung liegt das entstehende Wasser gasförmig vor.

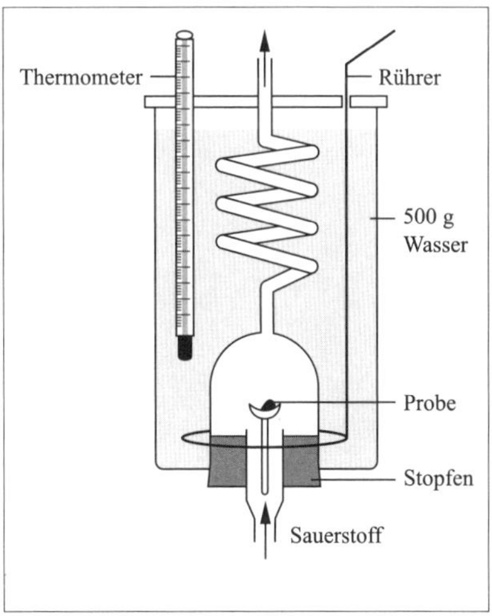

- Berechnen Sie die molare Standardbildungsenthalpie von Benzoesäure. 5

2 Im Stoffwechsel wird die Benzoesäure durch Glycin (Aminoethansäure) gebunden, wobei durch Reaktion der Carboxylgruppe der Benzoesäure mit der Aminogruppe des Glycins Hippursäure entsteht. Die Hippursäure ist besser wasserlöslich als die Benzoesäure und kann daher über die Niere ausgeschieden werden.

- Formulieren Sie für die Reaktion von Benzoesäure mit Glycin eine Reaktionsgleichung mit Strukturformeln. Benennen Sie die bei dieser Reaktion neu gebildete Gruppe.
- Begründen Sie die bessere Wasserlöslichkeit von Hippursäure im Vergleich zur Benzoesäure. 3

20

Lösungen

1 Benzoesäure

1.1 Technische Herstellung

Reaktionsgleichung

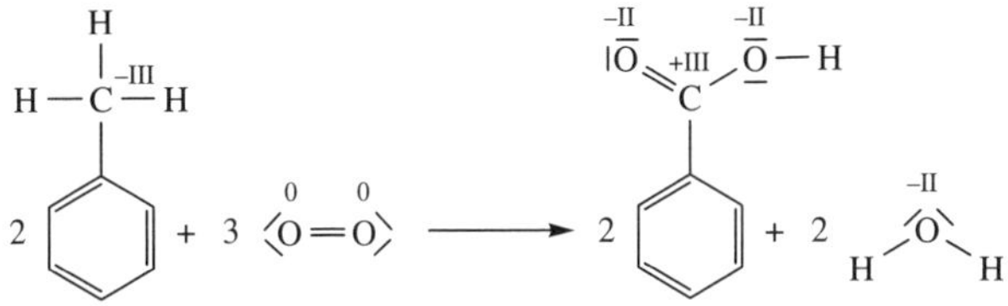

Redoxreaktion

Es empfiehlt sich, die Oxidationszahlen wie oben dargestellt in die Reaktionsgleichung einzutragen.

Man erkennt, dass die Sauerstoffatome von der Oxidationsstufe Null in die Oxidationsstufe –II übergehen, also reduziert werden. Die Oxidationszahl des C-Atoms in der funktionellen Gruppe wechselt von –III nach +III, dabei handelt es sich also um den Oxidationsschritt.

Besonderheiten des gemeinsamen Strukturelements
Toluol und Benzoesäure haben als gemeinsames Strukturelement einen Benzolring. Es handelt sich um ein ebenes Ringsystem aus sechs C-Atomen mit drei Doppelbindungen, die aber keiner bestimmten Position im Ring zugeordnet werden können, weshalb man von einem delokalisierten Elektronensystem spricht. Diesen Sachverhalt symbolisiert man durch mesomere Grenzstrukturen oder durch einen Kreis im Sechseck des Kohlenstoffgerüsts:

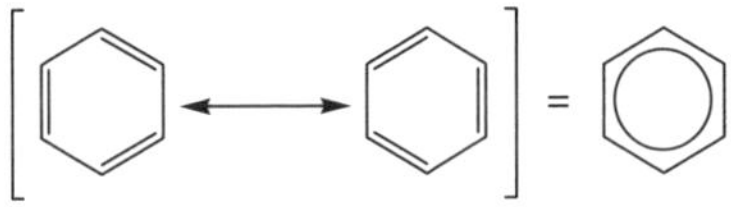

1.2 Protolyse-Gleichgewicht der Benzoesäure

Reaktionsgleichung

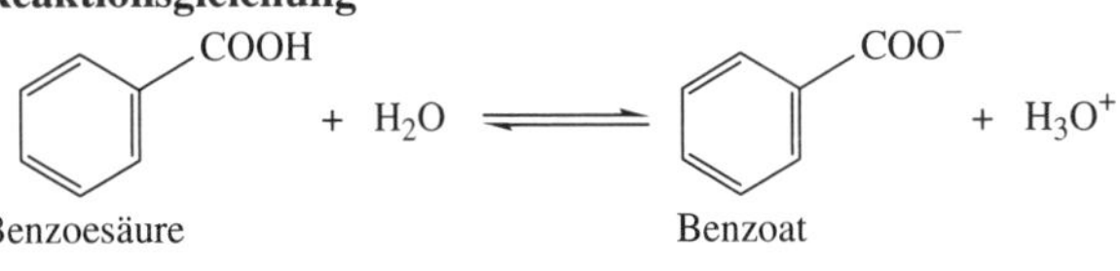

Massenwirkungsgesetz und Berechnung der Säurekonstante

$$K_S = \frac{c(H_3O^+) \cdot c(\text{Benzoat})}{c(\text{Benzoesäure})}$$

Um aus den gegebenen Daten die Säure-Konstante K_S zu berechnen, benötigt man die Gleichgewichtskonzentrationen $c(H_3O^+)$, c(Benzoat) und c(Benzoesäure).
Für c(Benzoesäure) gilt: $c(\text{Benzoesäure}) = c^0(\text{Benzoesäure}) - c(\text{Benzoat}) \approx c^0$(Benzoesäure), weil es sich bei der Benzoesäure um eine schwache Säure mit geringer Dissoziation handelt. Die Konzentration berechnet man aus

$$n(\text{Benzoesäure}) = \frac{m(\text{Benzoesäure})}{M(\text{Benzoesäure})} = \frac{12{,}2\ \text{g}}{122\ \text{g} \cdot \text{mol}^{-1}} = 0{,}1\ \text{mol}$$

und

$$c^0(\text{Benzoesäure}) = \frac{n(\text{Benzoesäure})}{V} = 0{,}1\ \text{mol} \cdot \text{L}^{-1}$$

Die Konzentrationen der Benzoat- bzw. Oxonium-Ionen müssen im Gleichgewicht aufgrund der Elektroneutralitätsbedingung gleich groß sein, also $c(H_3O^+) = c(\text{Benzoat})$. Aus der Definition des pH-Wertes ($\text{pH} = -\log c(H_3O^+)$) lässt sich die Oxonium-Ionenkonzentration zu $c(H_3O^+) = 10^{-\text{pH}}$ berechnen. Schließlich erhält man:

$$K_S = \frac{c(H_3O^+) \cdot c(\text{Benzoat})}{c(\text{Benzoesäure})} \approx \frac{c^2(H_3O^+)}{c^0(\text{Benzoesäure})} = \frac{10^{-2\text{pH}}}{0{,}1} = 10 \cdot 10^{-5{,}22} \approx 6{,}03 \cdot 10^{-5}$$

Hinweis: Manchmal werden für die Säurekonstanten Einheiten angegeben. In diesem Fall wäre die Einheit $\text{mol} \cdot \text{L}^{-1}$.
Um eine einfache Rechnung zu ermöglichen, wurde in dieser Aufgabe für die Masse der Benzoesäure m = 12,2 g angegeben. In einem Liter Wasser lösen sich aber nur ungefähr 3 g Benzoesäure.

1.3 **Benzoesäure-Benzoat-Puffer**
Das Puffersystem kann man aus äquimolaren Mengen Benzoesäure und Natriumbenzoat herstellen. Die maximale Pufferwirkung ist bei $\text{pH} = \text{p}K_S$ (Benzoesäure).

Bei Zugabe einer Säure reagiert das Benzoat zu Benzoesäure:

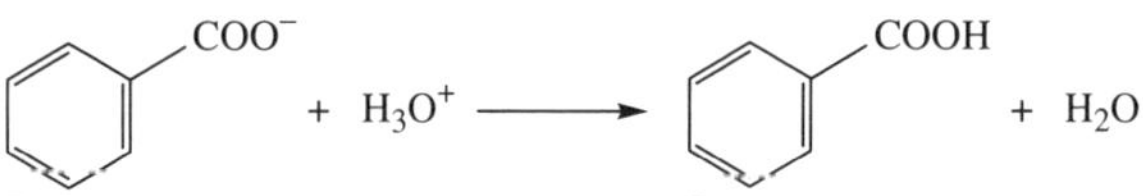

Benzoat — Benzoesäure

Bei Zugabe einer Base reagiert die Benzoesäure zu Benzoat:

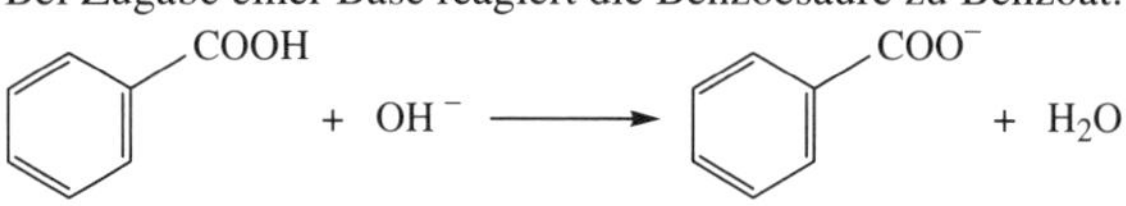

Benzoesäure — Benzoat

Sofern die zugegebenen Säure- bzw. Base-Mengen klein im Vergleich zur Benzoat- bzw. Benzoesäure-Menge sind, ändert sich das Verhältnis $\frac{c(\text{Benzoat})}{c(\text{Benzoesäure})}$ nur wenig und so ist die pH-Änderung im Puffersystem gering.

1.4 **Bildungsenthalpie von Benzoesäure**

Zur Bearbeitung der Aufgabe berechnet man zunächst aus den angegebenen Daten für die Kalorimetrie die bei der Verbrennung von Benzoesäure frei werdende Wärmemenge. Diese wird auf die Verbrennung von einem Mol Benzoesäure umgerechnet. Anhand der Reaktionsgleichung für die Verbrennung kann man die Reaktionsenthalpie als Summe der Bildungsenthalpien schreiben, wobei die Werte für Sauerstoff, Kohlenstoffdioxid und Wasser bekannt sind bzw. der entsprechenden Tabelle entnommen werden können. Man löst nach der unbekannten Bildungsenthalpie der Benzoesäure auf und kann diese dann berechnen. Es wird angenommen, dass die Rechnungen in der Aufgabe auf die Standardverbrennunsgenthalpie und damit auch auf die Standardbildungsenthalpie führen.

Aus der Aufgabe entnimmt man

$c_w = 4{,}18\ \text{J} \cdot \text{g}^{-1} \cdot \text{K}^{-1}$ $\quad m_{\text{Wasser}} = 500\ \text{g}$ $\quad \Delta\vartheta = 2{,}3\ \text{K}$ $\quad C_{\text{Kalorimeter}} = 120\ \text{J} \cdot \text{K}^{-1}$

$m_{\text{Benzoesäure}} = 0{,}20\ \text{g}$

$$Q_{\text{Reaktion}} = (c_w \cdot m_{\text{Wasser}} + C_{\text{Kalorimeter}}) \cdot \Delta\vartheta$$

$$Q_{\text{Reaktion}} = 4{,}18\ \text{J} \cdot \text{g}^{-1} \cdot \text{K}^{-1} \cdot 500\ \text{g} \cdot 2{,}3\ \text{K} + 120\ \text{J} \cdot \text{K}^{-1} \cdot 2{,}3\ \text{K} = 4807\ \text{J} + 276\ \text{J} = 5083\ \text{J}$$

$$n_{(\text{Benzoesäure})} = \frac{m_{(\text{Benzoesäure})}}{M_{(\text{Benzoesäure})}} = \frac{0{,}20\ \text{g}}{122\ \text{g} \cdot \text{mol}^{-1}} \approx 0{,}00164\ \text{mol}$$

$$Q_{\text{Reaktion}} = n \cdot |\Delta_R H^0| \Rightarrow |\Delta_R H^0| = \frac{Q_{\text{Reaktion}}}{n}$$

$$|\Delta_R H^0| = \frac{Q_{\text{Reaktion}}}{n} = \frac{5\,083\ \text{J}}{0{,}00164\ \text{mol}} = 3\,099\,390{,}2\ \text{J} \cdot \text{mol}^{-1} \approx 3\,099\ \text{kJ} \cdot \text{mol}^{-1}$$

Es handelt sich um eine exotherme Reaktion, daher muss noch ein negatives Vorzeichen eingefügt werden. Die (Standard-)Reaktionsenthalpie für die Verbrennung der Benzoesäure ist damit $\Delta_R H^0 = -3099\ \text{kJ} \cdot \text{mol}^{-1}$.

Für die Verbrennung der Benzoesäure gilt die Reaktionsgleichung (laut Aufgabe ist für Wasser der Gaszustand anzunehmen):

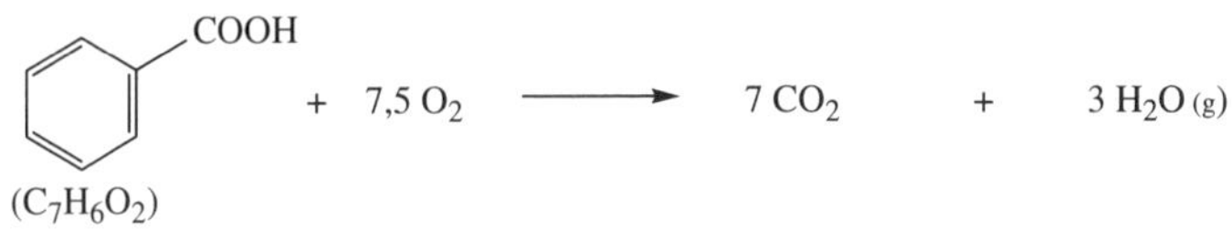

$\Delta_f H^0 =$	? kJ · mol^{-1}	0 kJ · mol^{-1}	–394 kJ · mol^{-1}	–242 kJ · mol^{-1}

Es gilt: $\Delta_R H^0 = \sum \Delta_f H^0(\text{Produkte}) - \sum \Delta_f H^0(\text{Edukte})$

$\Delta_R H^0(\text{Verbrennung})$

$= 7 \cdot \Delta_f H^0(CO_2) + 3 \cdot \Delta_f H^0(H_2O) - [7{,}5 \cdot \Delta_f H^0(O_2) + \Delta_f H^0(\text{Benzoesäure})]$

$\Delta_f H^0(\text{Benzoesäure})$

$= 7 \cdot \Delta_f H^0(CO_2) + 3 \cdot \Delta_f H^0(H_2O) - 7{,}5 \cdot \Delta_f H^0(O_2) - \Delta_R H^0(\text{Verbrennung})$

$= 7 \cdot (-394\ \text{kJ} \cdot \text{mol}^{-1}) + 3 \cdot (-242\ \text{kJ} \cdot \text{mol}^{-1}) - 0\ \text{kJ} \cdot \text{mol}^{-1} - (-3099\ \text{kJ} \cdot \text{mol}^{-1})$

$= -2758\ \text{kJ} \cdot \text{mol}^{-1} - 726\ \text{kJ} \cdot \text{mol}^{-1} + 3099\ \text{kJ} \cdot \text{mol}^{-1} = -385\ \text{kJ} \cdot \text{mol}^{-1}$

Die Standardbildungsenthalpie der Benzoesäure beträgt also –385 kJ · mol^{-1}.

2 **Hippursäure**

Reaktionsgleichung

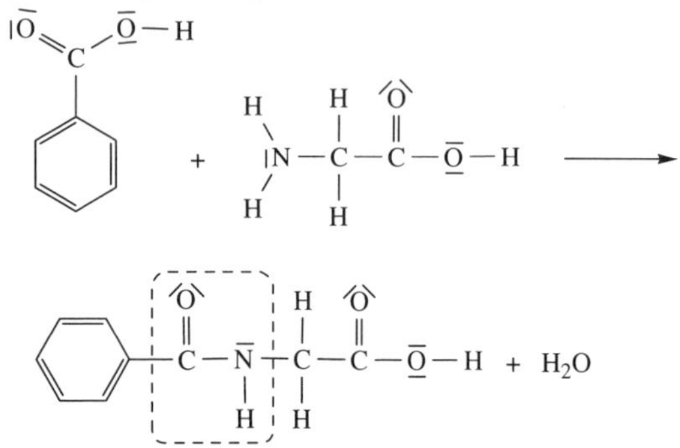

Bei der markierten Gruppe handelt es sich um eine Amid- oder Peptidbindung.

Wasserlöslichkeit

In der Hippursäure sind mit der Amid-Gruppe und der Carboxy-Gruppe zwei Strukturelemente vorhanden, die Wasserstoffbrückenbindungen ausbilden können, während es in der Benzoesäure nur eine solche Gruppe (die Carboxy-Gruppe) gibt.
Unter der stark vereinfachenden Annahme, dass die Wasserlöslichkeit einer Verbindung allein auf die –hypothetische– Anzahl der Wasserstoffbrückenbindungen zurückzuführen sei, müsste sich die Hippursäure besser in Wasser lösen als die Benzoesäure. Das trifft allerdings hier nicht zu.

Hinweis: Wenn die Massenkonzentration in $g \cdot L^{-1}$ verglichen wird, ist die Löslichkeit der Hippursäure größer. Betrachtet man allerdings die hier relevante Stoffmengenkonzentration in $mol \cdot L^{-1}$, ist die Löslichkeit der Benzoesäure größer, da hier die unterschiedlichen Molmassen mit einfließen.

VP

1 L-Glutaminsäure (L-2-Aminopentandisäure) ist als proteinogene Aminosäure Baustein der meisten Proteine und natürlicher Bestandteil vieler Nahrungsmittel. Als Geschmacksverstärker wird Mononatriumglutamat (Mononatriumsalz der Glutaminsäure, E621) bevorzugt auch in der asiatischen Küche eingesetzt. Ob eine erhöhte Einnahme dieses Salzes bei manchen Menschen Überempfindlichkeitsreaktionen auslösen kann, ist bisher nicht geklärt.

- Zeichnen Sie die Strukturformel der L-Glutaminsäure in FISCHER-Projektion mit allen bindenden und nichtbindenden Elektronenpaaren und erläutern Sie, was unter einer L-2-Aminosäure (L-α-Aminosäure) zu verstehen ist.

Viele Aminosäuren besitzen asymmetrisch substituierte Kohlenstoffatome.

- Überprüfen und begründen Sie, ob dies auch für Glutaminsäure zutrifft. 3

2 In gebundener Form zeigt Glutaminsäure keine geschmacksverstärkende Wirkung. So ist sie beispielsweise auch Bestandteil des Glutathions, eines Tripeptids, das aus L-Glutaminsäure, Glycin (2-Aminoethansäure) und L-Cystein aufgebaut ist.

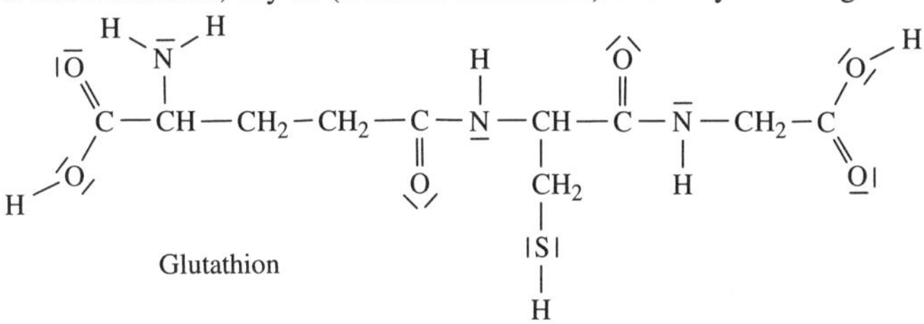

Glutathion

2.1 Benennen Sie die Aminosäurebausteine von links nach rechts und formulieren Sie die Strukturformel von Cystein in FISCHER-Projektion.
Erläutern Sie, welchen Einfluss die Seitenkette des Cysteins auf die räumliche Struktur eines Proteins haben kann. 4

2.2 Bei der Untersuchung von Nahrungsmitteln hinsichtlich ihres Gehalts an verschiedenen Aminosäuren werden die Proteinmoleküle zunächst vollständig hydrolysiert.

- Erläutern Sie ein Verfahren zur Trennung des Aminosäuregemisches und anschließender Identifizierung der enthaltenen Aminosäuren. 5

3 Auch Inosinmonophosphat (IMP) spielt eine wichtige Rolle als Geschmacksverstärker in Lebensmitteln (E630). Hierbei handelt es sich um ein Nukleotid, bei dem ein β-Ribosemolekül mit der stickstoffhaltigen Base Hypoxanthin und einem Phosphorsäuremolekül verknüpft ist.

Inosinmonophosphat (IMP)

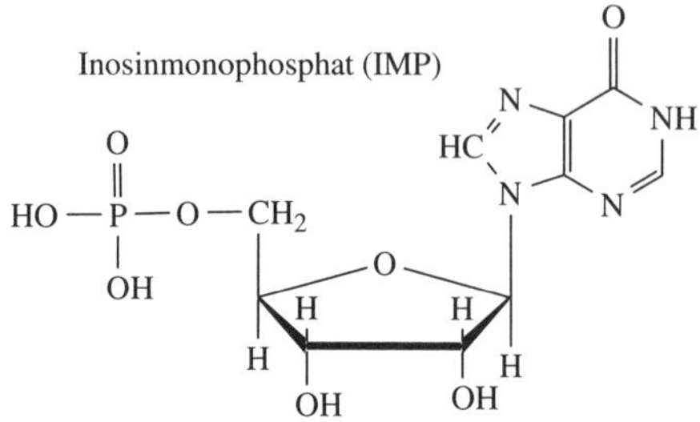

3.1 Benennen Sie die Bindung zwischen dem Phosphorsäurerest und dem Riboserest. Zeichnen Sie das offenkettige Ribosemolekül in FISCHER-Projektion und begründen Sie, ob es sich um einen D- oder L-Zucker handelt. Beschreiben Sie einen Versuch, mit dessen Hilfe Sie klären können, ob es sich bei der Ribose um einen reduzierenden Zucker handelt, und begründen Sie das zu erwartende Ergebnis. Formulieren Sie die Reaktionsgleichung für die von Ihnen gewählte Nachweisreaktion bei positivem Ergebnis. 6

3.2 Bei IMP handelt es sich um ein Nukleotid, das den Nukleotiden der DNA sehr ähnlich ist.
- Nennen Sie die Unterschiede zwischen IMP und den DNA-Nukleotiden. 2

20

Lösungen

1 L-Glutaminsäure

Strukturformel für L-Glutaminsäure

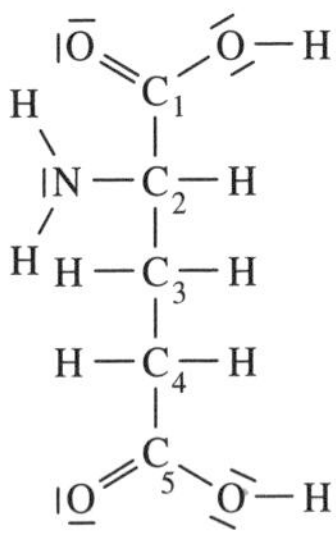

Eine L-2- oder L-α-Aminosäure ist eine Carbonsäure, die am Kohlenstoffatom Nummer 2 (= α-C-Atom) eine Amino-Gruppe ($–NH_2$) trägt, die in der FISCHER-Projektion des Moleküls nach links (lat. *laevus* = links, daher der Buchstabe L) weist. Dabei muss das α-C-Atom mit vier verschiedenen Resten substituiert sein.

Asymmetrisch substituiertes Kohlenstoffatom
Die Bedingung für das Vorliegen eines asymmetrisch substituierten Kohlenstoffatoms ist die Substitution mit vier verschiedenen Resten. Das ist bei der L-Glutaminsäure nur beim zweiten C-Atom der Fall (siehe Strukturformel).

2 Glutathion und Aminosäure-Identifizierung

2.1 Zur Benennung der Aminosäuren im Glutathion empfiehlt es sich, in der Strukturformel die Peptid-Bindungen zu identifizieren und in deren Mitte Trennstriche einzuzeichnen. So erkennt man den Aufbau aus den drei Aminosäuren.

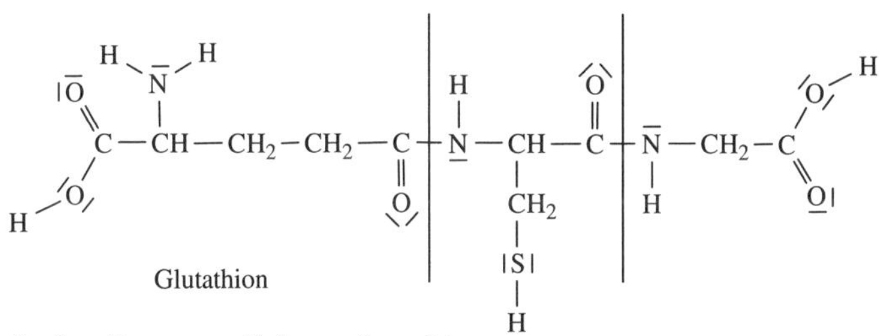

Glutathion

Aminosäuren von links nach rechts
Glutaminsäure (über das γ-C-Atom verknüpft), Cystein und Glycin (Aminoethansäure).

Strukturformel von L-Cystein in der FISCHER-Projektion

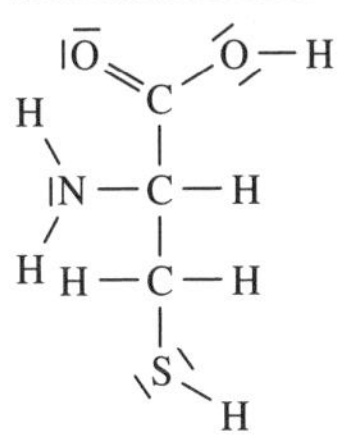

Cystein und Protein-Struktur

Sofern in einer Peptid-Kette mindestens zwei Cystein-Bausteine vorhanden sind, können diese über die Seitenkette so genannte (intramolekulare) Schwefel-Brücken oder Disulfid-Brücken bilden:

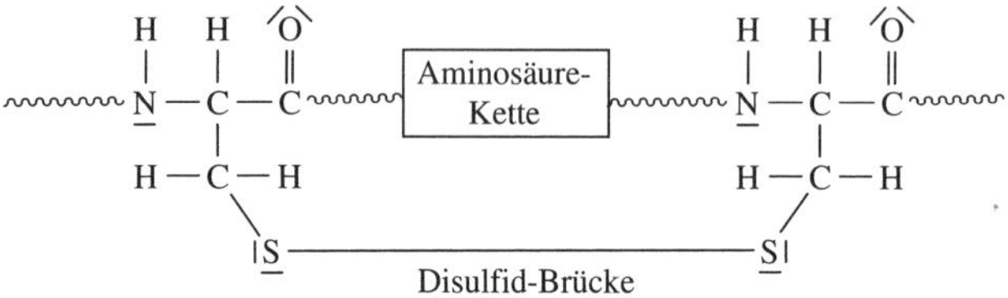

Dieser Fall ist beispielsweise beim Keratin-Molekül realisiert.
Es können aber auch zwei (oder mehrere) Peptid-Ketten über solche (intermolekularen) Schwefel-Brücken verknüpft sein; dieser Fall ist beim Insulin gegeben (welches zusätzlich auch eine intramolekulare Disulfidbrücke besitzt).

2.2 Trennung und Identifizierung von Aminosäure-Gemischen durch Dünnschicht-Chromatographie

Bei der Dünnschicht-Chromatographie wird eine in einem Lösungsmittel (auch: Laufmittel, mobile Phase) gelöste Probe durch Kapillarkräfte entlang eines Trägermaterials (stationäre Phase) transportiert. An jedem Punkt entlang der Laufstrecke stellen sich Verteilungsgleichgewichte zwischen der mobilen (Extraktion) und der stationären Phase ein (Adsorption). An einem bestimmten Punkt (eigentlich eine Zone) der stationären Phase überwiegt die Adsorption die Extraktion, so dass die Substanz sich hier sammelt. Dabei hat jede Substanz in einem chromatographischen System einen charakteristischen R_f-Wert:

$$R_f = \frac{\text{Laufstrecke (Stoff)}}{\text{Laufstrecke (Lösemittel)}}$$

In der Praxis empfiehlt es sich jedoch, Vergleichssubstanzen zu benutzen (siehe unten). Die Substanzflecke können durch geeignete Nachweisreagenzien sichtbar gemacht werden.

Durchführung im Beispiel

Auf der stationären Phase (geeignet sind DC-Platten aus Kieselgel) wird eine Startlinie markiert. Mithilfe von Kapillaren werden jeweils Aminosäure-Vergleichsproben und das Aminosäure-Hydrolysat aufgetragen.
Nachdem die Substanzflecken eingetrocknet sind, bringt man die stationäre Phase in eine Glaskammer mit Lösungsmittel, wobei die Startlinie oberhalb der Flüssigkeit sein muss (mobile Phase; für Aminosäuren eignet sich z. B. eine Mischung aus Propanol und Wasser). Man lässt die DC-Platte in der Glaskammer stehen, bis die Lösungsmittelfront fast das obere Plattenende erreicht hat.
Das Chromatogramm wird nach dem Trocknen mit einem Nachweisreagenz (Ninhydrin-Lösung) besprüht und im Trockenschrank oder mit einem Laborföhn bei 80 °C entwickelt, wobei die Aminosäuren mit dem Nachweisreagenz blau- und rotviolett gefärbte Punkte ergeben. Die Identifizierung erfolgt durch Zuordnung von Flecken auf gleicher Höhe.

Die Nennung eines geeigneten Laufmittels ist nicht explizit verlangt.

Es bietet sich an, eine Skizze zu erstellen:

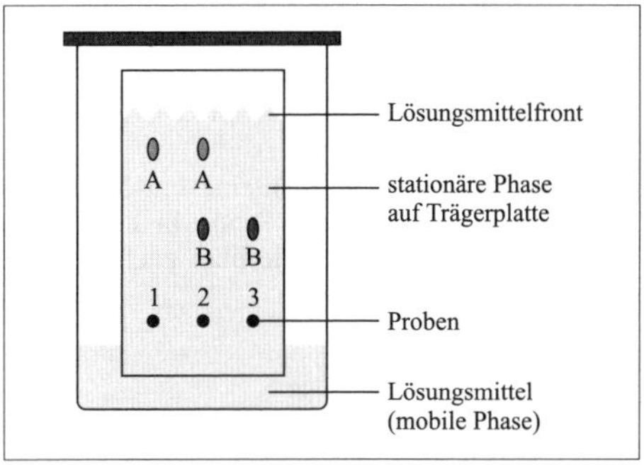

3 **Inosinmonophosphat (IMP)**

3.1 **Ribose**

Phosphat-Rest
Der Phosphorsäurerest ist über eine Esterbindung an die OH-Gruppe der Ribose gebunden.

Strukturformel von Ribose in der FISCHER-Projektion
Öffnet man die Ringformel der Ribose zwischen dem O-Atom an C4 und dem C-Atom 1, so erkennt man, dass die OH-Gruppe in der Kettenform nur rechts stehen kann.

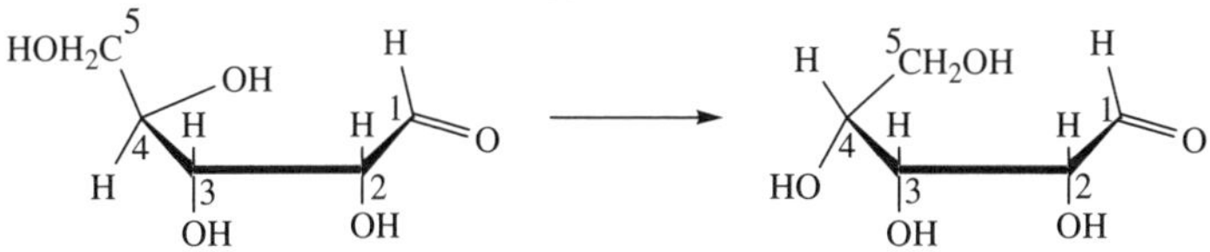

Diese Darstellung ist nicht verlangt.
Bei der linken und der rechten Darstellung handelt es sich um das identische Molekül. Zur Überführung wurde lediglich um die Einfachbindung zwischen den Kohlenstoffatomen C3 und C4 gedreht, bis sich das C5 ebenfalls im Rückgrat befindet, so dass sich die FISCHER -Projektion leichter ableiten lässt.

Da die OH-Gruppe am letzten asymmetrisch substituierten Kohlenstoffatom (C4) nach rechts weist, handelt es sich also um D-Ribose und die Formel lautet in der FISCHER-Projektion:

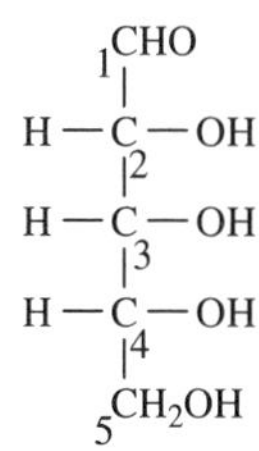

Reduzierende Eigenschaften
Bei der D-Ribose handelt es sich um einen reduzierenden Zucker, da die Hydroxy-Gruppe am anomeren C-Atom 1 (in der Ringform) nicht blockiert ist, weswegen in wässriger Lösung die beiden Ringformen (α- und β-Form) über die offenkettige Form im Gleichgewicht stehen. In der offenkettigen Form liegt eine Aldehyd-Gruppe (–CHO) vor, deren reduzierende Eigenschaft sich mit der FEHLING- oder TOLLENS-Reaktion nachweisen

lässt. Dabei wird die Aldehyd-Gruppe zur Carboxy-Funktion oxidiert. Idealerweise erhält man im Falle der FEHLING-Reaktion einen ziegelroten Niederschlag von Cu_2O, bei der TOLLENS-Probe einen Silberspiegel.

Die Beschreibung eines Verfahrens genügt.

FEHLING:
Eine kleine Menge Ribose wird in Wasser gelöst. Dazu gibt man eine 1 : 1-Mischung von FEHLING-Reagenz I und FEHLING-Reagenz II. Man stellt die Probe in ein kochendes Wasserbad. Ist nach einigen Minuten keine Verfärbung von tiefblau nach orange oder ziegelrot zu erkennen (positiv!), so ist die Probe negativ.

Reaktionsgleichung:

Oxidationsschritt:
$$\underset{\text{Aldehyd}}{R-\overset{+I}{CHO}} + 2\,OH^- \longrightarrow \underset{\text{Carbonsäure}}{R-\overset{+III}{COOH}} + 2\,e^- + H_2O$$

Reduktionsschritt:
$$2\,\overset{+II}{Cu}{}^{2+} + 2\,e^- + 2\,OH^- \longrightarrow \overset{+I}{Cu_2O}{}_{(s)} + H_2O$$

Bilanz:
$$R-CHO + 2\,Cu^{2+} + 4\,OH^- \longrightarrow R-COOH + Cu_2O_{(s)} + 2\,H_2O$$

TOLLENS:
Eine kleine Menge Ribose wird in Wasser gelöst. Dazu gibt man eine Silbernitrat-Lösung, der gerade so viel Ammoniak-Lösung zugesetzt wurde, bis sich das gebildete Silberhydroxid zum löslichen Silber-Diammin-Komplex umgewandelt hat.
Man stellt die Probe in ein kochendes Wasserbad. Ist nach einigen Minuten keine Entwicklung eines braun-schwarzen Niederschlages (kolloidales Silber) oder eines Silberspiegels zu erkennen, so ist die Probe negativ.

Reaktionsgleichung:

Oxidationsschritt:
$$\underset{\text{Aldehyd}}{R-\overset{+I}{CHO}} + 2\,OH^- \longrightarrow \underset{\text{Carbonsäure}}{R-\overset{+III}{COOH}} + 2\,e^- + H_2O$$

Reduktionsschritt:
$$2\,\overset{+I}{Ag}{}^{+} + 2\,e^- \longrightarrow 2\,\overset{0}{Ag}{}_{(s)}$$

Bilanz:
$$R-CHO + 2\,Ag^+ + 2\,OH^- \longrightarrow R-COOH + 2\,Ag_{(s)} + H_2O$$

Anmerkung zur TOLLENS- und FEHLING-Reaktion
Den Oxidationsschritt kann man unter Berücksichtigung der Tatsache, dass eine Carbonsäure entsteht, das Reaktionsmilieu aber bei beiden Reaktionen alkalisch ist und die Carbonsäure daher mit OH^--Ionen weiterreagiert, auch so schreiben:

$$R\text{-}CHO + 3\,OH^- \longrightarrow R\text{-}COO^- + 2\,e^- + 2\,H_2O$$

In der Bilanz muss dann jeweils links ein OH^- mehr, rechts ein H_2O mehr geschrieben werden.

3.2 Nucleotide im Vergleich

DNA-Moleküle enthalten als Zucker 2-Desoxyribose und die Basen Adenin, Guanin, Cytosin und Thymin, während das IMP Ribose als Zucker und Hypoxanthin als Base enthält.

VP

Kunststoffe erfüllen in der Medizin vielfältige Aufgaben, z. B. als chirurgisches Nahtmaterial. Beispiele hierfür sind MARLIN®, DAFILON® und SECUREX®.

1.1 MARLIN®ist ein synthetischer Faden aus Polyglykolsäure. Anders als bei nicht-resorbierbaren Fäden, die nach einiger Zeit entfernt werden müssen, wird MARLIN® vom Körper abgebaut, da es durch die Anwesenheit von Körperwasser gespalten wird.

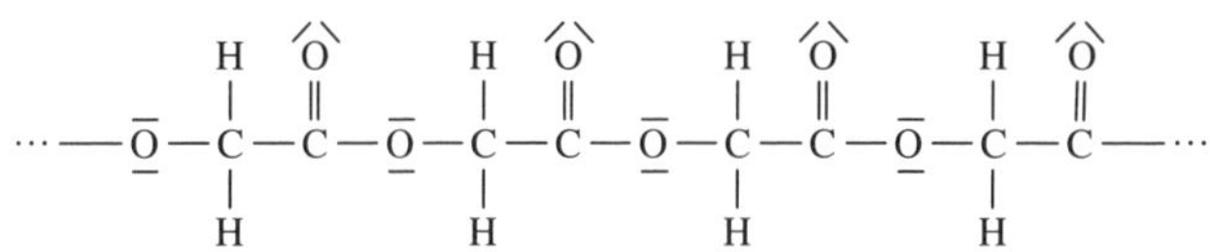

Ausschnitt aus der Strukturformel der Polyglykolsäure

- Zeichnen Sie die Strukturformel des Monomers und geben Sie den systematischen Namen an.
- Begründen Sie die Abbaubarkeit von MARLIN® und benennen Sie den Reaktionstyp der dabei ablaufenden Reaktion. 4

1.2 DAFILON® kann aus Hexan-1,6-disäure und 1,6-Diaminohexan hergestellt werden.

- Zeichnen Sie einen charakteristischen Strukturformelausschnitt aus dem DAFILON® -Polymer und benennen Sie den Reaktionstyp.

In einem Schülerpraktikum soll nachgewiesen werden, dass DAFILON® eine Stickstoffverbindung ist. Hierbei wird eine Kunststoffprobe im Reagenzglas erhitzt. In die aufsteigenden Dämpfe wird ein feuchtes Universalindikatorpapier gehalten.

- Nennen und erklären Sie die zu erwartende Beobachtung unter Verwendung einer Reaktionsgleichung. 4

1.3 SECUREX® ist ein Nahtmaterial aus Polypropen.

- Formulieren Sie den Reaktionsmechanismus für die Herstellung von SECUREX® durch radikalische Polymerisation. 3

1.4 Bei der Herstellung von chirurgischem Nahtmaterial wird das Kunststoffgranulat zunächst eingeschmolzen und dann zu Fäden weiterverarbeitet.

Nahtmaterial	**Beginn des Schmelzbereichs**
MARLIN®	223 °C
DAFILON®	251 °C
SECUREX®	160 °C

- Erklären sie den unterschiedlichen Beginn der Schmelzbereiche der drei Nahtmaterialien. 4

2 Bis Mitte des 19. Jahrhunderts wurden tiefe Hautblessuren ausschließlich mit einer Wundabdeckung aus gezupften Leinenresten verbunden.
Dem Tübinger Chirurgen Viktor von Bruns gelang es, Verbandwatte aus entfetteter Baumwolle herzustellen. Für moderne Verbandsmaterialien werden auch andere Materialien wie z. B. Celluloseacetat verwendet, das man durch Umsetzung von Cellulose mit Essigsäure erhält.

- Zeichnen sie einen Formelausschnitt aus dem Cellulosemolekül in HAWORTH-Projektion.
- Stellen Sie den Monosaccharidbaustein dieses Makromoleküls in FISCHER-Projektion dar und nennen Sie eine Nachweismethode für dieses Monomer.
- Formulieren Sie eine begründete Hypothese für die geringere Saugfähigkeit von Celluloseacetat im Vergleich zu Cellulose. 5

20

Lösungen

1 Marlin®, Dafilon® und Securex®

1.1 Marlin®

Strukturformel und Benennung des Monomeren

Monomer

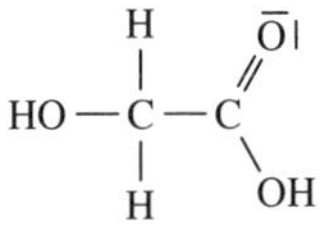

Der systematische Name der Glykolsäure lautet Hydroxyethansäure; vielfach liest man auch Hydroxyessigsäure.

Reaktionstyp, Abbaubarkeit
Marlin® ist ein Polyester, der hydrolytisch gespalten werden kann: (Ester-)Hydrolyse. Bedingung für die Abbaubarkeit ist, dass das Wasser gut in das Werkstoffinnere eindringen kann.

1.2 Dafilon®

Strukturformel und Reaktionstyp

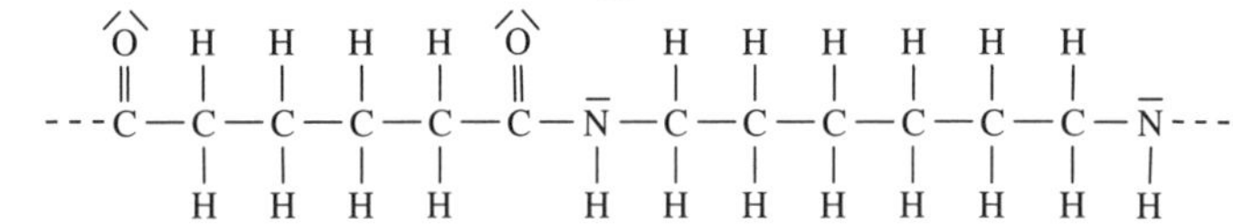

Bei der Polymersynthese handelt es sich um eine Polykondensation.

Nachweis einer Stickstoffverbindung
Das Universalindikatorpapier färbt sich blau. Damit ist ein basisch reagierendes Gas nachgewiesen; es handelt sich um Ammoniak.

$$NH_{3\,(g)} + H_2O \longrightarrow NH_4^+ + OH^-$$

1.3 Securex®

Radikalbildung: Bildung eines Starterradikals, z. B. aus Dibenzoylperoxid

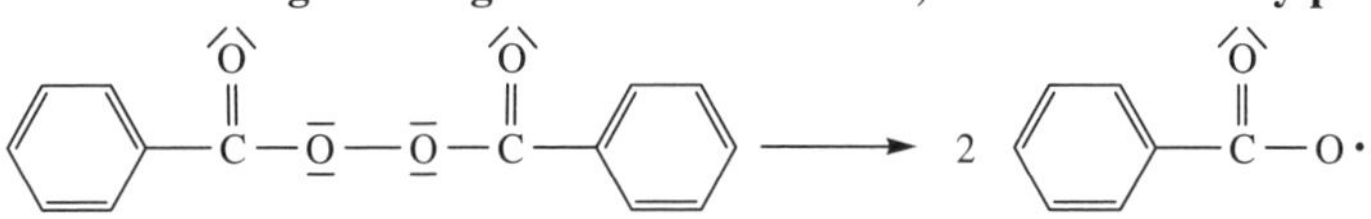

Kettenstart:

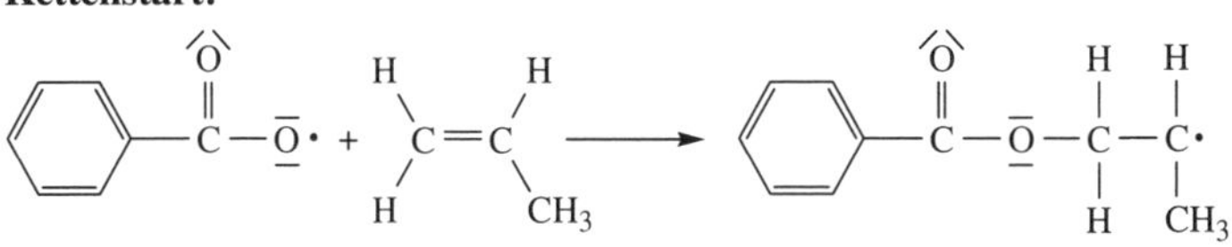

Kettenwachstum:

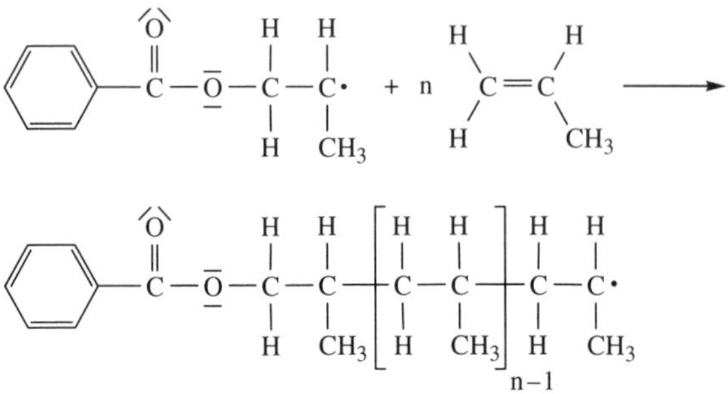

Mögliche Abbruchreaktionen:

Kettenvereinigung

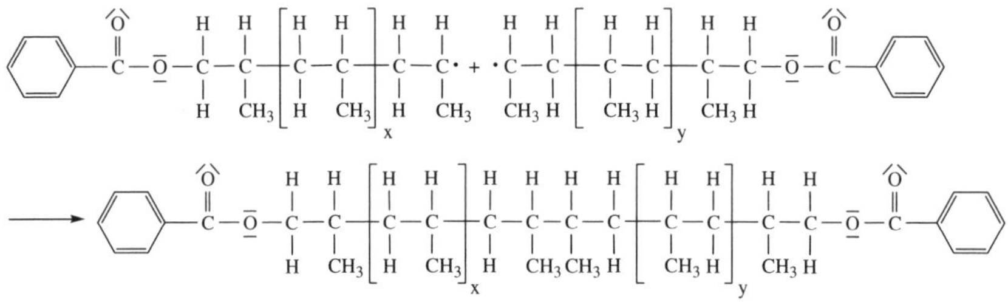

Disproportionierung

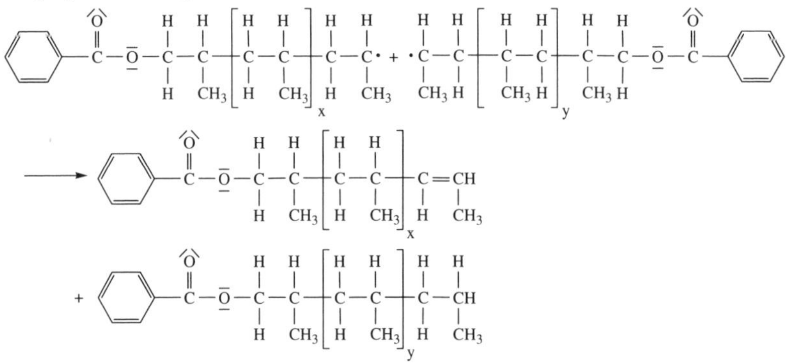

1.4 **Schmelzbereiche**

Hohe Schmelztemperaturen (oder -bereiche) bei Kunststoffen deuten auf eine höhere Kristallinität und eine gute Packung der Molekülketten im Material hin. Beim Polyamid Dafilon® können sich in regelmäßigen Abständen zwischen den Amid-Gruppen Wasserstoffbrückenbindungen (WBB) ausbilden, die nicht nur *per se* relativ starke zwischenmolekulare Wechselwirkungen sind, sondern hier besonders zur guten Zusammenlagerung der Ketten beitragen.

Zwischen den Molekülketten des Polyesters Marlin® können Dipol-Dipol-Kräfte wirken. Generell beobachtet man bei Polyestern etwas geringere Schmelztemperaturen als bei den homologen Polyamiden. Die Ursache dafür ist einerseits die im Vergleich zu den WBB schwächere Dipol-Dipol-Wechselwirkung, andererseits aber auch die größere Flexibilität (Schwingungen und Rotationen) der Ester-Gruppen im Vergleich zu den relativ starren Amid-Bindungen.
Zwischen den Molekülketten des Polypropens Securex® wirken van-der-Waals-Kräfte, die schwächer sind als die oben genannten Wechselwirkungen.

2 Celluloseacetat und Cellulose

Formelausschnitt aus dem Cellulose-Molekül

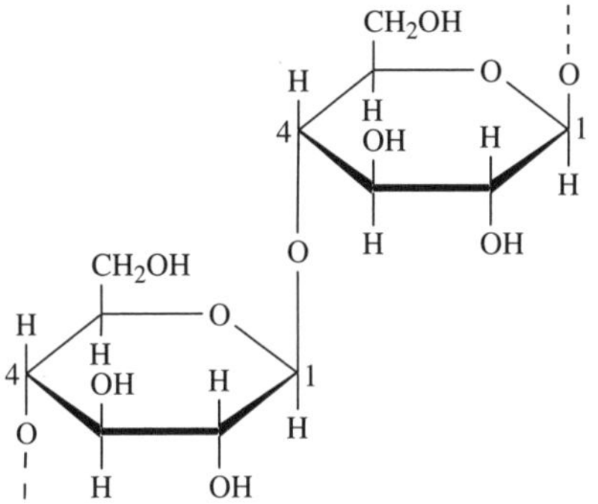

Cellulose besteht aus β(1→4) glykosidisch verknüpften Glucose-Bausteinen.

Fischer-Projektion und Nachweis für Glucose

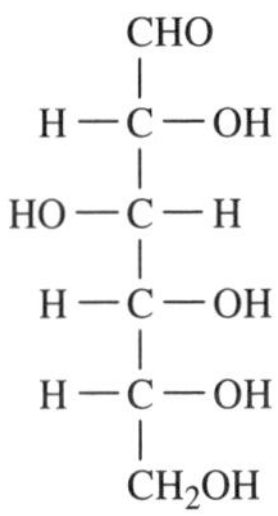

Glucose lässt sich enzymatisch mit der Glucose-Oxidase-Reaktion („GOD-Test") nachweisen. Die Glucose wird dabei zum Gluconolacton bzw. nach dessen Hydrolyse zur Gluconsäure oxidiert. Die freiwerdenden Elektronen werden über das Coenzym FAD auf ein Sauerstoffmolekül übertragen, so dass schließlich Wasserstoffperoxid entsteht. Die Bildung von Wasserstoffperoxid kann mit einer Farbreaktion nachgewiesen werden. Auf diesem Prinzip beruhen viele Glucose-Test-Stäbchen.

Saugfähigkeit
In Cellulose-Fasern kann leicht Wasser eingelagert werden, da die sie konstituierenden Cellulose-Moleküle durch die Hydroxy-Gruppen Wasserstoffbrückenbindungen ausbilden können.
Im Cellulose-Acetat ist die Anzahl der freien OH-Gruppen durch die Veresterung mit Essigsäure geringer, was zu einer verringerten „Saugfähigkeit" führt.

Beispiel für ein Cellulose-Acetat-Monomer, in welchem zwei der drei freien Hydroxygruppen acetyliert vorliegen (nicht verlangt):

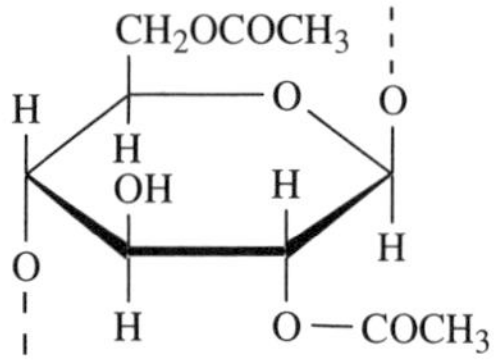

Abiturprüfung an den allgemein bildenden Gymnasien (Baden-Württemberg) 2012
Prüfungsfach: Chemie – Aufgabe IV

VP

Die Metalle Silber und Zink sind zum Einsatz in Batterien geeignet.

1.1 Eine galvanische Zink-Silber-Zelle soll mit laborüblichen Geräten gebaut werden.

- Fertigen Sie eine beschriftete Versuchsskizze zur Ermittlung der Zellspannung einer Zink-Silber-Zelle bei Standardbedingungen an.
- Erklären Sie, weshalb zwischen den Halbzellen eine elektrische Spannung gemessen werden kann.
- Berechnen Sie die Spannung, die zwischen den Halbzellen bei Standardbedingungen gemessen werden kann. 5

1.2 Die Konzentration des Elektrolyten hat Einfluss auf das Potenzial der Halbzelle. In der folgenden Tabelle ist die experimentell gegen eine Standardwasserstoffhalbzelle ermittelte Abhängigkeit des Potenzials der Zinkhalbzelle von der Elektrolytkonzentration angegeben.

$c(Zn^{2+})$ in $mol \cdot L^{-1}$	0,01	0,05	0,1	0,5	1	1,5	2
E in mV	–820	–800	–790	–780	–760	–755	–749

- Stellen Sie diese Abhängigkeit in einem Diagramm dar.
(*Hinweis:* Tragen Sie die Konzentration auf der x-Achse auf.)
- Begründen Sie mit Hilfe qualitativer Überlegungen den Kurvenverlauf.
- Ermitteln Sie die Spannung der Zink-Silber-Zelle für den Fall, dass die Elektrolytkonzentation in der Zinkhalbzelle $c(Zn^{2+}) = 0{,}7\ mol \cdot L^{-1}$ beträgt und in der Silberhalbzelle Standardbedingungen vorliegen.
- Erläutern Sie die Auswirkungen auf die Zellspannung, wenn bei konstanter Zink-Ionen-Konzentration die Silber-Ionen-Konzentration in der anderen Halbzelle verändert wird. 8

2 Technisch bedeutsam sind Zink-Silber(I)-oxid-Batterien in Form von Knopfzellen. Solche Batterien werden in Armbanduhren eingesetzt.

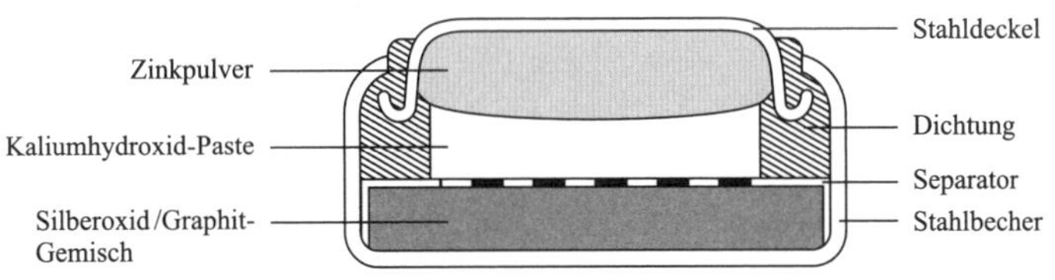

Schnittbild einer Zink-Silber(I)-oxid-Batterie

- Formulieren Sie die Reaktionsgleichungen für die Elektrodenreaktionen bei Stromfluss in der Zink-Silber(I)-oxid-Batterie.
- Geben Sie an, an welcher Stelle sich der Plus- bzw. Minus-Pol der Batterie befindet. 3

3 Vergleichen Sie die Zink-Silber(I)-oxid-Batterie von Teilaufgabe 2 mit der galvanischen Zink-Silber-Zelle von Teilaufgabe 1 bezüglich der Elektrodenmaterialien und der Elektrolytzusammensetzung.
Gehen Sie dabei auch auf die Funktion des Graphit-Pulvers und des Separators ein. 4

20

Lösungen

1.1 Zink-Silber-Zelle

Beschriftete Skizze

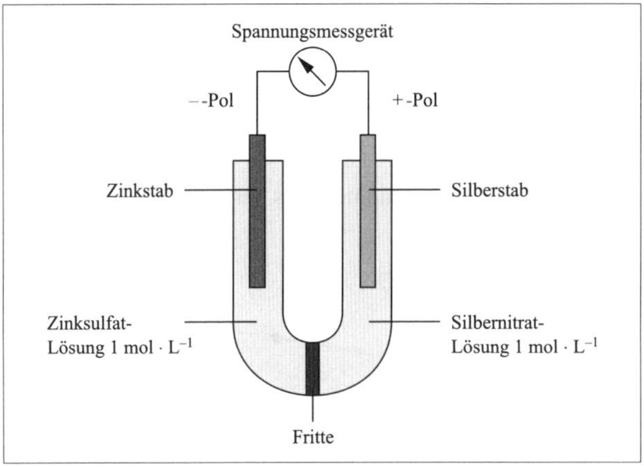

Spannung zwischen den beiden Halbzellen

Einem Metall kann in einer wässrigen Lösung nach NERNST eine Lösungstension zugeschrieben werden. Enthält die Lösung Metall-Kationen, so haben diese das Bestreben, sich an der Metall-Elektrode abzuscheiden – man spricht vom „Abscheidungsbestreben" der Metall-Ionen. Zwischen der Lösungstension und dem Abscheidungsbestreben stellt sich beim Eintauchen einer Metallelektrode in ihre Salzlösung (hier Zink in eine Zn^{2+}-haltige Lösung, bzw. Silber in eine Ag^{+}-haltige Lösung) ein Gleichgewicht ein, dessen Lage von der Metall-Art (Lösungstension) und von der Konzentration der Metall-Ionenlösung (Abscheidungsbestreben) abhängt.

Lösungstension: Metall $\longrightarrow$ Metall-Ion + Elektronen
Abscheidungsbestreben: Metall-Ionen + Elektronen $\longrightarrow$ Metall

„Unedle" Metalle haben dabei bei gleicher Konzentration des zugehörigen Kations in der Lösung eine höhere Lösungstension als „edle" Metalle.
Im Beispiel des Zink/Silber-Elements hat das Zink eine höhere Lösungstension als das Silber, weshalb aus dem Zinkstab Zn^{2+}-Ionen in Lösung gehen und sich auf dem Zinkstab Elektronen ansammeln. Die Lösungstension des Silbers ist hingegen sehr klein. Am Silberstab sammeln sich positiv geladene Silber-Ionen an der Elektrodenoberfläche und laden den Stab positiv auf.
Misst man im stromlosen Zustand mit einem Voltmeter die Potenzialdifferenz, so findet man, dass die Silber-Elektrode der Pluspol und die Zink-Elektrode der Minuspol in der Anordnung ist.

Spannungsberechnung

Reaktionsgleichungen

Anode (Oxidation): $\overset{0}{Zn} \longrightarrow \overset{+II}{Zn}^{2+} + 2\,e^-$

Kathode (Reduktion): $\overset{+I}{Ag}^+ + e^- \longrightarrow \overset{0}{Ag} \quad | \cdot 2$

Die Zellspannung errechnet sich mit

$U = \Delta E = E^0$ (Akzeptor = Oxidationsmittel) – E^0 (Donor = Reduktionsmittel)

zu $U = 0{,}80\ V - (-0{,}76\ V) = 1{,}56\ V$.

1.2 **Konzentrationsabhängigkeit des Elektrodenpotenzials bei der Zink-Halbzelle**

Darstellung der Messdaten im Diagramm

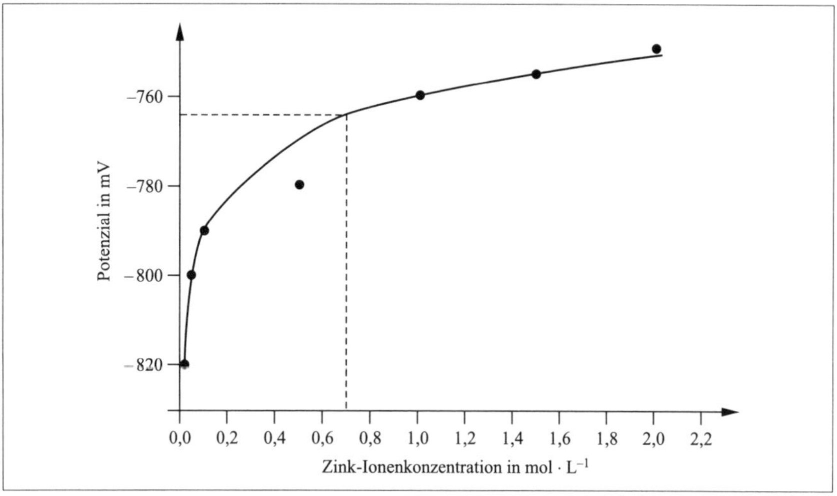

Einige Messwerte (z. B. bei $c(Zn^{2+}) = 0{,}5\ mol \cdot L^{-1}$) scheinen nicht zu den anderen Daten zu passen. Es empfiehlt sich daher, die Messpunkte nicht einfach zu verbinden, sondern den Kurvenverlauf zu interpolieren (siehe Ergänzung zur nächsten Teilaufgabe).

Kurvenverlauf

Mit der NERNST-Interpretation kann man sagen, dass die Lösungstension durch eine geringe Metall-Ionenkonzentration in der Metallsalz-Lösung gegenüber dem Abscheidungsbestreben begünstigt wird. Als Konsequenz daraus gehen mehr Metall-Ionen aus dem Metall-Blech in die Lösung über, wodurch sich mehr Elektronen auf dem Blech ansammeln und dessen Potenzial negativer wird. Je geringer die Zink-Ionenkonzentration, desto negativer das Potenzial.

Ergänzung, nicht verlangt:
Sofern Sie im Unterricht die Nernst-Gleichung behandelt haben, können Sie den Kurvenverlauf – eine logarithmische Funktion – damit erläutern. Es gilt über einen weiten Konzentrationsbereich

$$E(Zn / Zn^{2+}) = E^0(Zn / Zn^{2+}) + \frac{RT}{zF} \cdot \ln c(Zn^{2+})$$

$$\approx E^0(Zn / Zn^{2+}) + 29{,}5 \text{ mV} \cdot \log c(Zn^{2+})$$

und die damit berechnete Kurve hat folgende Gestalt:

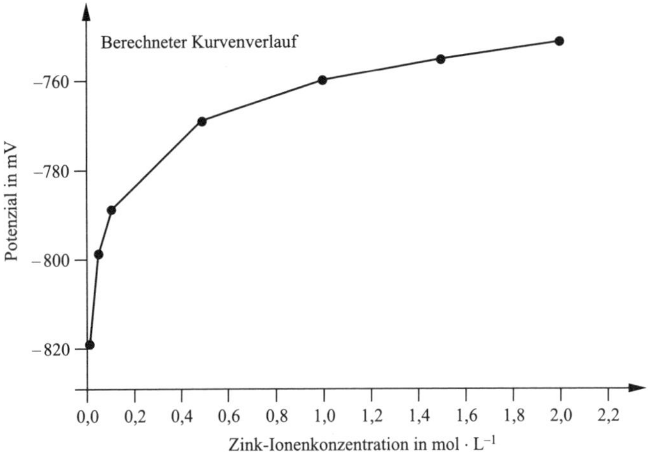

Spannung einer Zink-Silber-Zelle bei $c(Zn^{2+})$ = 0,7 mol · L^{-1}
Aus dem Diagramm liest man bei der gegebenen Konzentration von $c(Zn^{2+})$ = 0,7 mol · L^{-1} ein Potential von $E(Zn/Zn^{2+}) \approx -765$ mV ab (siehe Abbildung oben). Die Spannung eines galvanischen Elementes aus einer Zinkhalbzelle bei diesen Bedingungen und einer Silber-Halbzelle unter Standardbedingungen wäre demnach
$U = E^0$ (Akzeptor) – E^0 (Donor) = 0,80 V – (–0,765 V) = 1,565 V.

Man kann das Potenzial selbstverständlich auch mit der NERNST-Gleichung berechnen:

$E(Zn/Zn^{2+}) \approx E^0(Zn/Zn^{2+}) + 29{,}5 \text{ mV} \cdot \log c(Zn^{2+}) \approx -765 \text{ mV}$

Spannung einer Zink-Silber-Zelle bei konstanter Zn^{2+}-Konzentration und Variation der Ag^+-Konzentration
Das Potenzial einer Silber-Halbzelle wird sich bei einer Verringerung der Ag^+-Ionenkonzentration in der gleichen Richtung ändern, wie das einer Zink-Halbzelle. Die Begründung dafür ist völlig analog zu der für das Zink-Potenzial. Somit erwartet man bei einer Verringerung der Ag^+-Ionenkonzentration ein Potenzial, das kleiner ist als $E^0(Ag/Ag^+)$. Eine Erhöhung der Ag^+-Ionenkonzentration sollte zu einem Potenzial führen, das größer ist als $E^0(Ag/Ag^+)$.
Die Spannung der Zink-Silber-Zelle nimmt im ersten Fall also ab, im zweiten Fall zu.

Auch hier können Sie wieder mit der NERNST-Gleichung argumentieren!

2 **Zink-Silber(I)-oxid-Batterie**

Reaktionsgleichungen

Vereinfacht:

$$\overset{0}{Zn} \longrightarrow \overset{+II}{Zn}{}^{2+} + 2\,e^- \qquad \text{Minuspol}$$

$$2\,\overset{+I}{Ag}{}^{+} + 2\,e^- \longrightarrow 2\,\overset{0}{Ag} \qquad \text{Pluspol}$$

Ausführliche Reaktionsgleichungen, nicht verlangt:

$$\overset{0}{Zn} + 4\,KOH \longrightarrow [\overset{+II}{Zn}(OH)_4]^{2-} + 2\,e^- + 4\,K^+ \qquad \text{Minuspol}$$

$$\overset{+I}{Ag_2}O + 2\,e^- + H_2O \longrightarrow 2\,\overset{0}{Ag} + 2\,OH^- \qquad \text{Pluspol}$$

$$Zn + 4\,KOH + Ag_2O + H_2O \longrightarrow K_2[Zn(OH)_4] + 2\,KOH + 2\,Ag \qquad \text{Gesamtreaktion}$$

Minus- und Pluspol der Batterie

Bei der beschriebenen Knopfzelle ist die Zink-Seite der Minuspol, d. h. oben in der Zeichnung (in der Zeichnung „Stahldeckel“). Der Pluspol befindet sich auf der Silberoxid-Seite („Stahlbecher“).

3 **Vergleich der Zink-Silber(I)-oxid-Batterie mit der Zink-Silber-Zelle**

Funktion	**Zink-Silber-Zelle**	**Zink-Silber(I)-oxid-Batterie**
Pluspol	Silber-Stab	„Stahlbecher“
Minuspol	Zink-Stab	„Stahldeckel“
Anode	Zink-Stab	Zinkpulver
Kathode	Silber-Stab	Silber(I)-oxid
Elektrolyt(e)	Silbernitrat-Lösung, Zinksulfat-Lösung	Kaliumhydroxid, Wasser (Kaliumhydroxid-Paste)
Räumliche Trennung der Teilreaktionen	Fritte (Diaphragma)	Separator
Ableitelektrode	–	Graphit

Abiturprüfung an den allgemein bildenden Gymnasien (Baden-Württemberg) 2013
Prüfungsfach: Chemie – Aufgabe I

VP

Am 13. Januar 2011 kenterte im Rhein auf der Höhe der Loreley ein Frachter mit knapp 2 400 Tonnen konzentrierter Schwefelsäure an Bord.
Verschiedenen Zeitungsberichten war Folgendes zu entnehmen:
Die Bergung des Frachters erwies sich als schwierig, da Wasser in die Stahltanks (Material: Eisenlegierung) eingedrungen war und sich Wasserstoff gebildet hatte. Nachdem man den Wasserstoff durch Einleitung von Stickstoff verdrängt hatte, begann man, die Schwefelsäure in ein anderes Schiff zu pumpen. Dabei sackte der verunglückte Frachter ab und drohte auseinander zu brechen. Man beschloss deshalb, einen Teil der Säure, maximal 80 Tonnen pro Stunde (12 Liter pro Sekunde), kontrolliert in den Rhein abzulassen. Zu dieser Zeit flossen etwa 1,6 Millionen Liter Wasser pro Sekunde den Rhein hinunter. Während der Maßnahme wurden unterhalb der Unglücksstelle regelmäßig Wasserproben entnommen und untersucht.

Angaben zur konzentrierten Schwefelsäure:
Dichte: $\rho(H_2SO_4) = 1{,}84\ g \cdot cm^{-3}$
Massenanteil: $w(H_2SO_4) = 96\ \%$, (d. h. 100 g Lösung enthalten 96 g reine Schwefelsäure)

1.1 Erstellen Sie die Reaktionsgleichungen für die 1. und 2. Protolysereaktion der Schwefelsäure mit Wasser und begründen Sie jeweils die Gleichgewichtslage. 3

1.2 Formulieren Sie eine begründete Hypothese zur Erklärung der Wasserstoffentwicklung nach Wassereintritt in die Tanks und geben Sie hierfür eine Reaktionsgleichung an.
Ordnen Sie diese Reaktion einem Reaktionstyp zu und begründen Sie ihre Entscheidung. 3

1.3 Berechnen Sie den pH-Wert einer Schwefelsäure-Lösung unter Vernachlässigung der 2. Protolysestufe, die durch Zugabe von 12 Litern konzentrierter Säure zu 1,6 Millionen Litern reinen Wassers entsteht.
Beurteilen Sie die Übertragbarkeit dieses Ergebnisses auf die Verhältnisse im Rhein. 4

1.4 Beschreiben Sie ein quantitatives analytisches Verfahren, mit dem man die Säurekonzentration einer entnommenen Wasserprobe bestimmen kann.
Erläutern Sie die Auswertung. 4

2.1 Schwefelsäure ist eine der wichtigsten Grundchemikalien der Welt. Sie wird nach dem Kontaktverfahren hergestellt. Dieses Verfahren lässt sich in drei Schritte gliedern:

a) Gewinnung von Schwefeldioxid aus den Elementen

b) Oxidation des Schwefeldioxids zu Schwefeltrioxid in einer Gleichgewichtsreaktion im Kontaktofen in Gegenwart eines Katalysators

$$2\ SO_2\ (g)\ +\ O_2\ (g) \rightleftharpoons 2\ SO_3\ (g)$$

c) Umsetzung des Schwefeltrioxids zu Schwefelsäure

- Erläutern Sie anhand der Tabelle 1 den Einfluss der Temperatur auf die Gleichgewichtslage der unter b) beschriebenen Reaktion.
- Nennen und begründen Sie eine geeignete Maßnahme, um die Ausbeute an Schwefeltrioxid bei einer Temperatur von 600 °C zu erhöhen. 3

Tabelle 1:
Anteil an Schwefeltrioxid im Gleichgewicht bei unterschiedlichen Temperaturen

Temperatur in °C	400	600	800	900
Schwefeltrioxid-Anteil in Vol.-%	97,0	68,2	22,3	12,0

2.2 In Diagramm 1 wird der Einfluss der Temperatur und eines Katalysators bei konstantem Druck auf die Lage und die Zeit bis zur Einstellung des chemischen Gleichgewichts zwischen Schwefeldioxid und Schwefeltrioxid dargestellt.
Ordnen Sie den drei in der Abbildung gezeichneten Graphen A, B und C mögliche Reaktionsbedingungen zu. Begründen Sie ihre Zuordnung.

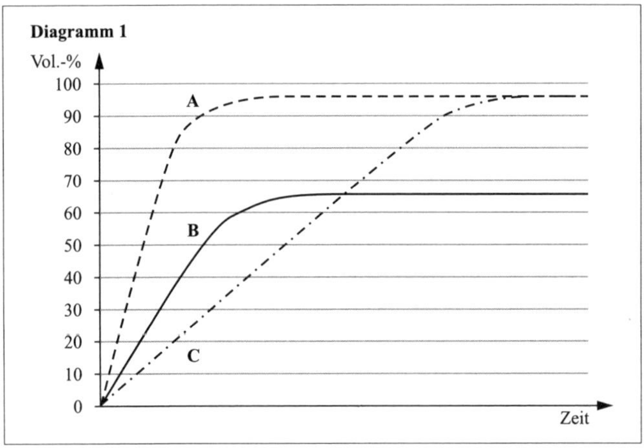

3
20

Lösungen

1 Schwefelsäure

1.1 Protolyse-Reaktion

Die Reaktionsgleichungen lauten:

$$H_2SO_4 + H_2O \longrightarrow H_3O^+ + HSO_4^- \quad \text{1. Protolysereaktion}$$

$$HSO_4^- + H_2O \rightleftharpoons H_3O^+ + SO_4^{2-} \quad \text{2. Protolysereaktion}$$

Das Schwefelsäure-Molekül (H_2SO_4) verhält sich gegenüber Wasser als starke Säure und reagiert daher unter vollständiger Protolyse zum Hydrogensulfat-Ion. Die 1. Protolysereaktion ist also keine Gleichgewichtsreaktion im engeren Sinn, da das Gleichgewicht vollständig auf der Produktseite liegt.

Das Hydrogensulfat-Ion wirkt gegenüber Wasser als schwache Säure, was man am pK_S-Wert von 1,99 ablesen kann. Das Gleichgewicht liegt hier auf der Seite der Hydrogensulfat-Ionen.

1.2 Reaktion von verdünnter Schwefelsäure mit Eisen

Verdünnung der konzentrierten Säure

Durch den Wassereintritt in den Tank wurde die Schwefelsäure verdünnt.

Verdünnte wässrige Lösungen von Mineralsäuren wie Schwefelsäure, Salzsäure oder Salpetersäure reagieren mit unedlen Metallen zu Wasserstoff und Metallsalzen. Im Falle der Schwefelsäure liefert auch die zweite Protolysestufe (Hydrogensulfat-Ion) Protonen für die Wasserstoffbildung.

Reaktionsgleichung

$$\overset{0}{Fe} + \overset{+I}{H_2}SO_4\,(aq) \longrightarrow Fe^{2+} + SO_4^{2-} + \overset{0}{H_2}$$

oder

$$\overset{0}{Fe} + 2\,\overset{+I}{H_3}O^+ + SO_4^{2-} \longrightarrow Fe^{2+} + SO_4^{2-} + \overset{0}{H_2} + 2\,H_2O$$

Die Wasserstoffbildung aus H_3O^+ (oder H^+) ist eine Reduktion (Oxidationszahl von +I nach 0), Eisen-Atome oxidieren zu Fe^{2+}-Ionen (Oxidationszahl von 0 nach +II). Somit handelt es sich um eine Redoxreaktion.

1.3 pH-Wert der verdünnten Schwefelsäure

pH-Wert Berechnung

Der Aufgabe entnimmt man, dass die Schwefelsäure 96 %ig ist.

Die genannten 12 Liter haben eine Masse von

$$\rho(\text{Schwefelsäure } 96\,\%) = \frac{m(\text{Schwefelsäure } 96\,\%)}{V(\text{Schwefelsäure } 96\,\%)} \Rightarrow$$

$$m(\text{Schwefelsäure } 96\,\%) = \rho(\text{Schwefelsäure } 96\,\%) \cdot V(\text{Schwefelsäure } 96\,\%)$$

$$= 1{,}84\ \text{g} \cdot \text{cm}^{-3} \cdot 12\,000\ \text{cm}^3 = 22\,080\ \text{g}$$

Davon sind jedoch nur 96 % reine Schwefelsäure (der Rest ist Wasser):

$$m(\text{Schwefelsäure}) = 0{,}96 \cdot m(\text{Schwefelsäure } 96\,\%) \approx 21197\ \text{g}$$

Das entspricht einer Stoffmenge von

$$n(\text{Schwefelsäure}) = \frac{m(\text{Schwefelsäure})}{M(\text{Schwefelsäure})} = \frac{21197\ \text{g}}{98\ \text{g} \cdot \text{mol}^{-1}} \approx 216{,}3\ \text{mol}$$

Diese Menge soll nun in 1,6 Millionen Liter Wasser verdünnt werden.
Dann ist die Schwefelsäure-Konzentration in der Lösung:

$$c(\text{Schwefelsäure}) = \frac{n(\text{Schwefelsäure})}{V(\text{Wasser})} = \frac{216{,}3\ \text{mol}}{1{,}6 \cdot 10^6\ \text{L}} \approx 1{,}35 \cdot 10^{-4}\ \text{mol} \cdot \text{L}^{-1}$$

Unter Vernachlässigung der zweiten Protolysestufe berechnet sich der pH-Wert zu

$$\text{pH} = -\log c(\text{H}_3\text{O}^+) = -\log c(\text{Schwefelsäure}) = -\log c(1{,}35 \cdot 10^{-4}) \approx 3{,}87$$

Übertragbarkeit auf die realen Verhältnisse
An der Eintrittsstelle der Schwefelsäure wird der pH-Wert des Rheins sicher stark abgesunken sein, bevor die Verdünnung durch heranströmendes Flusswasser erfolgen konnte. Bei der Rechnung wurde destilliertes Wasser vorausgesetzt, das keine Säure puffern kann. Gelöste Substanzen, besonders Hydrogencarbonat-Ionen, können jedoch erhebliche Mengen Säure puffern. Nur deswegen war es möglich, die Säure in den Rhein fließen zu lassen. Eine Absenkung des pH-Werts auf einen Wert wie in der Rechnung hätte fatale Folgen für die Wasserorganismen gehabt.

1.4 **Verfahren zur Bestimmung der Säurekonzentration**
Die Konzentration einer Säure in wässriger Lösung lässt sich durch eine Säure-Base-Titration bestimmen. Dazu misst man ein definiertes Probenvolumen ab, gibt einen geeigneten Indikator zu und titriert mit einer Base, in der Regel Natronlauge, bis zum Farbumschlag. Im Falle der Titration einer starken Säure (Schwefelsäure) mit einer starken Base (Natronlauge) ist der Äquivalenzpunkt bei pH = 7. Für diese Titration wäre Bromthymolblau ein geeigneter Indikator.
Am Äquivalenzpunkt gilt für die Titration einer starken Säure mit einer starken Base allgemein:

$$n(\text{H}_3\text{O}^+) = n(\text{OH}^-) \quad \Leftrightarrow \quad c(\text{H}_3\text{O}^+) \cdot V(\text{H}_3\text{O}^+) = c(\text{OH}^-) \cdot V(\text{OH}^-)$$

$$\Rightarrow \quad c(\text{H}_3\text{O}^+) = \frac{c(\text{OH}^-) \cdot V(\text{OH}^-)}{V(\text{H}_3\text{O}^+)}$$

Bei der Titration von Schwefelsäure müssen allerdings beide Protolysestufen berücksichtigt werden, das heißt die Stoffmengen von Natronlauge zu Schwefelsäure verhalten sich wie 2:1 und damit lässt sich mit einem Mol Natronlauge ein halbes Mol Schwefelsäure umsetzen.

2.1 **Herstellung von Schwefeltrioxid**

$$2\ \text{SO}_{2\,(g)} + \text{O}_{2\,(g)} \rightleftharpoons 2\ \text{SO}_{3\,(g)}$$

Temperaturabhängigkeit des Synthese-Gleichgewichts
Der Volumenanteil des Schwefeltrioxids im Gleichgewicht nimmt gemäß der Tabelle bei hohen Temperaturen ab. Eine Temperaturerhöhung begünstigt demnach die endotherme Rückreaktion und verschiebt das Gleichgewicht hin zu den Edukten. In Leserichtung ist die Reaktion exotherm.

Hinweis: Falls Sie sich über das Vorzeichen der Reaktionsenthalpie nicht sicher sind, so können Sie diese hier sehr leicht mithilfe der tabellierten Werte nachrechnen, da die Bildungsenthalpie des Sauerstoffs per Definition 0 ist, womit sich ergibt:

$$\Delta_R H^0 = 2 \cdot \Delta_f H^0(\text{SO}_3) - 2 \cdot \Delta_f H^0(\text{SO}_2) = -198\ \text{kJ} \cdot \text{mol}^{-1}$$

Ausbeute-Erhöhung

Unter der Ausbeute bei einer chemischen Reaktion versteht man die Menge des gewünschten Produktes im Verhältnis zu den eingesetzten Ausgangsstoffen.

Die Schwefeltrioxid-Synthese verläuft unter Volumenabnahme, daher lassen sich durch eine Druckerhöhung bessere Ausbeuten erzielen.
Ein Überschuss an Sauerstoff kann die Schwefeltrioxid-Ausbeute ebenfalls vergrößern.
Eine weitere Möglichkeit zur Ausbeute-Verbesserung besteht darin, das Schwefeltrioxid kontinuierlich aus dem Reaktionsgemisch abzuführen (Anwendung im sogenannten Doppelkontakt-Verfahren).

2.2 **Auswertung des Diagramms**

Temperaturabhängigkeit des Synthese-Gleichgewichts
Das Diagramm zeigt den zeitlichen Verlauf des Volumenanteils von Schwefeltrioxid bei dessen Synthese unter verschiedenen Bedingungen, wobei der Druck laut Aufgabenstellung in allen Fällen gleich sein soll.
Der Gleichgewichtszustand ist erreicht, wenn sich der Volumenanteil nicht mehr ändert.
Die Kurven A und C münden bei einem gleichen Volumenanteil von ungefähr 95 %, die Kurve B hat bei einem Volumenanteil von ca. 65 % einen horizontalen Verlauf. Ein Vergleich dieser Zahlenwerte mit denen der Tabelle führt zu der Schlussfolgerung, dass die Temperaturen bei A und C gleich und niedrig sind (um 400 °C). Die Temperatur bei B liegt um 600 °C.
Der Volumenanteil von Schwefeltrioxid ändert sich bei A zu einem früheren Zeitpunkt als bei C nicht mehr – das Gleichgewicht stellt sich hier also schneller ein. Da die Temperatur bei A und C gleich ist, handelt es sich bei A um eine katalysierte Reaktion.
Die Gleichgewichtseinstellung bei B erfolgt ebenfalls zu einem frühen Zeitpunkt. Die Reaktionsgeschwindigkeit steigt mit der Temperatur, weswegen das die Ursache für die schnellere Einstellung des Gleichgewichtes sein könnte. Es ist aber auch nicht auszuschließen, dass es sich um eine katalysierte Reaktion bei hoher Temperatur handelt.
Zusammenfassend lassen sich die Kurven also folgendermaßen zuordnen:
A: niedrige Temperatur, mit Katalysator
C: niedrige Temperatur wie in A, ohne Katalysator
B: hohe Temperatur, möglicherweise mit Katalysator

Abiturprüfung an den allgemein bildenden Gymnasien (Baden-Württemberg) 2013
Prüfungsfach: Chemie – Aufgabe II

VP

1 Am Funtensee in den Berchtesgadener Alpen liegt auf über 1 600 m eine Brennhütte für die Herstellung von Enzianschnaps. Hier wird alle sieben Jahre zum Ende des Winters der Gelbe Enzian *(Gentiana lutea)* ausgegraben, um daraus Schnaps herzustellen. Aus den zerkleinerten Wurzelknollen, Hefe und Quellwasser wird die Maische hergestellt. Die Wurzelknollen enthalten u. a. das Trisaccharid Gentianose, welches der Pflanze als Reservestoff dient und für den Menschen unverdaulich ist. Im Maischebottich hydrolysieren die von zugesetzten Hefezellen produzierten Enzyme die Gentianose zu Monosacchariden, die dann zu Ethanol vergären. Nach drei Wochen wird diese Maische destilliert und das Destillat ins Tal gebracht.

- Benennen Sie die Monosaccharid-Bausteine der Gentianose von links nach rechts, deren Verknüpfungen und den weiteren Disaccharid-Baustein.
- Formulieren Sie die vollständige Reaktionsgleichung der Hydrolyse mit Summenformeln.
- Zeichnen Sie die offenkettige Form des rechten Monosaccharidbausteins der Gentianose in der FISCHER-Projektion. 5

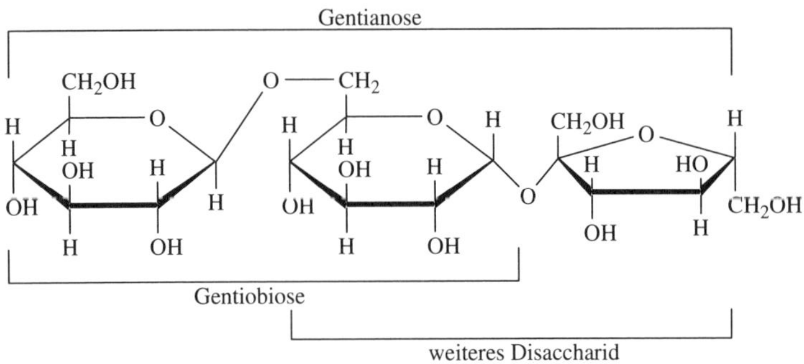

2 Der enzymatische Abbau von Gentianose soll verfolgt werden. Dazu werden einer Gentianoselösung vor der Zugabe von Hefezellen und im weiteren Verlauf der Hydrolyse Proben entnommen. Beim Abbau entstehen zunächst ein Disaccharid und ein Monosaccharid.

- Mit den entnommenen Proben wird jeweils die TOLLENS-Probe durchgeführt. Beschreiben Sie deren Durchführung und erklären Sie die zu erwartenden Beobachtungen.
- Geben Sie an, wie experimentell nachgewiesen werden kann, an welcher Stelle das Trisaccharid zuerst gespalten wird und begründen Sie Ihr Vorgehen. 6

3 Aus den Monosacchariden des Hydrolysats wird unter Sauerstoffabschluss durch alkoholische Gärung Ethanol und Kohlenstoffdioxid gebildet.

- Formulieren Sie die Reaktionsgleichung mit Summenformeln.
- Berechnen Sie die Masse des Ethanols und das Volumen des dabei gebildeten Gases in dieser Höhenlage ($V_m = 27{,}3\ L \cdot mol^{-1}$). Gehen Sie dabei von 200 kg Monosaccharid aus. 3

4 Es wird behauptet, dass 100 Gramm Trinkalkohol (Ethanol) einen höheren Brennwert als 100 Gramm Traubenzucker (Glucose) haben.
Bewerten Sie diese Aussage über geeignete Berechnungen. 4

5 In der Enzianwurzel sind neben der Gentianose noch weitere Inhaltsstoffe enthalten, die dem Enzianschnaps seinen typischen Geschmack verleihen, z. B. Gentianin.
Eine wässrige Gentianinlösung ist alkalisch. Erklären Sie diesen Sachverhalt.

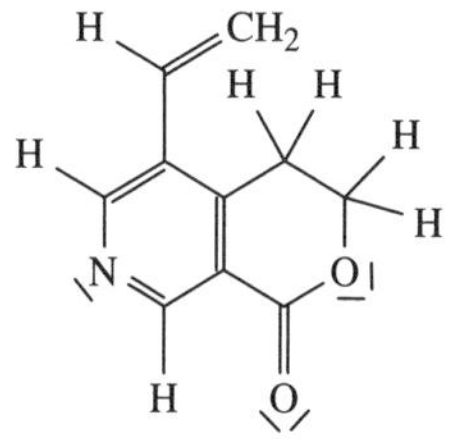

Gentianin

2

20

1 **Gentianose**

Bausteine der Gentianose

Die beiden ersten Monosaccharid-Ringe der Gentianose (von links) sind von C-Atom 2 bis C-Atom 5 gleich substituiert. An der Stellung der OH-Gruppen liest man ab, dass es sich um D-Glucose handelt. Der erste Baustein ist β-D-Glucose, da die OH-Gruppe an C1 nach oben weist. Der zweite Baustein ist α-D-Glucose (OH-Gruppe an C1 in α-Stellung). Die Verknüpfung ist β-(1→6)-glycosidisch.

Ein Furanose-Ring bildet den dritten Teil des Gentianose-Moleküls. D-Fructose liegt meist so vor. Dreht man den Furanose-Ring um eine gedachte Linie durch das Ring-Sauerstoff-Atom und die Bindung zwischen C3 und C4 um 180° nach rechts, so erkennt man, dass es sich um β-D-Fructose handelt. Die Verknüpfung zum mittleren Baustein ist α-D-Glc (1→2) β-D-Fru.

Insgesamt lässt sich die Gentianose also als β-D-Glc (1→6) α-D-Glc (1→2) β-D-Fru schreiben.

Das Disaccharid α-D-Glc (1→2) β-D-Fru ist Saccharose.

Reaktionsgleichung für die Hydrolyse

Die Summenformel für das Trisaccharid Gentianose erhält man durch Summierung aller Atommassen der C-, H- und O-Atome. Einfacher ist es, die Summenformel für Glucose mit drei zu multiplizieren (Glucose und Fructose haben die gleiche Summenformel) und vier Wasserstoff-Atome und zwei Sauerstoff-Atome abzuziehen, da bei der gedachten Bildung des Trisaccharids zwei Moleküle Wasser abgespalten werden (das ist zugleich die Umkehrung der in der Aufgabe geforderten Reaktionsgleichung). Die Summenformel ist also $C_{18}H_{32}O_{16}$.

$$C_{18}H_{32}O_{16} + 2\,H_2O \longrightarrow 3\,C_6H_{12}O_6$$

Fischer-Projektion der D-Fructose

Zur Darstellung der Fructose in der FISCHER-Projektion können Sie diese aus dem Gedächtnis zeichnen oder aber aus der Abbildung ableiten. Verlangt ist nur die Darstellung unten rechts.

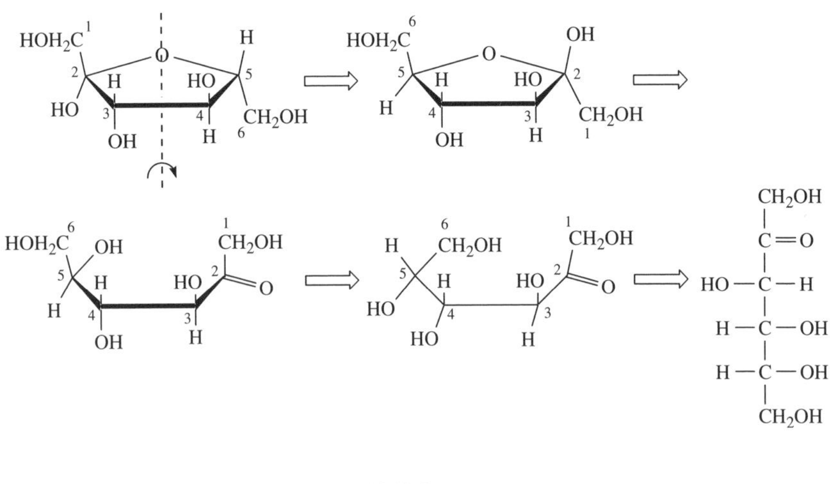

1. Schritt: Drehung des Furanose-Rings um eine gedachte Linie durch das Ring-Sauerstoff-Atom und die Bindung zwischen C3 und C4 um 180° nach rechts. 2. Schritt: Ringöffnung zwischen C5 und C2. 3. Schritt: Drehung von C5 so, dass die OH-Gruppe nach schräg links unten weist. 4. Schritt: Übersetzung in die Fischer-Projektion.

2 Enzymatischer Abbau von Gentianose

TOLLENS-Probe

Zu einer Silbernitrat-Lösung gibt man gerade so viel Ammoniak-Lösung, bis das dabei gebildete Silberhydroxid zum löslichen Silber-Diammin-Komplex reagiert hat. Diese Lösung wird den Proben aus dem Hydrolyse-Ansatz zugesetzt.
Man stellt das Reaktionsgemisch in ein kochendes Wasserbad. Ist nach einigen Minuten keine Entwicklung eines braun-schwarzen Niederschlags (kolloidales Silber) oder eines Silberspiegels zu erkennen, so ist die Probe negativ.

Reaktionsgleichungen (nicht verlangt):

Oxidationsschritt: $\overset{+I}{\text{R–CHO}} + 3\,OH^- \longrightarrow \overset{+III}{\text{R–COO}^-} + 2\,e^- + 2\,H_2O$

(Aldehyd → Carbonsäure-Anion)

Reduktionsschritt: $2\,\overset{+I}{Ag^+} + 2\,e^- \longrightarrow 2\,\overset{0}{Ag}_{(s)}$

Bilanz: $\text{R–CHO} + 2\,Ag^+ + 3\,OH^- \longrightarrow \text{R–COO}^- + 2\,Ag_{(s)} + 2\,H_2O$

Aus dem Aufgabentext ist zu entnehmen, dass sich beim Abbau der Gentianose (zunächst) zwei Hydrolyse-Produkte bilden. Unabhängig von der Spaltungsstelle im Trisaccharid entsteht immer mindestens ein reduzierender Zucker. Die TOLLENS-Reaktion wird also nach begonnener Hydrolyse immer positiv ausfallen. Davor ist sie negativ, weil an der Gentianose keine Ringöffnung erfolgen kann und damit keine freie CHO-Gruppe zur Verfügung steht.

Experimentelle Untersuchung der Spaltung von Gentianose

Es gibt zwei Möglichkeiten, das Trisaccharid Gentianose in ein Mono- und ein Disaccharid zu spalten:

(a) Die Hefe spaltet die Gentianose in Glucose und Saccharose.
(b) Die Hefe spaltet die Gentianose in Fructose und Gentiobiose, dann entstehen zwei reduzierende Zucker.

In beiden Fällen könnten die Hydrolyse-Produkte durch Chromatographie aufgetrennt und identifiziert werden. Man trägt als Vergleichsproben Saccharose, Fructose und Glucose auf. Erwartetes Ergebnis (schematisch, repräsentiert nicht die tatsächliche Abfolge der Substanzflecke):

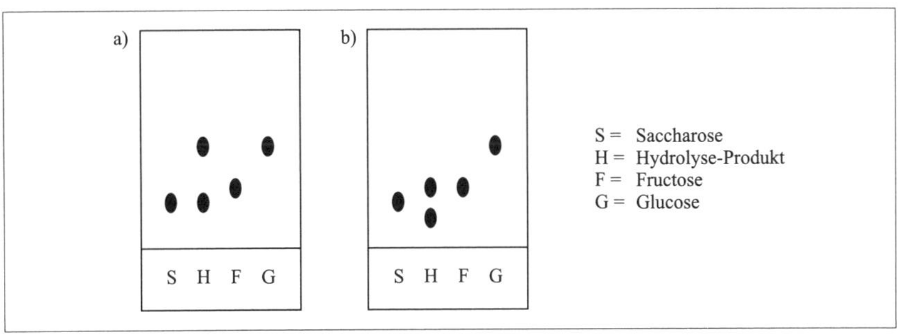

Grundprinzip der Chromatographie
Bei der Dünnschichtchromatographie (Papierchromatographie) wird eine in einem Lösungsmittel (auch: Laufmittel, mobile Phase) gelöste Probe durch Kapillarkräfte entlang eines Trägermaterials (stationäre Phase) transportiert. An jedem Punkt entlang der Laufstrecke stellen sich Verteilungsgleichgewichte zwischen der mobilen (Extraktion) und der stationären Phase ein (Adsorption). An einem bestimmten Punkt (eigentlich eine Zone) der stationären Phase überwiegt die Adsorption die Extraktion, so dass die Substanz sich hier sammelt. Dabei hat jede Substanz in einem chromatographischen System einen charakteristischen R_f-Wert:

$$R_f = \frac{\text{Laufstrecke (Stoff)}}{\text{Laufstrecke (Lösungsmittel)}}$$

In der Praxis empfiehlt es sich, Vergleichssubstanzen zu benutzen. Die Substanzflecken können durch geeignete Nachweisreagenzien sichtbar gemacht werden.

Alternative Lösung
Erfolgt die Hydrolyse des Trisaccharids nach (a), so kann man dabei D-Glucose mit der Glucose-Oxidase-Reaktion (GOD-Test) nachweisen. Im Fall (b) erhält man beim GOD-Test ein negatives Ergebnis, das allerdings auch bedeuten könnte, dass gar keine Hydrolyse stattgefunden hat, weswegen eine zusätzliche Probe auf reduzierende Zucker (wie in der Aufgabe) notwendig ist.

Hinweis: Gentiobiose kann man durch Vergärung von Gentianose durch Hefe herstellen, d. h. es wird Fructose aus dem Trisaccharid abgespalten und von der Hefe verstoffwechselt. Die Enzym-Ausstattung normaler Hefen lässt keine Spaltung des Disaccharids β-D-Glc $(1\rightarrow 6)$ D-Glc zu.

3 **Alkoholische Gärung**

Gärungsgleichung

$C_6H_{12}O_6$	$\longrightarrow$ $2\ C_2H_5OH$	+	$2\ CO_2$
$M = 180\ g \cdot mol^{-1}$	$M = 46\ g \cdot mol^{-1}$		$V_{molar,\ Höhe} = 27{,}3\ L \cdot mol^{-1}$

Alkohol und Kohlenstoffdioxid aus der Gärung
Aus der Reaktionsgleichung geht hervor, dass man aus 180 g Monosaccharid bei vollständigem Umsatz 92 g Alkohol und 54,6 Liter Kohlenstoffdioxid erhalten würde. Eine Dreisatzrechnung ergibt bei 200 kg eingesetztem Monosaccharid eine Ethanol-Masse von ca. 102,2 kg und ein Kohlenstoffdioxid-Volumen von ca. 60 700 Litern (= 60,7 m^3).

Hinweis: Statische Kulturen alkoholischer Gärer limitieren ihr Wachstum durch den steigenden Alkoholgehalt im Medium selbst. Meist werden zwischen 10 und 15 Vol.-% Alkohol bei der Gärung erreicht.

4 **Brennwert von Alkohol und Glucose**

Zur Lösung dieser Aufgabe müssen Sie zunächst die Reaktionsgleichungen für die Verbrennung der beiden Substanzen formulieren und die Standardbildungsenthalpien in der Tabelle nachschlagen. Dabei ist zu beachten, dass zur Berechnung des Brennwerts Wasser in flüssigem Zustand angesetzt wird. Nach der Berechnung der Standardreaktionsenthalpie muss der massenbezogene Brennwert berechnet und verglichen werden.

Reaktionsgleichung für die Verbrennung von Glucose

	$C_6H_{12}O_6$	+	$6\ O_2$	⟶	$6\ CO_2$	+	$6\ H_2O_{(l)}$
$\Delta_f H^0$:	$-1273\ kJ \cdot mol^{-1}$		$0\ kJ \cdot mol^{-1}$		$-394\ kJ \cdot mol^{-1}$		$-286\ kJ \cdot mol^{-1}$

Reaktionsgleichung für die Verbrennung von Ethanol

	C_2H_5OH	+	$3\ O_2$	⟶	$2\ CO_2$	+	$3\ H_2O_{(l)}$
$\Delta_f H^0$:	$-277\ kJ \cdot mol^{-1}$		$0\ kJ \cdot mol^{-1}$		$-394\ kJ \cdot mol^{-1}$		$-286\ kJ \cdot mol^{-1}$

Die Reaktionsenthalpien berechnen sich dann wie folgt:

$$\Delta_R H^0(\text{Glucose}) = 6 \cdot \Delta_f H^0(CO_2) + 6 \cdot \Delta_f H^0(H_2O) - (6 \cdot \Delta_f H^0(O_2) + \Delta_f H^0(\text{Glucose}))$$
$$= 6 \cdot (-394\ kJ \cdot mol^{-1}) + 6 \cdot (-286\ kJ \cdot mol^{-1}) - 0\ kJ \cdot mol^{-1} - (-1273\ kJ \cdot mol^{-1})$$
$$= -2364\ kJ \cdot mol^{-1} - 1716\ kJ \cdot mol^{-1} + 1273\ kJ \cdot mol^{-1} = -2807\ kJ \cdot mol^{-1}$$

$$\Delta_R H^0(\text{Ethanol}) = 2 \cdot \Delta_f H^0(CO_2) + 3 \cdot \Delta_f H^0(H_2O) - (3 \cdot \Delta_f H^0(O_2) + \Delta_f H^0(\text{Ethanol}))$$
$$= 2 \cdot (-394\ kJ \cdot mol^{-1}) + 3 \cdot (-286\ kJ \cdot mol^{-1}) - 0\ kJ \cdot mol^{-1} - (-277\ kJ \cdot mol^{-1})$$
$$= -788\ kJ \cdot mol^{-1} - 858\ kJ \cdot mol^{-1} + 277\ kJ \cdot mol^{-1} = -1369\ kJ \cdot mol^{-1}$$

Brennwerte

$$\mathbf{B(Glucose)} = \frac{|\Delta_R H^0(\text{Glucose})|}{M_{\text{Glucose}}} = \frac{2807\ kJ \cdot mol^{-1}}{180\ g \cdot mol^{-1}} \approx 15{,}6\ kJ \cdot g^{-1}$$

$$\mathbf{B(Ethanol)} = \frac{|\Delta_R H^0(\text{Ethanol})|}{M_{\text{Ethanol}}} = \frac{1369\ kJ \cdot mol^{-1}}{46\ g \cdot mol^{-1}} \approx 29{,}8\ kJ \cdot g^{-1}$$

Der Brennwert von 100 g Ethanol ist demnach höher als der von 100 g Glucose. Die in der Aufgabe aufgestellte Behauptung ist also richtig.

5 Der Stickstoff-Heterozyklus reagiert schwach basisch, da das Elektronenpaar am Stickstoff-Atom nicht am aromatischen System beteiligt ist. Eine Reaktionsgleichung als Lösung gemäß der Aufgabe kann also folgendermaßen formuliert werden:

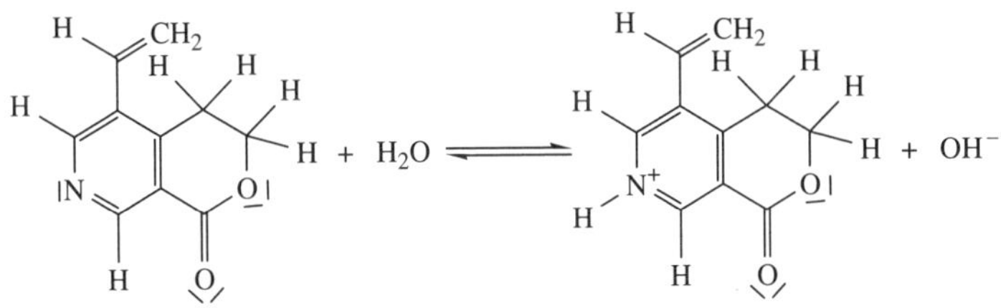

Hinweis: Gentianin wird in der verfügbaren Literatur als ein Isolierungsartefakt bei der Aufarbeitung von Enzian-Präparaten mit Ammoniak-Lösungen betrachtet. Aller Wahrscheinlichkeit nach kommt es in den Pflanzen selbst nicht vor, sondern entsteht u. a. aus Gentiopikrin. Für den bitteren Geschmack der Enzianwurzel sind hauptsächlich Amarogentin und Gentiopikrin verantwortlich.

Abiturprüfung an den allgemein bildenden Gymnasien (Baden-Württemberg) 2013
Prüfungsfach: Chemie – Aufgabe III

VP

Kunststoffe für Zahnersatz und Zahnfüllungen, Superabsorber in Babywindeln und Scheiben aus Plexiglas sind trotz ihrer unterschiedlichen Eigenschaften strukturell miteinander verwandt, es sind Polyacrylate.

Polyacrylate entstehen durch Polymerisation, an der auch unterschiedliche Monomere beteiligt sein können. In solchen Fällen spricht man von Copolymerisation, die Produkte bezeichnet man als Copolymere.

Mögliche Monomere für die Herstellung von Polyacrylaten sind z. B. Acrylsäure (Propensäure, Schmelztemperatur: 14 °C), Acrylsäuremethylester (Propensäuremethylester, Schmelztemperatur: –74 °C) und Itaconsäure (Schmelztemperatur: 168 °C).

Itaconsäure gewinnt zunehmend an Bedeutung, da sie aus nachwachsenden Rohstoffen hergestellt wird.

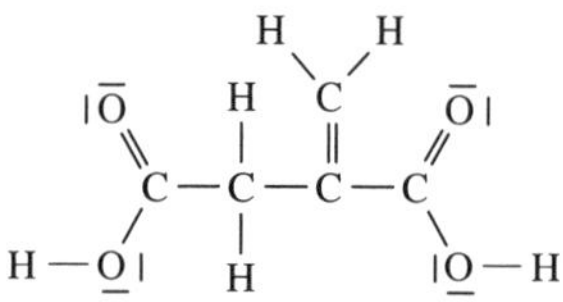

Itaconsäure

Die Herstellung von Acrylsäure erfolgt aus Propen, das aus Erdöl gewonnen wird. Bei der Acrylsäuresynthese wird zuerst Propen unter Zuhilfenahme von Katalysatoren mit Sauerstoff zu Propenal und einem weiteren Reaktionsprodukt umgesetzt. Anschließend reagiert Propenal mit Sauerstoff zu Acrylsäure.

1 Formulieren Sie die beiden Reaktionsgleichungen für die Herstellung von Acrylsäure.
Begründen Sie mithilfe von Oxidationszahlen, dass es sich hier um Redoxreaktionen handelt. 4

2 Zeichnen Sie die Strukturformel von Propensäuremethylester mit allen bindenden und nichtbindenden Elektronenpaaren.
Begründen Sie die unterschiedlichen Schmelztemperaturen der drei im einleitenden Text genannten Monomere. 4

3.1 Geben Sie einen charakteristischen Strukturformelausschnitt des Copolymers an, das aus den beiden Monomeren Itaconsäure und Propensäuremethylester aufgebaut ist. 2

3.2 Bei der Umsetzung dieses Copolymers mit Ethan-1,2-diol entsteht ein Kunststoff mit veränderten Eigenschaften.
- Zeichnen Sie einen Ausschnitt des neuen Copolymers, der die Veränderung verdeutlicht.
- Benennen Sie den Reaktionstyp.
- Erläutern Sie die elastischen und thermischen Eigenschaften vor und nach der Zugabe unterschiedlicher Mengen des Diols. 6

4 Da Propensäure zur Polymerisation neigt, wird sie stabilisiert und stark gekühlt aufbewahrt. In dieser Form kann ihre Stoffmengenkonzentration durch Titration bestimmt werden. Bei Vorlage von 20,0 mL einer wässrigen Lösung von Propensäure werden bis zum Erreichen des Äquivalenzpunktes 7,8 mL Natronlauge ($c = 1{,}0\ \text{mol} \cdot \text{L}^{-1}$) verbraucht.
Berechnen Sie die Stoffmengenkonzentration der Probelösung und die Masse der darin enthaltenen Propensäure. 4

20

Lösungen

1 Reaktionsgleichungen für die Herstellung von Acrylsäure

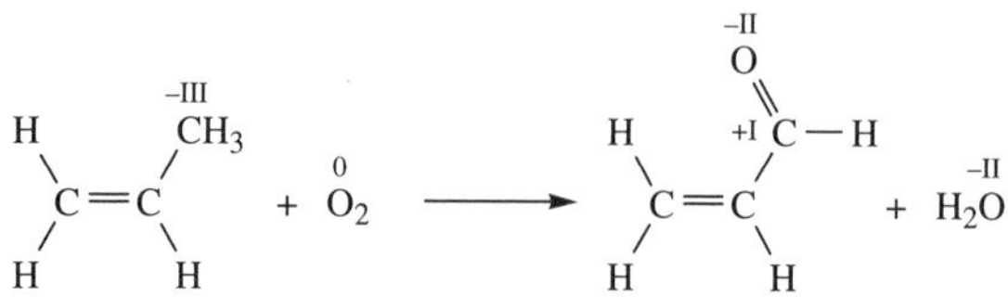

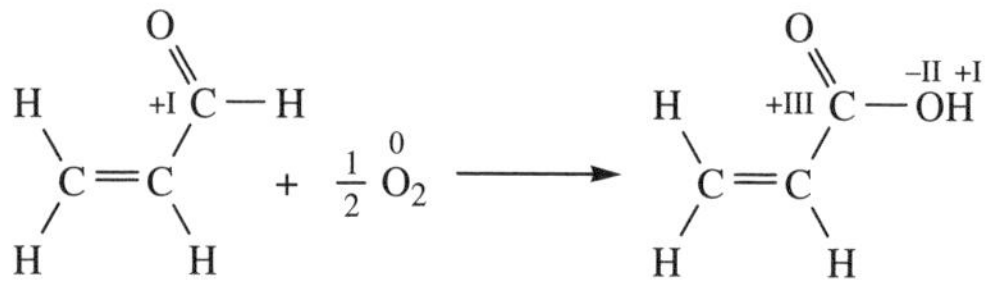

In beiden Synthese-Schritten wird elementarer Sauerstoff reduziert und das endständige Kohlenstoffatom oxidiert.

2 Strukturformel und Schmelztemperaturen

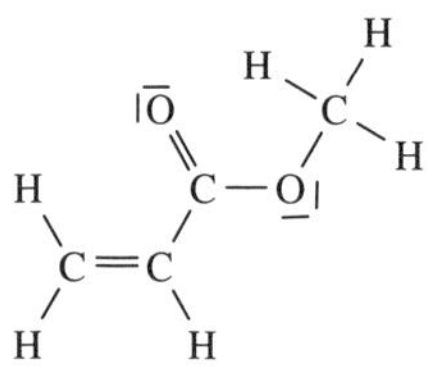

Propensäuremethylester

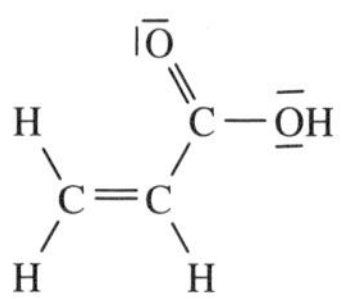

Propensäure

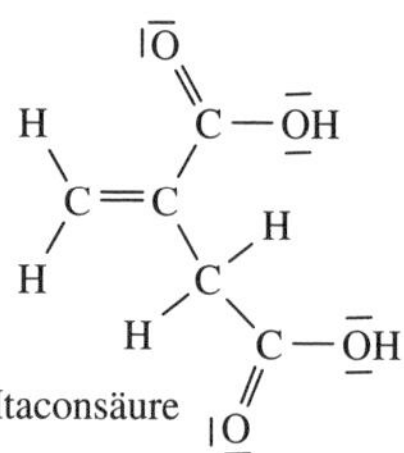

Itaconsäure

Ein Stoff geht dann vom festen in den flüssigen Zustand über, wenn die ihm zugeführte thermische Energie groß genug ist, um die im festen Zustand wirkenden zwischenmolekularen Wechselwirkungen zu überwinden. Bei Stoffen mit niedrigen Schmelztemperaturen ist das schon bei tiefen Temperaturen der Fall.
Die ungewöhnlich hohen Schmelztemperaturen der Propen- und Itaconsäure sind unter anderem auf die Wasserstoffbrückenbindungen (Carboxy(l)-Funktion) zurückzuführen. Bei Dicarbonsäuren wie der Itaconsäure beobachtet man gegenüber Monocarbonsäuren deutlich höhere Schmelztemperaturen, da sich hier zwei Wasserstoffbrückenbindungen ausbilden können.
Ester zeigen gegenüber Carbonsäuren vergleichbarer molarer Masse stets kleinere Schmelztemperaturen, was man darauf zurückführen kann, dass die zwischenmolekula-

ren Wechselwirkungen bei den Estern hauptsächlich von vergleichsweise schwachen Dipol-Dipol-Wechselwirkungen dominiert werden.

3.1 Strukturformelausschnitt aus dem Copolymer

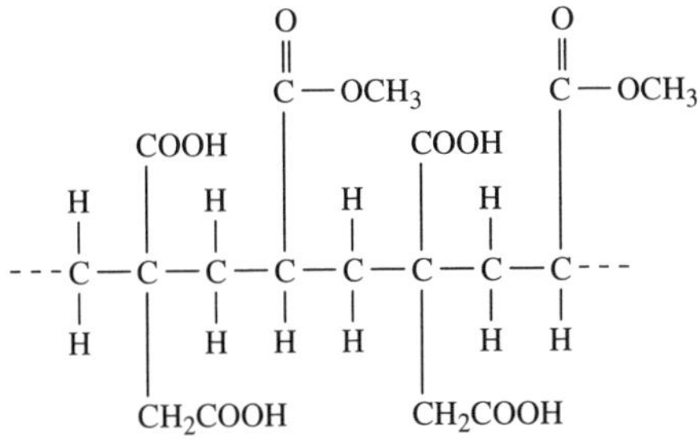

3.2 Umsetzung des Copolymers mit Ethandiol

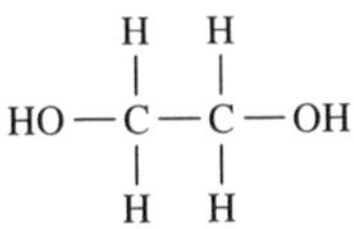

Ethandiol

Neuer Formelausschnitt

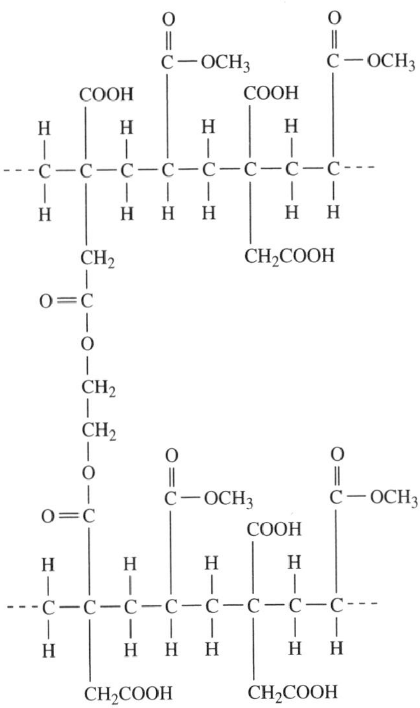

Reaktionstyp
Ethandiol bildet mit den freien Carboxy-Funktionen des bestehenden Polymers Esterbindungen unter Freisetzung von Wasser – es handelt sich somit um eine Kondensationsreaktion.

Elastische und thermische Eigenschaften
Das Copolymer aus Itaconsäure und Propensäuremethylester sollte thermoplastische Eigenschaften aufweisen, da die flexiblen Seitenketten als „Weichmacher“ wirken – sie verringern die Wechselwirkungen zwischen den Polymerketten. Thermoplaste lassen sich schmelzen, die linearen Makromoleküle sind leicht gegeneinander verschiebbar.
Eine geringe Vernetzung zwischen den Polymerketten führt zu einer verbesserten Dehnbarkeit des Materials. Elastomere zersetzen sich beim Erhitzen.
Stark vernetzte Polymere zeigen duroplastische Eigenschaften, sie sind hart und spröde und zersetzen sich beim Erhitzen.

4 Titration von Propensäure

$V_{\text{Propensäure-Lösung}} = 20{,}0 \cdot 10^{-3}\ \text{L};\ V_{\text{Natronlauge}} = 7{,}8 \cdot 10^{-3}\ \text{L};\ c_{\text{Natronlauge}} = 1{,}0\ \text{mol} \cdot \text{L}$

Am Äquivalenzpunkt gilt: $n_{\text{Propensäure}} = n_{\text{Natronlauge}}$, daher:

$$c_{\text{Propensäure-Lösung}} \cdot V_{\text{Propensäure-Lösung}} = c_{\text{Natronlauge}} \cdot V_{\text{Natronlauge}}$$

$$c_{\text{Propensäure-Lösung}} = \frac{c_{\text{Natronlauge}} \cdot V_{\text{Natronlauge}}}{V_{\text{Propensäure-Lösung}}} = \frac{1{,}0\ \text{mol} \cdot \text{L}^{-1} \cdot 7{,}8 \cdot 10^{-3}\ \text{L}}{20{,}0 \cdot 10^{-3}\ \text{L}} = 0{,}39\ \text{mol} \cdot \text{L}^{-1}$$

Die molare Masse der Propensäure beträgt $M_{\text{Propensäure}} = 72\ \text{g} \cdot \text{mol}^{-1}$.
Damit ist die Masse der in der Probe enthaltenen Propensäure

$$m_{\text{Propensäure}} = n_{\text{Propensäure}} \cdot M_{\text{Propensäure}} = 7{,}8 \cdot 10^{-3}\ \text{mol} \cdot 72\ \text{g} \cdot \text{mol}^{-1} \approx 0{,}56\ \text{g}$$

VP

Gold ist ein Edelmetall und wird seit jeher als Schmuck, Zahlungsmittel und insbesondere in Zeiten unsicherer Märkte als Wertanlage verwendet.

1 Das Standardpotenzial für das Redoxpaar Au/Au^+ bestätigt den edlen Charakter von Gold.
- Beschreiben Sie einen vollständigen Versuchsaufbau zur experimentellen Bestimmung des Standardpotenzials für das Redoxpaar Au/Au^+.
- Berechnen Sie die Spannung des galvanischen Elements der Redoxpaare Zn/Zn^{2+} und Au/Au^+ unter Standardbedingungen.
- Erklären Sie am Beispiel des galvanischen Elements Zn/Zn^{2+} // Au^+/Au das Zustandekommen einer Spannung. 6

2.1 Im Orient wurden bis in die Mitte des letzten Jahrhunderts Gegenstände auf traditionelle Weise vergoldet. Bei diesem historischen Verfahren wird ein Tonbecher in ein Gefäß gestellt. Der Tonbecher ist mit einer Gold(I)-salzlösung, das Gefäß mit einer neutralen Kochsalzlösung ($c = 1\ \text{mol} \cdot \text{L}^{-1}$) gefüllt. In die Goldsalzlösung wird ein zu vergoldendes Silberblech getaucht. In das Gefäß wird ein Zinkblech gestellt und mit dem zu vergoldenden Gegenstand elektrisch leitend verbunden. Nach ca. einer Stunde hat sich eine beständige Goldschicht auf dem Silberblech gebildet.
- Fertigen Sie eine vollständig beschriftete Skizze zum oben beschriebenen Vergoldungsverfahren an.
- Formulieren Sie die Reaktionsgleichungen für die an den Metallen ablaufenden Reaktionen und ordnen Sie die Begriffe Anode und Kathode sowie Plus- und Minuspol zu.
- Erklären Sie die Funktion des Tonbechers. 5

2.2 Eine weitere Möglichkeit, Gegenstände zu vergolden, ist das Schmelztauchen. Dabei wird der zu vergoldende Gegenstand kurz in eine Goldschmelze getaucht.
Nennen Sie zwei Vorteile, die das orientalische Vergoldungsverfahren im Vergleich zum Vergolden durch Schmelztauchen hat. 2

3 Natürlich vorkommendes Gold ist mit Silber, Kupfer, Platin und anderen Metallen verunreinigt.
Zur elektrochemischen Reinigung des Rohgoldes benötigt man eine Gold(III)-chlorid-Lösung als Elektrolyt. Das Gold(III)-chlorid gewinnt man durch Überleiten von Chlorgas über fein verteiltes Gold.
- Formulieren Sie die Reaktionsgleichung der Synthese von Gold(III)-chlorid aus den Elementen. Begründen Sie, dass es sich um eine Redoxreaktion handelt.
- Berechnen Sie das Volumen an Chlorgas, welches bei Standardbedingungen benötigt wird, um 100,0 Gramm Gold zu Gold(III)-chlorid umzusetzen. Bei diesen Reaktionsbedingungen beträgt $V_m = 24{,}0\ \text{L} \cdot \text{mol}^{-1}$. 4

4 Chlor gewinnt man durch die Elektrolyse einer wässrigen Natriumchlorid-Lösung. Bei der elektrolytischen Abscheidung von Gasen spielt das Elektrodenmaterial eine entscheidende Rolle für das elektrochemische Potenzial der Redoxpaare. Die Abweichung vom Standardpotenzial bezeichnet man als Überspannung. Das elektrochemische Potenzial eines Redoxpaares ergibt sich durch Addition der Überspannung zum tabellierten Wert (Tabellenblätter, Tabelle 1).

Überspannungen in Volt bei 25 °C:

Elektrodenmaterial	**Wasserstoff**	**Sauerstoff**	**Chlor**
Eisen	−0,15	+0,75	nicht bekannt
Nickel	−0,28	+0,56	nicht bekannt
Graphit	−0,62	+0,95	+0,12

Bei der Elektrolyse einer wässrigen Natriumchlorid-Lösung ($c = 1\ \text{mol} \cdot \text{L}^{-1}$) wird für die Anode Graphit und für die Kathode Eisen verwendet.
Formulieren Sie für diese Elektrolyse die Teilreaktionen an den Elektroden.
Begründen Sie Ihre Entscheidungen. 3

20

Lösungen

1 Potenziale

Bestimmung des Standardpotenzials

In der Aufgabe steht, man solle einen Versuchsaufbau beschreiben – trotzdem empfiehlt sich die Anfertigung einer Skizze. Der Versuchsaufbau stellt dar, wie man idealerweise das Standardpotenzial einer Metall/Metallionen-Halbzelle bestimmen kann.

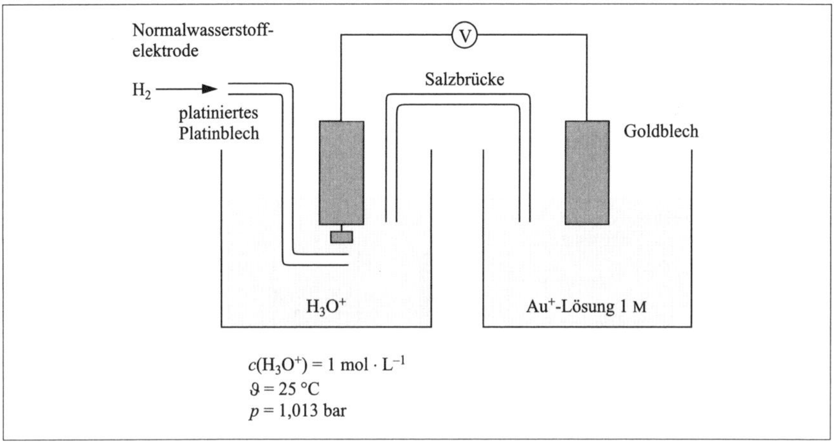

Die zu messende Halbzelle wird gegen eine Normalwasserstoffelektrode (NHE) geschaltet. Die beiden Zellen werden über eine Salzbrücke leitend verbunden. Die Spannung wird mit einem hochohmigen Messgerät bestimmt.
Die Normalwasserstoffelektrode besteht aus der Lösung einer starken Säure mit der Protonen-Konzentration $1\ \text{mol} \cdot L^{-1}$ bei 25 °C, Wasserstoffgas bei einem Druck von 1,013 bar und einem platinierten Platinblech. Der Wasserstoffstrom umspült das Platinblech. Die NHE hat per Definition das Potenzial Null. Metalle, die gegen diese Elektrode gemessen werden sollen, tauchen als Stab oder Blech in eine Lösung eines ihrer Salze mit einer Kationen-Konzentration von $1\ \text{mol} \cdot L^{-1}$.

Die Spannung, die im stromlosen Zustand an einem galvanischen Element aus einer Zink-Halbzelle und einer Gold-Halbzelle gemessen werden könnte, beträgt mit den Zahlenwerten aus der Tabelle der Standardpotenziale:

$U = E^0(\text{Akzeptor}) - E^0(\text{Donator}) = E^0(\text{Au}/\text{Au}^+) - E^0(\text{Zn}^{2+}/\text{Zn})$
$= 1{,}69\ \text{V} - (-0{,}76\ \text{V}) = 2{,}45\ \text{V}$

Spannung am galvanischen Element

Einem Metall kann in einer wässrigen Lösung nach NERNST eine Lösungstension zugeschrieben werden. Enthält die Lösung Metall-Kationen, so haben diese das „Bestreben", sich an der Metall-Elektrode abzuscheiden – man spricht vom „Abscheidungsbestreben" der Metall-Ionen.
Zwischen der Lösungstension und dem Abscheidungsbestreben stellt sich beim Eintauchen einer Metallelektrode in ihre Salzlösung (hier Zink in einer Zn^{2+}-haltigen Lösung, bzw. Gold (Au und Au^+) ein Gleichgewicht ein, dessen Lage von der Metall-Art (Lösungstension) und von der Konzentration der Metall-Ionenlösung (Abscheidungsbestreben) abhängt.

Lösungstension: Metall ⟶ Metall-Ion + Elektronen
Abscheidungsbestreben: Metall-Ionen + Elektronen ⟶ Metall

„Unedle" Metalle haben dabei bei gleicher Konzentration des zugehörigen Kations in der Lösung eine höhere Lösungstension als „edle" Metalle. Im Beispiel des Zink/ Gold-Elements hat das Zink eine höhere Lösungstension als das Gold, weswegen aus dem Zinkblech Zn^{2+}-Ionen in Lösung gehen und sich auf dem Zinkblech Elektronen ansammeln. Die Lösungstension des Goldes ist hingegen sehr klein. Am Goldblech sammeln sich positiv geladene Gold-Ionen an der Elektrodenoberfläche und laden es positiv auf. Misst man im stromlosen Zustand mit einem Voltmeter die Potenzialdifferenz, so findet man, dass die Gold-Elektrode der Pluspol, die Zink-Elektrode der Minuspol in der Anordnung ist.

2.1 Vergoldung

Skizze zum Vergoldungsverfahren

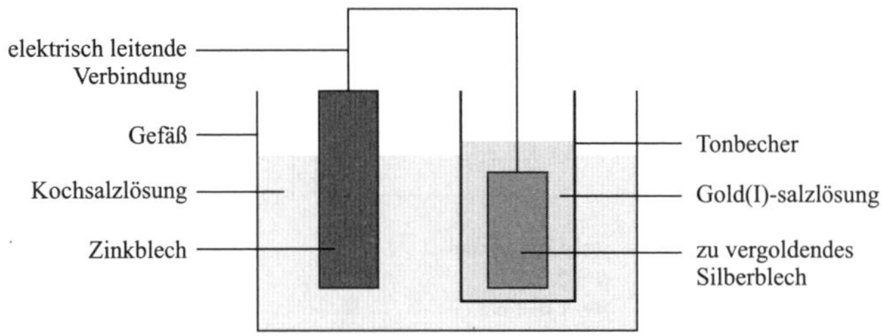

Reaktionsgleichungen zum Vergoldungsverfahren, Begriffszuordnung

$$Zn \longrightarrow Zn^{2+} + 2\,e^-$$

$$2\,Au^+ + 2\,e^- \longrightarrow 2\,Au$$

Das Silberblech hat nur Elektronentransport-Funktion.
Würde man ein Spannungsmessgerät an die Anordnung anschließen, so würde man feststellen, dass das Zinkblech der Minuspol, das Silberblech entsprechend der Pluspol der Anordnung ist.
Per Definition ist die Anode die Elektrode, die positive Ladung in das System einträgt. Das ist im wässrigen System das Zinkblech, an dem die Oxidationsreaktion abläuft. Die Kathode ist das (vergoldete) Silberblech, an dem die Reduktionsreaktion abläuft.

Funktion des Tonbechers
Der Tonbecher verhindert für die Dauer der Vergoldung die Durchmischung der beiden Lösungen, lässt aber genügend Ladungsträger durch die poröse Wand hindurchtreten, um einen Stromfluss zu ermöglichen.

2.2 Vergoldungsverfahren im Vergleich

Die galvanische Vergoldung hat den Vorteil, dass die Dicke der Goldschicht besser gesteuert werden kann und besonders feine Oberflächenstrukturen besser erhalten bleiben. Vermutlich ist eine gleichmäßigere Vergoldung der Oberfläche möglich als beim Schmelztauchen.

3 **Synthese von Gold(III)chlorid**

Reaktionsgleichung

Oxidationsschritt:	$\overset{0}{Au}$	$\longrightarrow$	$\overset{+III}{Au^{3+}} + 3\,e^-$	$\mid \cdot 2$
Reduktionsschritt:	$\overset{0}{Cl_2} + 2\,e^-$	$\longrightarrow$	$2\,\overset{-I}{Cl^-}$	$\mid \cdot 3$
Bilanz:	$2\,Au + 3\,Cl_2$	$\longrightarrow$	$2\,AuCl_3$	

Reaktionsgleichung

Das Stoffmengenverhältnis bei der obigen Reaktion ist $n(Au):n(Cl_2) = 2:3$. Dann ist die Stoffmenge Chlor, die für den Umsatz von einem Mol Gold gebraucht wird $n(Cl_2) = 1{,}5 \cdot n(Au)$. Ein Mol Gold entspricht einer Masse von 197 g. In der Aufgabe wird von 100 g Gold ausgegangen, das sind

$$n_{Gold} = \frac{m_{Gold}}{M_{Gold}} = \frac{100\text{ g}}{197\text{ g}\cdot\text{mol}^{-1}} \approx 0{,}508\text{ mol}$$

Die zum Umsatz dieser Menge Gold benötigte Stoffmenge Chlor ist

$$n_{Chlor} = 1{,}5 \cdot n_{Gold} = 1{,}5 \cdot 0{,}508\text{ mol} = 0{,}762\text{ mol}$$

Nach der Angabe in der Aufgabe ist das molare Volumen von Chlor unter den gegebenen Bedingungen $V_m = 24{,}0\text{ L} \cdot \text{mol}^{-1}$, das heißt es werden mit

$$n_{Chlor} = \frac{V_{Chlor}}{V_m} \quad \Leftrightarrow \quad V_{Chlor} = n_{Chlor} \cdot V_m$$

$$\Rightarrow \quad V_{Chlor} = 0{,}762\text{ mol} \cdot 24{,}0\text{ L} \cdot \text{mol}^{-1} = 18{,}288\text{ L}$$

für den Umsatz benötigt.

4 **Elektrolyse einer Natriumchlorid-Lösung**

Es geht hier darum, zunächst alle denkbaren Reaktionen an der Kathode bzw. der Anode zu formulieren um dann mithilfe der Überspannungswerte und der Standardelektrodenpotenziale eine Aussage über die tatsächlich ablaufenden Reaktionen treffen zu können.

An der Eisen-Kathode können Reduktionsvorgänge ablaufen. Denkbar sind ohne Überspannung:

$Na^+ + e^- \longrightarrow Na$ $\qquad E^0(Na/Na^+) = -2{,}71\text{ V}$

$2\,H^+ + 2\,e^- \longrightarrow H_2$ $\qquad E(H_2/2\,H^+) = -0{,}41\text{ V}$ in neutraler Lösung (pH = 7)

An der Graphit-Anode können Oxidationsvorgänge ablaufen. Denkbar sind ohne Überspannung:

$2\,Cl^- \longrightarrow Cl_2 + 2\,e^-$ $\qquad E^0(Cl_2/2\,Cl^-) = 1{,}36\text{ V}$

$4\,OH^- \longrightarrow O_2 + 2\,H_2O + 4\,e^-$ $\qquad E(O_2/OH^-) = 0{,}82\text{ V}$ in neutraler Lösung (pH = 7)

Zu den Standardpotenzialen müssen nun jeweils die Überspannungswerte hinzu addiert werden.

Für das Potenzial des Wasserstoffs am Eisen ergibt sich dann ein Potenzial von
$E(H_2/2\,H^+) = -0{,}41\text{ V} + (-0{,}15\text{ V}) = -0{,}56\text{ V}$.

An der Graphit-Anode wird das Potenzial des Chlors
$E(Cl_2/2\,Cl^-) = 1{,}36\text{ V} + 0{,}12\text{ V} = 1{,}48\text{ V}$
und das Potenzial des Sauerstoffs
$E(O_2/OH^-) = 0{,}82\text{ V} + 0{,}95\text{ V} = 1{,}77\text{ V}$.

An der Kathode werden zuerst die Teilchen mit dem positivsten Potential entladen, an der Anode die Teilchen mit dem negativsten Potential. Der Grund dafür ist, dass so die geringstmögliche elektrische Arbeit aufgebracht werden muss. Damit entstehen bei dieser Elektrolyse Chlor und Wasserstoff.

VP

1 Acetylsalicylsäure (ASS) ist ein weitverbreiteter, schmerzstillender und entzündungshemmender Wirkstoff, der seit Anfang des 20. Jahrhunderts als Aspirin® vermarktet wird.

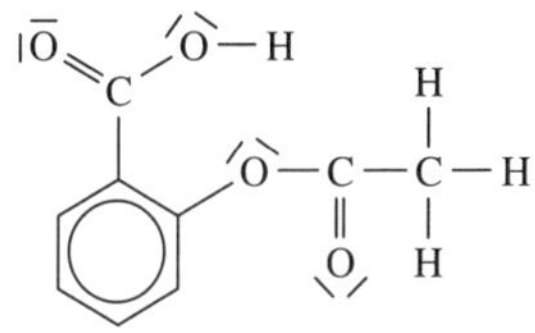

Acetylsalicylsäure

Die Synthese von ASS verläuft in zwei Schritten.

1.1 Im ersten Schritt wird Phenol (Hydroxybenzol) mit Kohlenstoffdioxid zu Salicylsäure (2-Hydroxybenzoesäure) umgesetzt. Großtechnisch wird die Reaktion bei einem Druck von bis zu 6 000 hPa durchgeführt.
Formulieren Sie die Reaktionsgleichung unter Verwendung von Strukturformeln.
Begründen Sie die Durchführung der Reaktion bei erhöhtem Druck mithilfe des Prinzips von LE CHATELIER. 3

1.2 Im zweiten Schritt wird Salicylsäure mit Essigsäure (Ethansäure) zu ASS verestert.
Formulieren Sie die Reaktionsgleichung unter Verwendung von Strukturformeln und geben Sie das Massenwirkungsgesetz für diese Reaktion an.
Unter Laborbedingungen wird 1 mol Salicylsäure mit 1 mol Essigsäure umgesetzt.
Berechnen Sie die Stoffmenge an ASS, die nach Einstellung des Gleichgewichts zu erwarten ist, wenn für die Gleichgewichtskonstante $K = 3$ gilt.

Hinweis: Für die Berechnung werden in diesem Fall Stoffmengen anstelle der Stoffmengenkonzentrationen verwendet. 4

1.3 Acetylsalicylsäure löst sich in Ethanol deutlich besser als in Wasser.
Erklären Sie diesen Sachverhalt. 2

2 Laut Herstellerangabe sind in einer Aspirin®-Tablette 500 mg ASS enthalten. Falsche Lagerung, wie z. B. längerer Kontakt mit Feuchtigkeit, kann jedoch zur Hydrolyse des Wirkstoffs führen.
Zur experimentellen Überprüfung der enthaltenen Masse an ASS wird die Tablette zerkleinert und in Wasser vollständig gelöst. Nach Zugabe von Phenolphthalein wird die Lösung mit Natronlauge ($c = 0{,}1\ \text{mol} \cdot \text{L}^{-1}$) bis zum Farbumschlag titriert.
Die Tabelle zeigt die Titrationsergebnisse zweier unterschiedlich gelagerter Tabletten:

	Tablette 1	Tablette 2
Verbrauch an Natronlauge	27,7 mL	32,5 mL

Zeigen Sie mithilfe von Berechnungen, dass eine der beiden Tabletten sachgerecht gelagert wurde. Erklären Sie das Titrationsergebnis für die andere Tablette. 6

3 Für die dauerhafte ASS-Einnahme, insbesondere zur Vorbeugung von Herzinfarkten, wurde eine spezielle Darreichungsform entwickelt. Diese Tabletten verfügen über eine Kunststoffummantelung, die den direkten Kontakt der Acetylsalicylsäure mit der Magenschleimhaut verhindert.

Diese Ummantelung besteht aus einem Copolymer, das aus zwei verschiedenen Bausteinen aufgebaut ist.

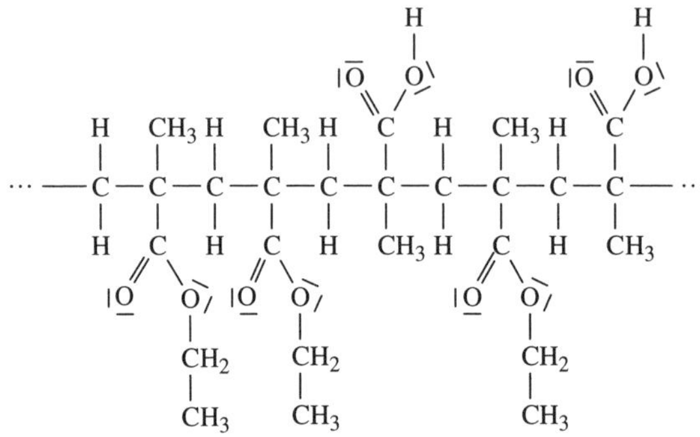

Strukturformelausschnitt des Copolymers

Die Ummantelung ist in Magensaft (pH 1,0–1,5) unlöslich, wogegen sie bei höheren pH-Werten, wie sie im Dünndarm herrschen, in eine wasserlösliche Form übergeht.

Der pH-Bereich, in dem die Ummantelung löslich ist, hängt von der Zusammensetzung des Copolymers ab. Bei einem Verhältnis der Bausteine A : B von 1 : 1 ist eine gute Wasserlöslichkeit bereits ab pH 5,5 erreicht. Verringert man den Anteil an A, so wird ein höherer pH-Wert benötigt, um die Tablettenhülle in Lösung zu bringen.

Zeichnen Sie die Strukturformeln der beiden Monomere und benennen Sie die funktionellen Gruppen.

Ordnen Sie den beiden Monomeren die Buchstaben A und B zu. Erklären Sie die Löslichkeit des Copolymers in Abhängigkeit vom pH-Wert und vom Verhältnis der beiden Bausteine A und B. $\frac{5}{20}$

Lösungen

1.1 Reaktionsgleichung

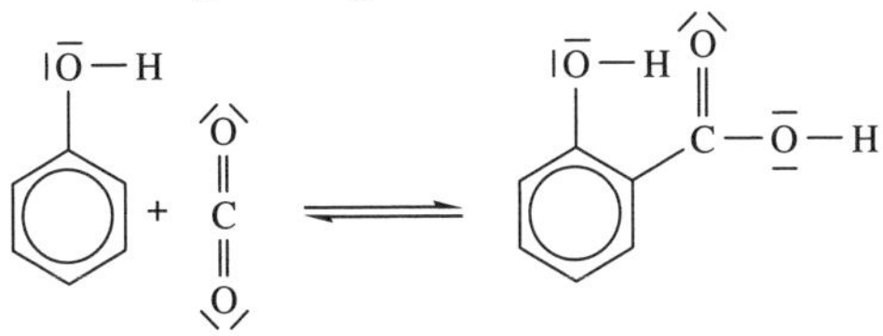

Synthesebedingungen
Gemäß der Aufgabenstellung soll es sich bei der genannten Synthese um eine Gleichgewichtsreaktion handeln. Das Gleichgewichtssystem würde sich unter dieser Voraussetzung so verhalten, dass eine Druckerhöhung zu einer größeren Volumenminderung führt, als durch die Gaskompression (des Kohlenstoffdioxids) alleine zu erwarten wäre. Nach dem Prinzip von LE CHATELIER sollte sich das Gleichgewicht also zur Produktseite hin verschieben, was zu einer höheren Ausbeute führen würde.

1.2 Reaktionsgleichung

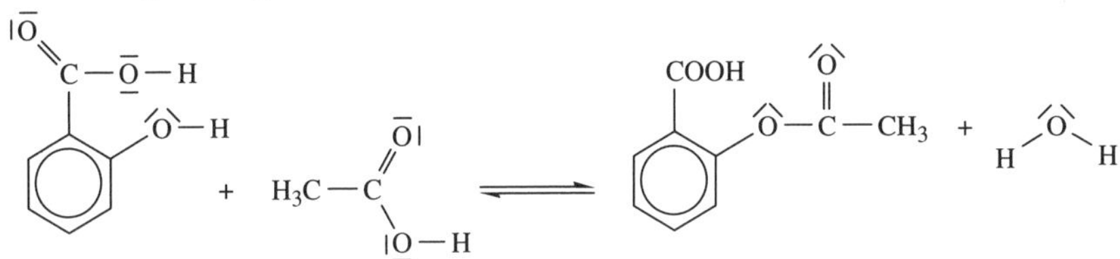

Massenwirkungsgesetz
Gemäß der Aufgabenstellung lautet das Massenwirkungsgesetz

$$K_c = \frac{c_{\text{ASS}} \cdot c_{\text{Wasser}}}{c_{\text{Salicylsäure}} \cdot c_{\text{Essigsäure}}}$$

Gleichgewichtsberechnung
Das Estergleichgewicht lässt sich berechnen, indem man annimmt, dass von den Anfangsstoffmengen an Carbonsäure bzw. Alkohol, jeweils x mol verbraucht werden und daraus x mol Ester bzw. Wasser gebildet werden:

	R—COOH	+ R'—OH	⇌ R—COOR'	+ H_2O
Anfang:	$n_{\text{Carbonsäure}}$	n_{Alkohol}	0	0
Gleichgewicht:	$n_{\text{Carbonsäure}} - x$	$n_{\text{Alkohol}} - x$	x	x

Dann ist $K_x = \dfrac{x^2}{(n_{\text{Carbonsäure}} - x) \cdot (n_{\text{Alkohol}} - x)}$

Für die Aufgabe wurde die Gültigkeit dieser Rechenmethode angenommen und dann erhält man:

$$K_x = 3 = \frac{x^2}{(1-x)\cdot(1-x)} \quad \Leftrightarrow \quad 3\cdot(1-x)^2 = x^2 \quad \Rightarrow \quad 3 - 6x + 2x^2 = 0$$

$$x_{1,2} = \frac{6 \pm \sqrt{36-24}}{4} \quad \Rightarrow \quad x_1 \approx 2{,}37 \qquad x_2 \approx 0{,}63$$

Die erste Lösung ist physikalisch nicht sinnvoll. Mit der zweiten Lösung ergibt sich die Gleichgewichtsstoffmenge von Aspirin zu $n_{\text{Aspirin}} = 0{,}63$ mol.

1.3 Acetylsalicylsäure enthält mit dem Benzol-Ring und dem Ester-Rest zwei relativ große hydrophobe Molekülteile, die mit dem unpolaren Kohlenwasserstoffrest des Ethanols wechselwirken können.

2 *Es ist hilfreich (jedoch nicht ausdrücklich verlangt), zuerst die Reaktionsgleichung für die in der Aufgabenstellung beschriebene Hydrolyse von Acetylsalicylsäure zu formulieren, denn daran erkennt man, dass bei einer vollständigen Hydrolyse aus einem Mol Acetylsalicylsäure zwei Mol Säure (Salicylsäure und Essigsäure) gebildet würden (siehe auch 1.2):*

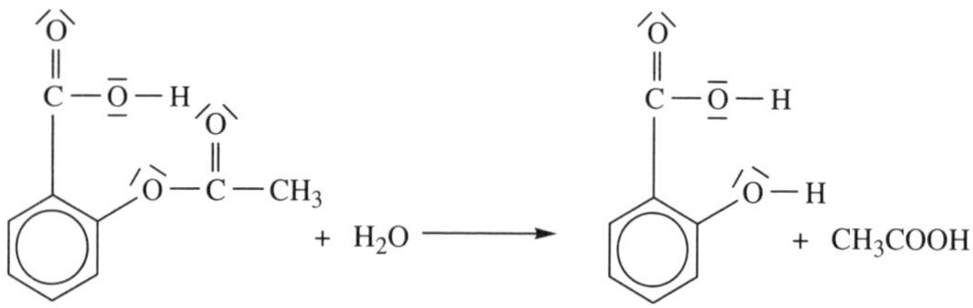

Für die Titration einer „sachgerecht gelagerten“ Aspirin®-Tablette wird der Natronlauge-Verbrauch also niedriger sein als für eine teilweise zersetzte Tablette. Damit ist auch das Titrationsergebnis erklärt.
Die Rechenaufgabe kann über die Berechnung der Stoffmenge von Acetylsalicylsäure in einer intakten Tablette, die den theoretischen Natronlaugeverbrauch ergibt, gelöst werden. Alternativ kann man die Stoffmenge (und damit die Masse) an Acetylsalicylsäure in einer Tablette aus dem Natronlaugeverbrauch für die Tablette 1 berechnen.

Eine andere Herangehensweise an die Aufgaben wäre, die Säuremenge in den beiden Tabletten zu berechnen und zunächst anzunehmen, dass es sich bei der Säure nur um Acetylsalicylsäure handelt. Dann stellt man einen Gehalt von ca. 500 mg für Tablette 1 fest, was den Herstellerangaben entspricht, während die Tablette 2 einen ca. 17 % höheren Gehalt hätte. Eine solche Abweichung von den Herstellerangaben darf bei einem Arzneimittel nicht vorkommen und aus dem Kontext der Aufgabe schließt man dann, dass es sich bei der Tablette 2 um die nicht sachgerecht gelagerte Tablette handeln muss. Der höhere Säuregehalt muss sich dann durch die Hydrolyse erklären lassen und das führt dann zu den Hydrolyse-Produkten des Esters Acetylsalicylsäure.

Die Titration reiner Acetylsalicylsäure (ASS) mit Natronlauge folgt der Reaktionsgleichung:

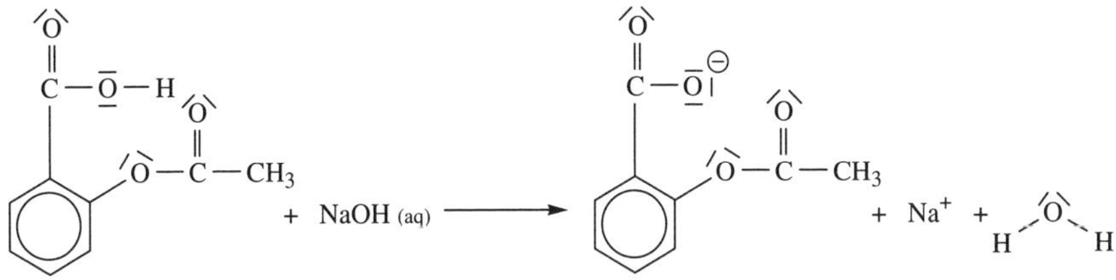

Es gilt also: $n_{\text{Natronlauge}} = n_{\text{ASS}}$

Der theoretische Verbrauch an Natronlauge für eine unzersetzte Tablette ist:

$$n_{\text{ASS}} = \frac{m_{\text{ASS}}}{M_{\text{ASS}}} = \frac{500 \cdot 10^{-3}\ \text{g}}{180\ \text{g} \cdot \text{mol}^{-1}} \approx 2{,}78 \cdot 10^{-3}\ \text{mol}$$

$$c_{\text{Natronlauge}} = \frac{n_{\text{Natronlauge}}}{V_{\text{Natronlauge}}} \quad \Leftrightarrow \quad V_{\text{Natronlauge}} = \frac{n_{\text{Natronlauge}}}{c_{\text{Natronlauge}}}$$

$$V_{\text{Natronlauge}} = \frac{2{,}78 \cdot 10^{-3}\ \text{mol}}{0{,}1\ \text{mol} \cdot \text{L}^{-1}} = 27{,}8 \cdot 10^{-3}\ \text{L} = 27{,}8\ \text{mL}$$

Alternative Rechnung mit dem Verbrauch für Tablette 1:

$$c_{\text{Natronlauge}} = \frac{n_{\text{Natronlauge}}}{V_{\text{Natronlauge}}} \quad \Leftrightarrow \quad n_{\text{Natronlauge}} = c_{\text{Natronlauge}} \cdot V_{\text{Natronlauge}}$$

$$n_{\text{Natronlauge}} = 0{,}1\ \text{mol} \cdot \text{L}^{-1} \cdot 27{,}7 \cdot 10^{-3}\ \text{L} = 2{,}77 \cdot 10^{-3}\ \text{mol}$$

$$n_{\text{ASS}} = \frac{m_{\text{ASS}}}{M_{\text{ASS}}} \quad \Leftrightarrow \quad m_{\text{ASS}} = n_{\text{ASS}} \cdot M_{\text{ASS}} = 2{,}77 \cdot 10^{-3}\ \text{mol} \cdot 180\ \text{g} \cdot \text{mol}^{-1}$$

$$= 498{,}6 \cdot 10^{-3}\ \text{g} = 498{,}6\ \text{mg}$$

$$n_{\text{ASS}} = n_{\text{Natronlauge}}$$

$$m_{\text{ASS}} = 2{,}77 \cdot 10^{-3}\ \text{mol} \cdot 180\ \text{g} \cdot \text{mol}^{-1} = 498{,}6 \cdot 10^{-3}\ \text{g} = 498{,}6\ \text{mg}$$

Mit der völlig analogen Rechnung für die Tablette 2 würde man einen Säuregehalt von $n_{Säure} = n_{Natronlauge} = 3{,}25 \cdot 10^{-3}$ mol erhalten. Bezogen auf ASS wären das 585 mg – im Widerspruch zu den Herstellerangaben (siehe Hinweis oben).

Die Tablette 2 enthält also zusätzliche Säure, die aus der Hydrolyse zu Salicylsäure und Essigsäure entstanden ist. Bei der Titration muss daher mehr Lauge zum Erreichen des Äquivalenzpunkts zugegeben werden.

3 **Strukturformeln der Monomere und Benennung der funktionellen Gruppen**

Zur Identifikation der Monomere empfiehlt es sich, die durchgehende Kette des abgedruckten Strukturformelausschnitts durch senkrechte Striche so zu unterteilen, dass man gleichartige Bausteine erkennt. Da es sich um ein Polymerisat handelt, müssen die Monomere Doppelbindungen enthalten:

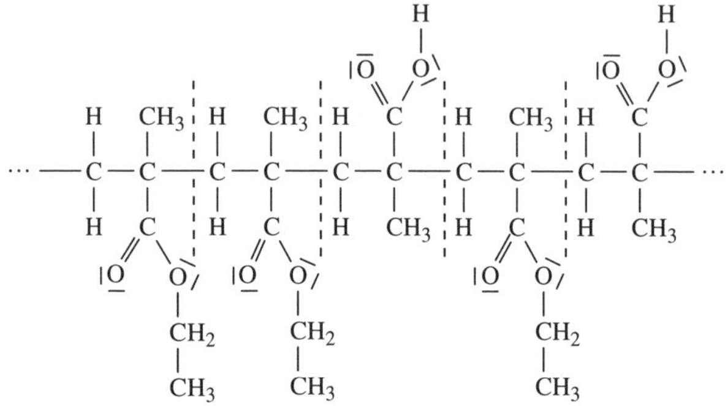

Bei den beiden Monomeren handelt es sich um Methacrylsäure (= 2-Methylpropensäure, Formel **A**), bzw. um Methacrylsäureethylester (= 2-Methylpropensäureethylester, Formel **B**). Neben der Doppelbindung ist die funktionelle Gruppe in A eine Carboxy(l)-Funktion, in B eine Esterbindung (jeweils durch die gestrichelten Hervorhebungen gekennzeichnet):

A **B**

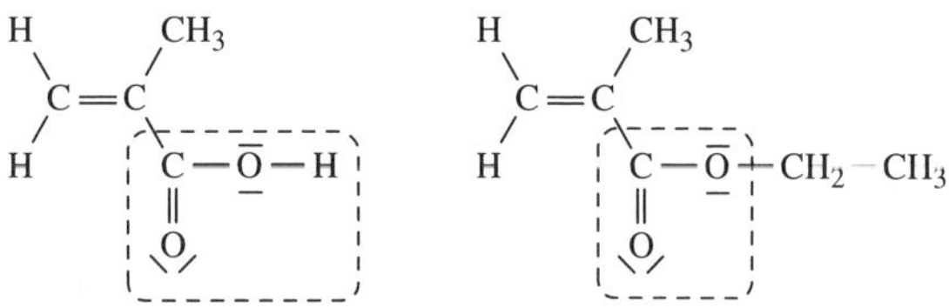

Zuordnung von A und B und Löslichkeit des Copolymers in Abhängigkeit vom pH-Wert und der Zusammensetzung

Gemäß Aufgabenstellung ist die Wasserlöslichkeit bei einem Verhältnis der Monomeren A : B = 1 : 1 bei pH = 5,5 gut. Bei einem kleineren Verhältnis muss der pH-Wert erhöht werden.

Da eines der Monomere eine gut wasserlösliche Carbonsäure ist, das andere ein schlecht wasserlöslicher Carbonsäureester, ergibt sich die obenstehende Zuordnung der Buchstaben.

Die Löslichkeit des Copolymers hängt bei gegebener Kettenlänge *und* gegebenem pH-Wert vom Anteil des Monomers A in der Kette ab. Die Carboxy-Funktionen werden in wässriger Lösung von einer Hydrathülle umgeben, was die Wasserlöslichkeit des Polymers erhöht. Über das Verhältnis A : B (also über die Anzahl der freien Carboxy-Funktionen pro Kettenabschnitt) kann daher die Löslichkeit verändert werden; ein hohes Verhältnis A : B erhöht diese.

Abhängig vom pH-Wert der Lösung können die Carboxy-Funktionen auch ein Proton abspalten, wodurch negativ geladene Carboxylat-Seitenketten entstehen. Der ionische Charakter dieser Gruppen erhöht die Wasserlöslichkeit. Bei *gegebener Kettenzusammensetzung* wird also ein höherer pH-Wert zu einer besseren Löslichkeit des Polymers führen.

VP

Beim Verzehr von Milchprodukten wird der darin enthaltene Milchzucker (Lactose) beim Verdauungsprozess im Dünndarm durch das Enzym Lactase in Monosaccharide gespalten. Diese werden dann über die Darmwand ins Blut aufgenommen.
Menschen mit Lactoseintoleranz fehlt das Enzym Lactase.

1 Lactose besteht aus Disaccharid-Molekülen, in denen ein β-D-Galactose-Molekül und ein α-D-Glucose-Molekül 1,4-glycosidisch verknüpft sind.
Das Galactose-Molekül unterscheidet sich vom Glucose-Molekül nur in der Stellung der Hydroxylgruppe am 4. Kohlenstoffatom.

1.1 Erklären Sie anhand der Strukturformel des Lactose-Moleküls, ob es sich um einen reduzierenden oder einen nicht-reduzierenden Zucker handelt.
Beschreiben Sie die Durchführung eines Experiments, mit dem Ihre Aussage überprüft werden kann. 5

1.2 Bei der Herstellung von lactosefreien Milchprodukten wird die Lactose enzymatisch in Monosaccharide gespalten.
Die entstandene Glucose kann man mithilfe des GOD-Tests nachweisen.
Im ersten Schritt reagiert α-D-Glucose mit Sauerstoff zu Gluconolacton und Wasserstoffperoxid (H_2O_2).

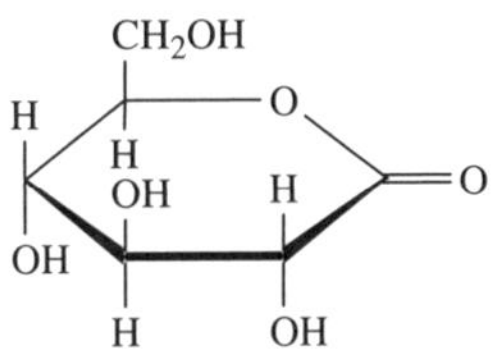

Gluconolacton

Formulieren Sie die Reaktionsgleichung für den ersten Schritt der Nachweisreaktion unter Verwendung der HAWORTH-Projektionsformeln.
Zeigen Sie, dass es sich dabei um eine Redoxreaktion handelt.
Im zweiten Schritt reagiert das entstandene Gluconolacton mit Wasser zur offenkettigen D-Gluconsäure.
Zeichnen Sie die Strukturformel des D-Gluconsäure-Moleküls in FISCHER-Projektion und begründen Sie, dass es sich um die D-Form handelt. 5

2 Mithilfe von Blutzuckertests kann man überprüfen, ob eine Lactoseintoleranz vorliegt. Dabei trinkt eine Person eine Testlösung, die 50 g Lactose enthält. Innerhalb der nächsten Stunden wird der Glucosegehalt des Blutes gemessen.
Erklären Sie, dass mithilfe dieses Testverfahrens eine Lactoseintoleranz nachgewiesen oder ausgeschlossen werden kann.
Berechnen Sie den theoretisch möglichen Maximalwert des Glucosegehalts in 100 mL Blut. Gehen Sie dabei von einem Anfangsgehalt von 110 mg Glucose pro 100 mL Blut und einem Blutvolumen von 5 Litern aus. 6

3 Bei der Herstellung von Sauermilch wandeln Milchsäurebakterien die Lactose zu Milchsäure (2-Hydroxypropansäure) um. Ein Liter Sauermilch enthält 450 mg Milchsäure und hat einen pH-Wert von 4,5.
Berechnen Sie den pH-Wert einer reinen, wässrigen Milchsäurelösung mit gleichem Milchsäuregehalt.
Interpretieren Sie Ihr Ergebnis im Vergleich zur Sauermilch. 4

20

Lösungen

1.1 Strukturformel und reduzierende Eigenschaften

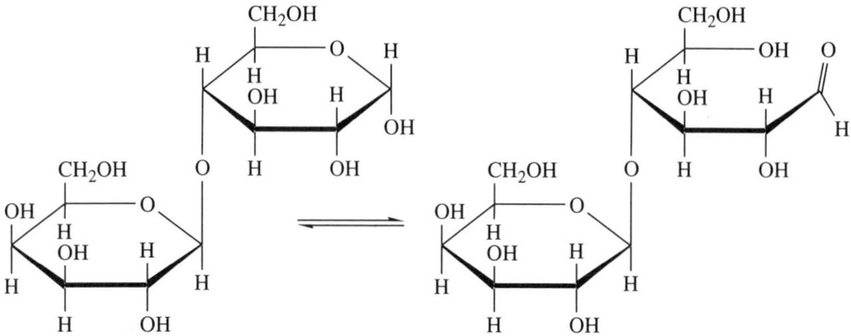

Das Disaccharid Lactose kann mit einem α-D-Glucose-Baustein (linke Strukturformel, rechter Ring) dargestellt werden. In wässrigen Lösungen kann sich der rechte Ring öffnen, da die OH-Gruppe an C1 frei ist (Rückreaktion des Halbacetals zur alkoholischen OH-Gruppe und zur Aldehyd-Funktion).
Die freie Aldehyd-Gruppe des geöffneten Rings kann mit FEHLING- oder TOLLENS-Reagenz oxidiert werden. Lactose ist also ein reduzierender Zucker.

Die Darstellung der geöffneten Form ist laut Aufgabenstellung nicht zwingend erforderlich.

TOLLENS-Probe (Silberspiegel-Reaktion)
Zu einer wässrigen Lösung von Lactose gibt man eine Silbernitrat-Lösung, der gerade so viel Ammoniak-Lösung zugesetzt wurde, bis sich das gebildete Silberhydroxid zum löslichen Silber-Diammin-Komplex umgewandelt hat.
Man stellt das Reaktionsgemisch in ein kochendes Wasserbad. Nach einigen Minuten erhält man im Idealfall einen Silberspiegel, sonst einen braun-schwarzen Niederschlag von kolloidalem Silber.

Reaktionsgleichung (nicht verlangt):

Oxidationsschritt: $\overset{+I}{R-CHO} + 3\,OH^- \longrightarrow \overset{+III}{R-COO^-} + 2\,e^- + 2\,H_2O$
(R—CHO: Aldehyd; R—COO⁻: Carbonsäure-Anion)

Reduktionsschritt: $2\,\overset{+I}{Ag^+} + 2\,e^- \longrightarrow 2\,\overset{0}{Ag}_{(s)}$

Bilanz: $R-CHO + 2\,Ag^+ + 3\,OH^- \longrightarrow R-COO^- + 2\,Ag_{(s)} + 2\,H_2O$

Fehling-Reaktion:
Eine kleine Menge Lactose wird in Wasser gelöst. Dazu gibt man eine 1 : 1-Mischung von Fehling-Reagenz I und Fehling-Reagenz II. Man stellt die Probe in ein kochendes Wasserbad. Nach kurzer Zeit beobachtet man eine Verfärbung von tiefblau (evtl. über grün) nach orange oder ziegelrot.

Reaktionsgleichung (nicht verlangt):

Oxidationsschritt: $\underset{\text{Aldehyd}}{R-\overset{+I}{C}HO} + 3\,OH^- \longrightarrow \underset{\text{Carbonsäure-Anion}}{R-\overset{+III}{C}OO^-} + 2\,e^- + 2\,H_2O$

Reduktionsschritt: $2\,\overset{+II}{Cu}{}^{2+} + 2\,e^- + 2\,OH^- \longrightarrow \overset{+I}{Cu_2}O\,(s) + H_2O$

Bilanz: $R-CHO + 2\,Cu^{2+} + 5\,OH^- \longrightarrow R-COO^- + Cu_2O\,(s) + 3\,H_2O$

Die Beschreibung einer der beiden Reaktionen genügt.

1.2 **Reaktionsgleichung**

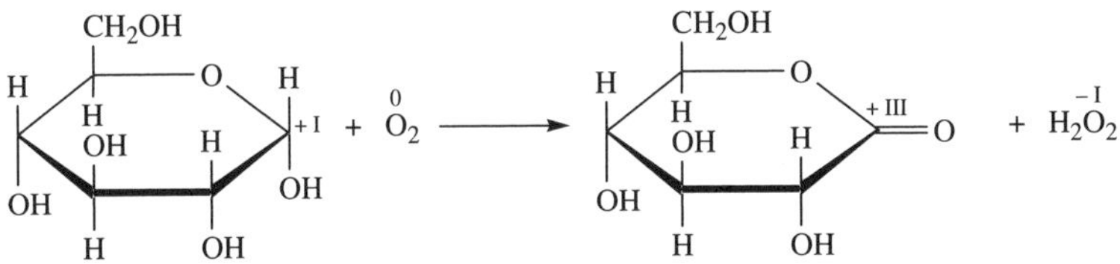

Anhand der Oxidationszahlen am C-Atom 1 der Glucose bzw. des Gluconolactons erkennt man den Oxidationsschritt. Die Elektronen werden vom Sauerstoff aufgenommen (Reduktion), der in der Oxidationsstufe –I im Wasserstoffperoxid gebunden wird.

Fischer-Projektion der D-Gluconsäure

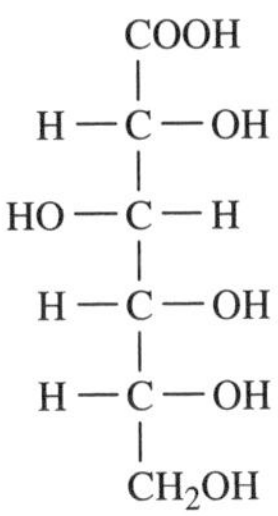

D-Gluconsäure

D-Form
Das Gluconolacton entsteht aus der D-Glucose, wobei sich die Stellung der OH-Gruppen an den C-Atomen 2 bis 4 nicht verändert. Die anschließende Hydrolyse des Gluconolactons zur Gluconsäure ändert die Konfiguration an C5 nicht. Also ist das Substitutionsmuster der OH-Gruppen von C2 bis C5 in der Gluconsäure gleich dem in der D-Glucose und daher handelt es sich um eine D-Form, bei der die OH-Gruppe am letzten asymmetrisch substituierten C-Atom der Fischer-Projektionsformel rechts steht.

Alternative Argumentation:
Steht die OH-Gruppe (oder ggf. ein anderer Substituent) am letzten asymmetrisch substituierten C-Atom einer FISCHER-Projektionsformel rechts, so handelt es sich um die D-Form des fraglichen Moleküls.
Um herauszufinden, ob das bei der Gluconsäure der Fall ist, kann man die Reaktionsgleichung für die Hydrolyse des Gluconolactons formulieren und dann die Stellung der Substituenten am C-Atom 5 betrachten. Man erkennt, dass die Stellung der OH-Gruppe in der FISCHER-Projektion rechts sein muss:

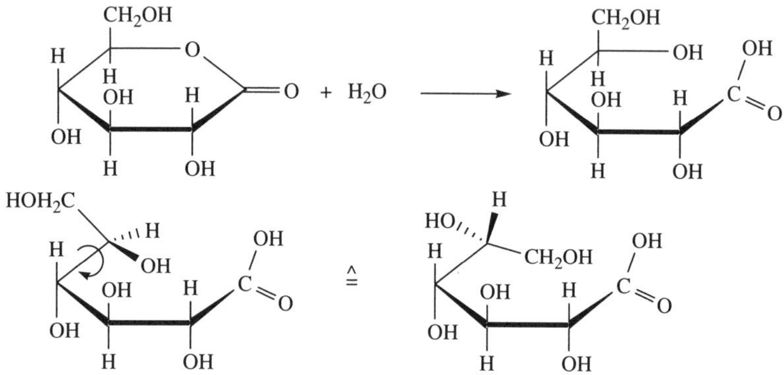

2 **Testverfahren**
Im Aufgabentext wird als Ursache für eine Lactose-Intoleranz das Fehlen des Enzyms Lactase genannt. Lactase spaltet Lactose in die Monomere Glucose und Galactose, die dann beide im Dünndarm aufgenommen werden können. Der Blutzucker des Menschen ist die Glucose. Der Blutzuckerspiegel – also der Glucosegehalt des Bluts – wird zwar vom Körper geregelt, schwankt aber im Tagesverlauf in Abhängigkeit von der Nahrungszufuhr und der körperlichen oder geistigen Betätigung. Nach einer Mahlzeit kann man einen höheren Blutzuckerspiegel nachweisen. Bei vorhandener Lactase wird die Lactose gespalten und bei einer Gabe von Lactose sollte damit nach einiger Zeit ein höherer Blutglucose-Wert festgestellt werden können. Fehlt die Lactase hingegen, so kann die zugeführte Lactose nicht verwertet werden und der Blutzuckerspiegel sollte sich nicht erhöhen.

Theoretischer Maximalwert des Blutglucose-Gehalts

Zur Lösung der Aufgabe berechnet man zunächst die Glucose-Menge in g, die aus der angegebenen Lactose-Gabe bei vollständiger Spaltung entstehen könnte. Das lässt sich mit einer einfachen Dreisatz-Rechnung oder alternativ mit den bekannten Formeln für die Stoffmengen bewerkstelligen.

Die molare Masse des Disaccharids Lactose beträgt $342\ \text{g} \cdot \text{mol}^{-1}$. Aus 342 g Lactose entstehen bei vollständiger hydrolytischer Spaltung 180 g Glucose (entsprechend einem Mol).

Aus 50 g Lactose können demnach $m_{\text{Glucose}} = 50 \cdot \frac{180}{342}\ \text{g} = 26{,}3\ \text{g} = 26300\ \text{mg}$ gewonnen werden.

Alternative Rechnung:

$$n_{\text{Lactose}} = \frac{m_{\text{Lactose}}}{M_{\text{Lactose}}} = \frac{50\text{ g}}{342\text{ g}\cdot\text{mol}^{-1}} \approx 0{,}146\text{ mol}$$

Weil $n_{\text{Lactose}} = n_{\text{Glucose}}$, ist $m_{\text{Glucose}} = n_{\text{Lactose}} \cdot M_{\text{Glucose}}$

$$= 0{,}146\text{ mol} \cdot 180\text{ g}\cdot\text{mol}^{-1} \approx 26{,}3\text{ g} = 26300\text{ mg}$$

Blutglucose-Gehalt nach dem Test:
Wenn die gesamte Glucose-Menge in fünf Liter (= 5 000 mL) Blut gelöst wird, das bereits 110 mg · 100 mL^{-1} Glucose enthält, ergibt sich der Blutglucosegehalt zu

$$g_{\text{Glucose}} = \frac{26300\text{ mg}}{5\,000\text{ mL}} + \frac{110\text{ mg}}{100\text{ mL}} = 6{,}36\text{ mg}\cdot\text{mL}^{-1}$$

In 100 mL Blut wären dann also 636 mg Glucose enthalten.

3 **pH-Wert-Berechnung**

Der pH-Wert schwacher Säuren berechnet sich (näherungsweise) allgemein nach folgendem Schema:

$$K_S = \frac{c_{H_3O^+} \cdot c_{A^-}}{c_{0,\,HA}} = \frac{c^2_{H_3O^+}}{c_{0,\,HA}} \quad \Rightarrow \quad c_{H_3O^+} = \sqrt{K_S \cdot c_{0,\,HA}} \quad \Rightarrow \quad \text{pH} = -\log c_{H_3O^+}$$

oder in logarithmierter Form

$$\text{pH} = \frac{1}{2}(\text{p}K_S - \lg c_{0,HA})$$

Zur Lösung der Aufgabe muss man also die Konzentration der Milchsäure berechnen, den K_S-Wert (oder pK_S-Wert) der Tabelle entnehmen und die Formeln darauf anwenden. Die molare Masse der Milchsäure erhält man aus der Formel:

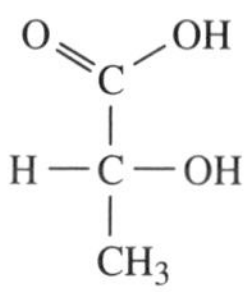

$$\Rightarrow \quad M_{\text{Milchsäure}} = (3\cdot16 + 3\cdot12 + 6\cdot1)\text{ g}\cdot\text{mol}^{-1} = 90\text{ g}\cdot\text{mol}^{-1}$$

In einem Liter Sauermilch sind 450 mg Milchsäure enthalten, damit ist die Stoffmenge der Milchsäure

$$n_{\text{Milchsäure}} = \frac{m_{\text{Milchsäure}}}{M_{\text{Milchsäure}}} = \frac{450\text{ mg}}{90\text{ g}\cdot\text{mol}^{-1}} = \frac{0{,}450\text{ g}}{90\text{ g}\cdot\text{mol}^{-1}} = 0{,}005\text{ mol}$$

und die Konzentration der Lösung

$$c_{\text{Milchsäure}} = \frac{n_{\text{Milchsäure}}}{V_{\text{Milchsäure}}} = \frac{0{,}005\text{ mol}}{1\text{ L}} = 0{,}005\text{ mol}\cdot\text{L}^{-1}$$

Der pH-Wert der Milchsäurelösung ist somit

$$c_{H_3O^+} = \sqrt{(1{,}38 \cdot 10^{-4} \cdot 0{,}005)\ \text{mol}^2 \cdot \text{L}^{-2}} \approx 8{,}31 \cdot 10^{-4}\ \text{mol} \cdot \text{L}^{-1}$$

$$\Rightarrow \quad \text{pH} = -\log 8{,}31 \cdot 10^{-4} \approx 3{,}1$$

oder

$$\text{pH} = \frac{1}{2}(\text{p}K_S - \lg c_{0,\ \text{Milchsäure}}) = \frac{1}{2}(3{,}86 - \lg 0{,}005) \approx 3{,}1$$

Vergleich der pH-Werte der Milchsäure-Lösung und der Sauermilch
Milch enthält verschiedene Stoffe, die protoniert werden können und daher einen Teil der Gärungsmilchsäure puffern können. Zu diesen Puffersubstanzen gehören beispielsweise Hydrogenphosphat-Ionen und Proteine. Deshalb ist der pH-Wert einer Sauermilch höher als der der reinen Milchsäure-Lösung.

VP

Kunststoffe wie z. B. Polyester oder Polyurethane finden nicht nur als Werkstoffe, sondern auch in Lacken als Bindemittel Verwendung. Sie bilden nach dem Trocknen die geschlossene Lackschicht.
Man unterscheidet dabei zwischen Ein- und Zweikomponentenlacken.

1 Einkomponentenlacke bestehen aus Polymermolekülen, die in einem Lösungsmittel gelöst sind. Verdunstet dieses, so reichen die zwischenmolekularen Kräfte für das Aushärten des Lacks aus. Bei dieser sogenannten physikalischen Trocknung kann der Lack durch das Lösungsmittel wieder verflüssigt werden.
Die folgende Abbildung zeigt einen charakteristischen Ausschnitt eines Polymers aus einem Einkomponentenlack.

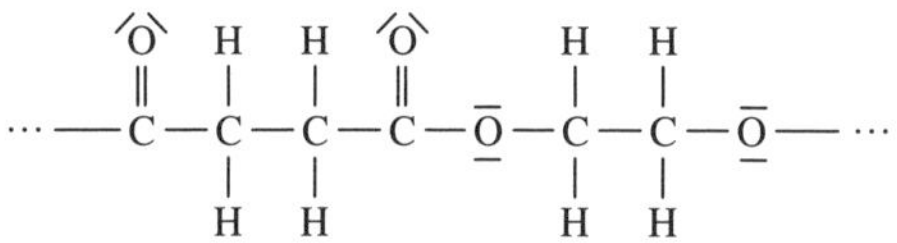

1.1 Benennen Sie den Reaktionstyp der Polymersynthese und geben Sie die Namen der Monomere und ihre Strukturformeln mit allen bindenden und nichtbindenden Elektronenpaaren an.
Nennen Sie die Wechselwirkungen zwischen den Polymermolekülen im ausgehärteten Lack und begründen Sie Ihre Angaben. 5

1.2 Polymermoleküle mit dem oben dargestellten Polymerausschnitt besitzen eine mittlere Molekülmasse von ca. 2 000 u.
Berechnen Sie näherungsweise die Anzahl an verknüpften Monomeren.
Erklären sie, weshalb nur eine mittlere Molekülmasse angegeben werden kann. 3

1.3 In Einkomponentenlacken verwendete Lösungsmittel enthalten oft Aromaten, z.B. *ortho*-Xylol (1,2-Dimethylbenzol):

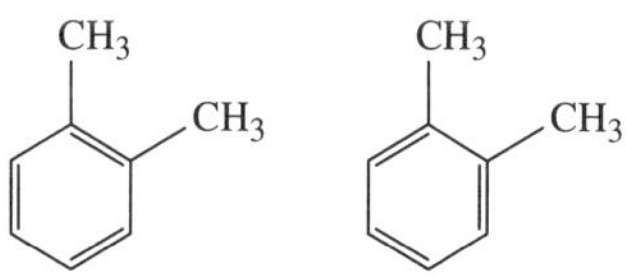

Begründen Sie, dass es sich bei beiden Formeln um die Darstellung des identischen Moleküls handelt. 3

2 Zweikomponentenlacke bieten den Vorteil, dass sie ohne Lösungsmittel auskommen. Die als Bindemittel eingesetzten Polymere enthalten funktionelle Gruppen, die eine Vernetzung durch eine chemische Reaktion ermöglichen.

2.1 Bei mit UV-Licht aushärtenden Zweikomponentenlacken ist die eine Komponente Styrol (Phenylethen).

Die zweite Komponente besteht aus Polymermolekülen, die aus den gleichen Monomeren wie der Einkomponentenlack in Teilaufgabe 1 bestehen – allerdings ist hier jeder zweite Disäurebaustein durch ein Butendisäuremolekül ersetzt.
Direkt vor der Verarbeitung werden die beiden Komponenten gemischt und anschließend mit UV-Licht bestrahlt. Dadurch entstehen Radikale und die chemische Reaktion zwischen den beiden Komponenten wird in Gang gesetzt.
Zeichnen Sie einen charakteristischen Strukturformelausschnitt des entstehenden Polymers.
Nennen Sie den Reaktionstyp und wichtige Reaktionsschritte bei der Ausbildung dieser Lackschicht.
Vergleichen Sie die physikalischen und chemischen Eigenschaften des Einkomponenten- und Zweikomponentenlacks und gehen sie auf veränderte Verwendungsmöglichkeiten ein. 7

2.2 Bei sogenannten kalt härtenden Zweikomponentenlacken erfolgt die Aushärtung der Lackschicht ohne UV-Licht und ohne Erhitzen.
Die beiden nachfolgenden schematischen Abbildungen zeigen zwei Komponenten eines solchen Lacks vor der Aushärtungsreaktion:

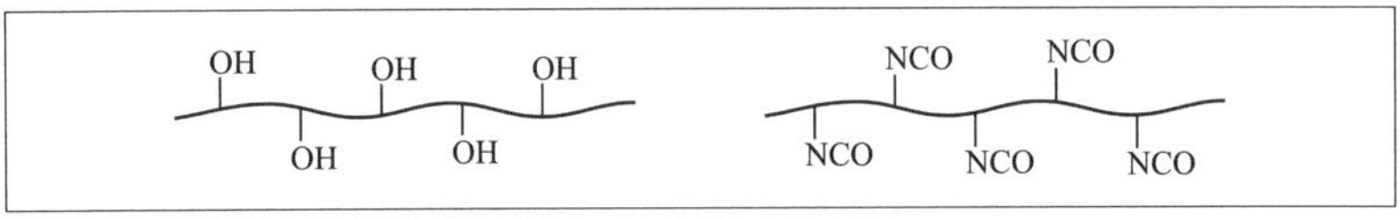

Zeichnen Sie die im ausgehärteten Produkt neu gebildete funktionelle Gruppe mit allen bindenden und nichtbindenden Elektronenpaaren und benennen Sie die Polyreaktion. 2

20

Lösungen

1.1 Der Strukturformelausschnitt zeigt eine Esterbindung zwischen einer Dicarbonsäure und einem Diol. Die Synthese ist eine Polykondensation. Die Monomere sind Ethylenglykol (1,2-Ethandiol) und Bernsteinsäure (1,4-Butandisäure).

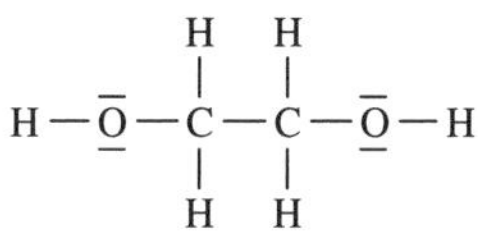
Ethylenglykol

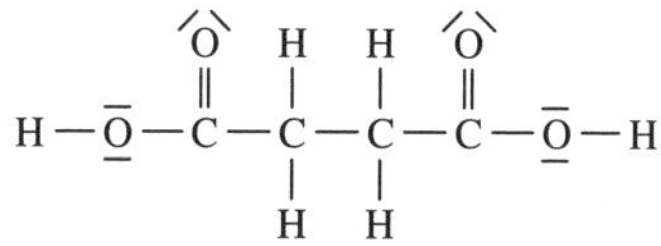
Bernsteinsäure

Zwischenmolekulare Wechselwirkungen setzen sich aus verschiedenen Energiebeiträgen zusammen. Zwischen den Polymerketten im Einkomponentenlack können Van-der-Waals-Wechselwirkungen und Dipol-Dipol-Wechselwirkungen (zwischen den Estergruppen) auftreten.

1.2 **Anzahl der Monomeren**
Gemäß der Aufgabe hat der Polyester im Einkomponentenlack eine mittlere Molekülmasse von 2 000 u, die sich aus N gleichen Struktureinheiten aus dem Diol und der Dicarbonsäure zusammensetzen. Die Molekülmasse einer Struktureinheit beträgt 144 u.

Damit ist $N = \frac{2000\ \text{u}}{144\ \text{u}} \approx 14.$

In einer Kette mit der mittleren Molekülmasse sind also (ungefähr) 14 Diol- und 14 Dicarbonsäure-Moleküle alternierend miteinander verknüpft.

Mittlere Molekülmasse
Bei Polykondensationsreaktionen erhält man Gemische von Polymerketten unterschiedlicher Länge, da in der Synthesereaktion nicht alle Ketten gleichzeitig zu wachsen beginnen und das Kettenwachstum nicht notwendigerweise über die gesamte Synthesedauer erfolgt. Man kann daher nur eine mittlere molare Masse – und damit eine mittlere Molekülmasse – bestimmen. Über die Reaktionsbedingungen kann die mittlere Kettenlänge gesteuert werden.

1.3 Die Untersuchung von Benzol und seinen Derivaten – wie das *ortho*-Xylol in der Aufgabe – ergab, dass die C–C-Bindungen im Sechsring alle äquivalent sind. Würde es sich bei einem Benzol-Ring um ein Cyclohexatrien-Molekül mit lokalisierten Doppelbindungen handeln, so wären die beiden dargestellten Molekülformeln Konstitutionsisomere des *ortho*-Xylols mit unterschiedlichen physikalischen und chemischen Eigenschaften (z. B. verschiedene Bromierungsprodukte). Es gibt aber nur ein *ortho*-Xylol. Um die Äquivalenz der Ringdoppelbindungen darzustellen, kann man zwei Formeln mit unterschiedlicher Lage der Doppelbindungen mit einem Doppelpfeil dazwischen zeichnen. So wird die Delokalisation der Ringelektronen dargestellt und bei den beiden Formeln handelt es sich dann um mesomere Grenzstrukturen. Eine adäquatere Darstellung dieses Sachverhalts kommt in der Benzolformel mit einem äußeren Hexagon und einem innenliegenden Ring für die Bindungselektronen der Doppelbindung zum Ausdruck:

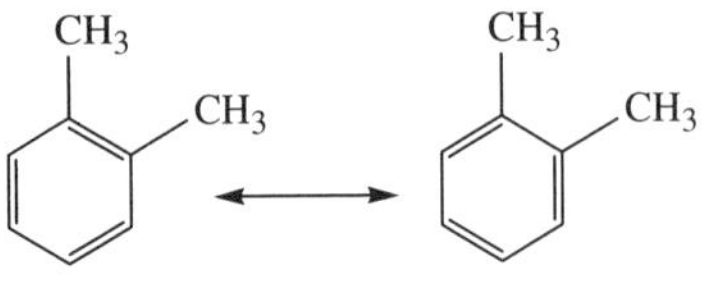

Mesomerie am *ortho*-Xylol

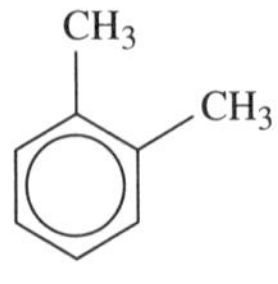

Alternative Darstellung

Ergänzung (nicht verlangt):
Die Bindungsverhältnisse im Benzol können im Hybridorbital-Modell so verstanden werden, dass die sp^2-hybridisierten Ring-C-Atome über jeweils ein sp^2-Orbital mit ihren Nachbarn σ-Bindungen mit einem 120°-Winkel bilden. Senkrecht zu diesen Bindungen stehen p-Orbitale, die durch seitliche Überlappung ober- und unterhalb der Ringebene π-Bindungen und damit ein cyclisches Elektronensystem bilden (in der folgenden Zeichnung ist diese Überlappung der Übersichtlichkeit halber nur oberhalb des Rings durch gestrichelte Linien angedeutet):

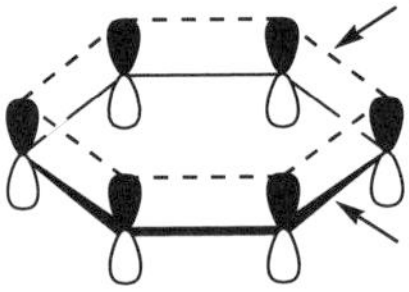

2.1 *Zur Lösung der Aufgabe ist es hilfreich, zunächst Strukturformeln für die beiden Komponenten des Lacks zu zeichnen und mit der Beantwortung des zweiten Teils der Frage zu beginnen, da sich daraus der Strukturformelausschnitt (Teilaufgabe 1) ergibt. Es sind dann verschiedene Lösungsvarianten denkbar.*
Für die hier dargestellte Lösung ist nur der für die Radikalreaktion wichtige Ausschnitt aus der Polymerkette abgebildet. Gemäß der Aufgabenstellung ist in der Polymerkette jeder zweite Butandisäure-Baustein durch Butendisäure ersetzt. Man kann das durch eine entsprechende Verlängerung des Strukturformelausschnitts darstellen.

Lösungsvariante 1:

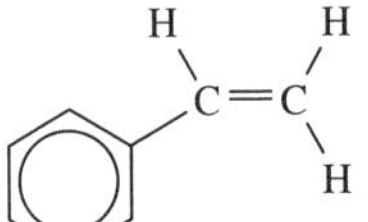

Styrol

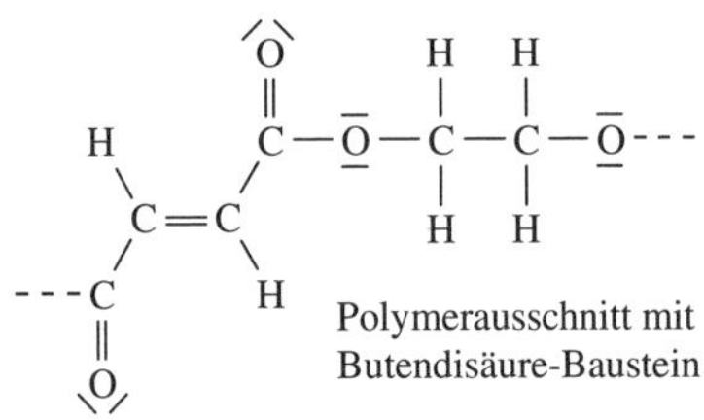

Polymerausschnitt mit Butendisäure-Baustein

Der Aufgabenstellung entnimmt man, dass bei der Härtung mit UV-Licht eine Radikalreaktion stattfindet. In der Regel werden bei den in der Schule behandelten radikalischen Polymerisationen Radikalstarter eingesetzt und die **Startreaktion** besteht in der Spaltung dieses Startermoleküls:

$$R—R \longrightarrow 2\,R\bullet$$

Diese Radikale können nun mit der Doppelbindung in der Polymerkette reagieren:

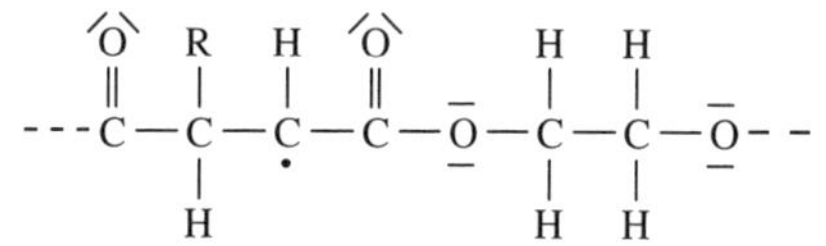

Das Radikal an der Polymerkette kann dann mit Styrol-Molekülen reagieren (**Kettenfortpflanzung**):

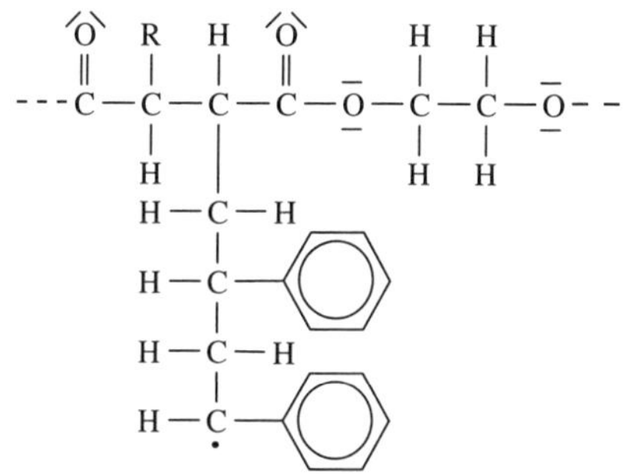

Zwei solche Radikale können miteinander zu einer Brücke **rekombinieren**, was einen **charakteristischen Strukturformelausschnitt** ergibt:

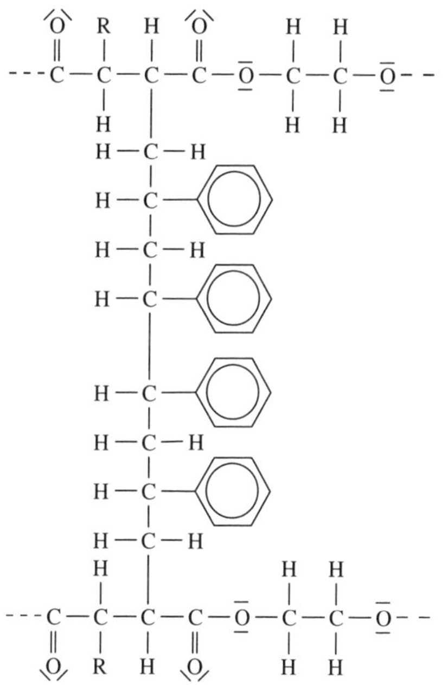

Neben der Rekombination von Radikalen kommen als **Abbruchreaktionen** auch Verluste des ungepaarten Elektrons durch Reaktion mit dem Trägermaterial oder durch Disproportionierung in Frage.

In der Aufgabenstellung wird die Präsenz eines Radikalstarters nicht erwähnt. Deswegen sind auch andere Lösungsmöglichkeiten denkbar:

Lösungsvariante 2:
Sowohl am Styrol, als auch an den Polymerketten können sich die Doppelbindungen öffnen, wobei man der Einfachheit halber annehmen kann, dass sich durch die UV-Bestrahlung zunächst nur Styrolradikale bilden, die dann die Doppelbindungen der Polymerketten angreifen:

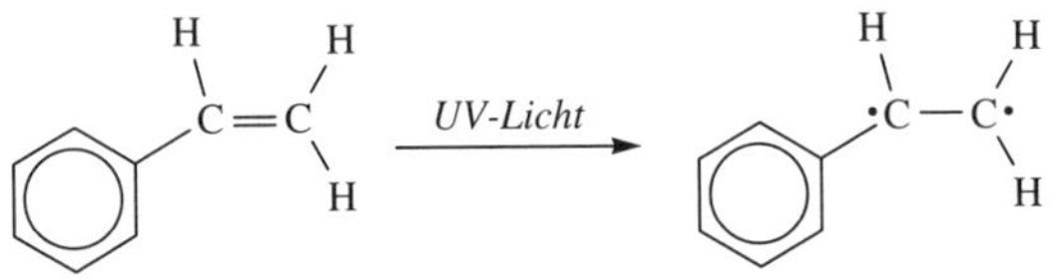

Diese homolytische Spaltung der Doppelbindung ist dann die **Startreaktion**.
Da die Radikale bifunktionell sind (zwei freie Elektronen), sind Vernetzungen von Polymerketten über Styrolbrücken denkbar:

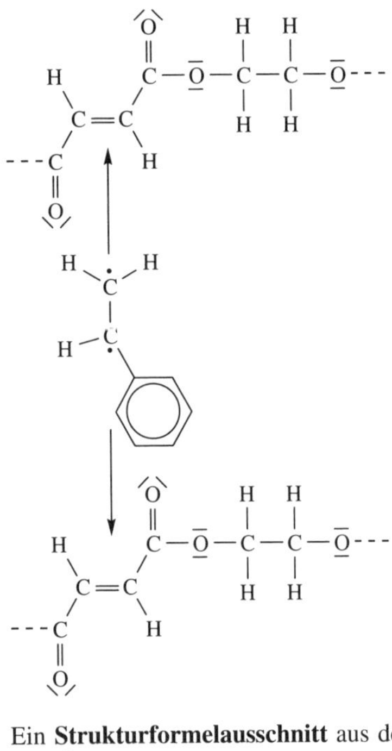

Ein **Strukturformelausschnitt** aus dem gehärteten Lack könnte dann beispielsweise so aussehen:

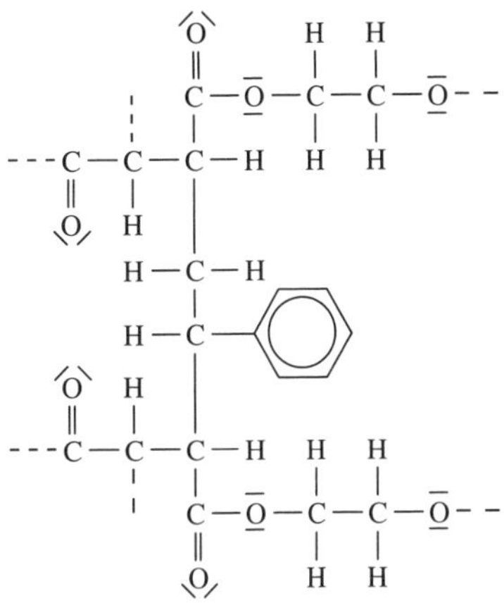

Die horizontal gestrichelten Linien sollen dabei die durchgehende Polymerkette darstellen, die senkrecht gestrichelten Linien deuten weitere Vernetzungen zwischen Polymerketten an.

Es handelt sich bei dieser Vernetzung um eine Radikalkettenreaktion, denn die einmal in der Startreaktion gebildeten Radikale können mit weiteren Doppelbindungen wieder Radikale bilden (**Kettenwachstumsreaktion**). Schließlich kann es zu **Abbruchreaktionen** kommen, indem sich die Doppelbindungen zurückbilden, Disproportionierungen auftreten (zwei Radikalmoleküle reagieren unter Bildung einer Doppelbindung und einem Alkylrest), zwei Radikale eine Bindung ausbilden oder die Radikale ihr Elektron an das Trägermaterial abgeben.

Laut Aufgabenstellung muss hier kein Schema für die radikalische Kettenreaktion gezeichnet werden. Der detaillierte Ablauf der einzelnen Schritte kann in anderen Abituraufgaben nachgeschlagen werden, z. B. Abitur 2012, Aufgabe III.

Der Zweikomponentenlack hat durch die Quervernetzung der Ketten in verschiedenen Lösungsmitteln eine andere Löslichkeit als der Einkomponentenlack. Insbesondere sind Zweikomponentenlacke häufig sehr chemikalienresistent und können daher für Beschichtungen benutzt werden, für die diese Eigenschaft wichtig ist.
Die Zweikomponentenlacke gehören zur Gruppe der UP-Harze (ungesättigte Polyesterharze). Diese zeigen duroplastische Eigenschaften und sind unter anderem häufig besonders wärmebeständig.

2.2 **Kalt härtender Zweikomponentenlack**
Der Abbildung entnimmt man, dass alkoholische OH-Gruppen mit Isocyanat-Gruppen (NCO-Gruppen) bei der Härtung des Lacks miteinander reagieren. Durch diese **Polyadditionsreaktion** entsteht ein Polyurethan.

Formel mit der Urethangruppe (hervorgehoben):

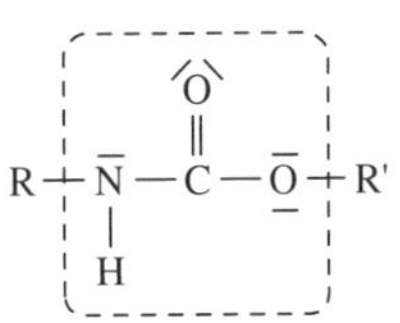

Abiturprüfung an den allgemein bildenden Gymnasien (Baden-Württemberg) 2014
Prüfungsfach: Chemie – Aufgabe IV

VP

Die zunehmende Nutzung regenerativer Energien erfordert Speicherkapazitäten für die elektrische Energie. Diese Speicherkapazitäten sollen unter anderem mit dem sogenannten „Power-to-Gas"-Verfahren geschaffen werden. Dabei wird Methangas als Speichermedium erzeugt, das auch als SNG (Substitute Natural Gas; nachgebildetes Erdgas) bezeichnet wird.
Zunächst wird die erzeugte elektrische Energie zur Gewinnung von Wasserstoff genutzt. Vereinfacht betrachtet wird bei der anschließenden „Methanisierung" Kohlenstoffdioxid mit Wasserstoff zu Methan und Wasser umgesetzt.

1 Der benötigte Wasserstoff wird durch die Elektrolyse von Wasser erzeugt. Technisch erfolgt dies zum Beispiel in einer wässrigen Kaliumhydroxid-Lösung der Konzentration $c = 1\ \text{mol} \cdot \text{L}^{-1}$ unter Verwendung von Graphitelektroden.

1.1 Fertigen Sie eine beschriftete Skizze der Elektrolyse-Apparatur an.
Nennen Sie die Teilchen, die in einer Kaliumhydroxid-Lösung ($c = 1\ \text{mol} \cdot \text{L}^{-1}$) vorliegen und ordnen Sie diese nach abnehmender Konzentration. 3

1.2 Geben Sie mögliche Elektrodenvorgänge an Anode und Kathode an und begründen Sie, welche der möglichen Reaktionen tatsächlich ablaufen.
Berechnen Sie die zu erwartende Zersetzungsspannung.
Nennen Sie die am Pluspol und Minuspol entstehenden Produkte und geben Sie für die ablaufende Reaktion eine Reaktionsgleichung an. 6

2 Stellen Sie eine Reaktionsgleichung für die „Methanisierung" auf. Verwenden Sie Strukturformeln mit bindenden und nichtbindenden Elektronenpaaren.
Zeigen Sie, dass es sich um eine Redoxreaktion handelt und kennzeichnen Sie Oxidation und Reduktion. 4

3 Das erzeugte SNG kann nach Trocknung in das Erdgasnetz eingespeist werden.
Stellen Sie die Reaktionsgleichung für die Verbrennung von Methan auf.
Berechnen Sie die Reaktionsenthalpie $\Delta_r H$ für die Verbrennung von Methan.
Gehen Sie davon aus, dass das entstehende Wasser flüssig vorliegt.
Überprüfen Sie die Gültigkeit des Energieerhaltungssatzes bezüglich $\Delta_r H$ (Satz von HESS) mit Ihrem berechneten Wert und den Angaben aus folgender Tabelle:
Ausgewählte auftretende Reaktionsenthalpien beim „Power-to-Gas"-Verfahren:

Prozess	**$\Delta_r H$ bezogen auf die Bildung von 1 mol**	
Elektrolyse	Wasserstoff	+286 kJ
Methanisierung	Methan	−252 kJ

4

4 Der erzeugte Wasserstoff kann auch direkt zur Energieumwandlung in Brennstoffzellen genutzt werden. Nachfolgende Abbildung stellt das vereinfachte Schema einer Polymer-Membran-Brennstoffzelle (PEM-Brennstoffzelle) dar.

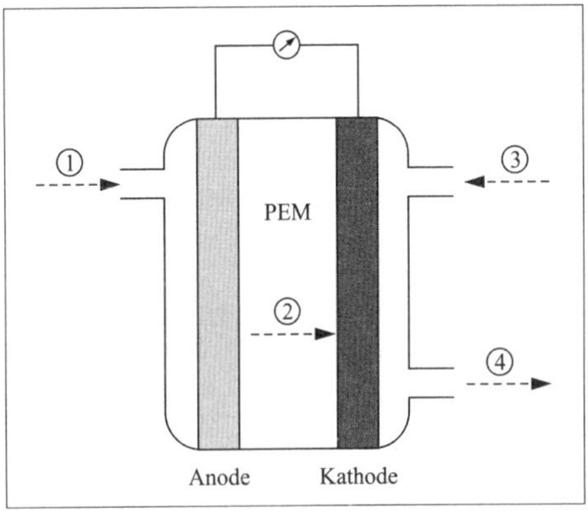

Nennen Sie für die Punkte 1 bis 4 die entsprechenden Stoffe bzw. Teilchen. Ordnen Sie der Anode und der Kathode die Begriffe Plus- und Minuspol zu. $\frac{3}{20}$

Lösungen

1.1 Elektrolyse-Zelle

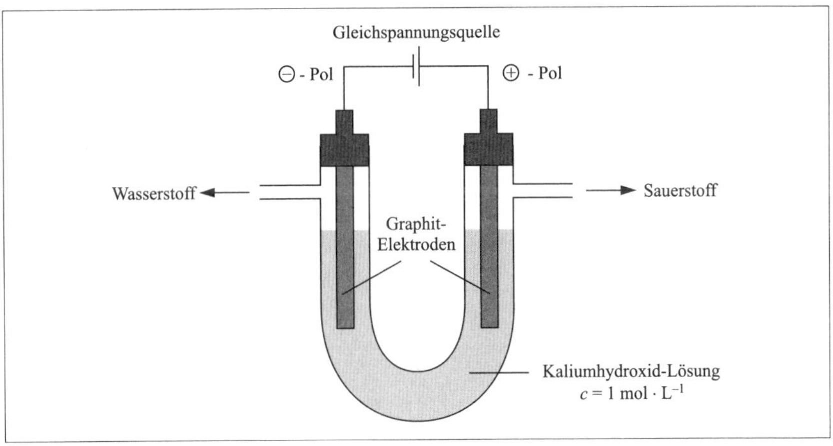

In der Kaliumhydroxid-Lösung (Kalilauge) liegen Wassermoleküle in sehr hoher Konzentration und Kalium- und Hydroxid-Ionen in geringerer, aber gleicher Konzentration vor.

Bei der Elektrolyse entstehen Wasserstoff und Sauerstoff (siehe Aufgabenteil 1.2); es ist jedoch nicht zwingend erforderlich, das in die Skizze einzutragen.

1.2 **Elektrodenvorgänge**

Kathode

An der Kathode – dem Minuspol der Elektrolyse-Zelle – laufen Reduktionsreaktionen ab. In Frage kommen folgende Reaktionen:

$$K^+ + e^- \longrightarrow K$$

$$2\,H_2O + 2\,e^- \longrightarrow H_2 + 2\,OH^-$$

Anode

An der Anode – dem Pluspol der Elektrolyse-Zelle – laufen Oxidationsreaktionen ab. In Frage kommt die Oxidation des OH^--Ions:

$$4\,OH^- \longrightarrow O_2 + 4\,e^- + 2\,H_2O$$

Die Anodenreaktion ist also in diesem Fall die Sauerstoffentwicklung, für die man aus der Tabelle der Elektrodenpotenziale den Wert $E(OH^-/O_2) = E(\text{Anode}) = +0{,}40\ \text{V}$ abliest.

Die Kathodenreaktion kann entweder die Reduktion der Kalium-Ionen oder die Wasserstoffentwicklung sein.

Da man für diese jedoch aus der Tabelle mit $E(H_2/H_2O) = -0{,}83\ \text{V}$ einen positiveren Wert als für die Kalium-Ionen-Reduktion ($E^0(K/K^+) = -2{,}94\ \text{V}$) entnimmt und an der Kathode die Reaktion mit dem positiveren Wert abläuft, findet die Reduktion von Wasser statt.

Zersetzungsspannung

Die Zersetzungsspannung bei Elektrolysen wird in der Schule üblicherweise nach folgender Formel berechnet:

$$U_Z = E(\text{Anode}) - E(\text{Kathode}) = E(\text{Pluspol}) - E(\text{Minuspol})$$

Die Zersetzungsspannung ist dann:

$$U_Z = E(\text{Anode}) - E(\text{Kathode}) = +0{,}40\ \text{V} - (-0{,}83\ \text{V}) = 1{,}23\ \text{V}$$

Reaktionsgleichung

Als Ergebnis aus den Überlegungen zu den Vorgängen an der Kathode und Anode erhält man in der Bilanz:

$$\begin{array}{lll} 2\,H_2O + 2\,e^- & \longrightarrow & H_2 + 2\,OH^- \quad | \cdot 2 \\ 4\,OH^- & \longrightarrow & O_2 + 4\,e^- + 2\,H_2O \\ \hline 2\,H_2O & \longrightarrow & 2\,H_2 + O_2 \end{array}$$

Am Minuspol bildet sich also Wasserstoff, am Pluspol Sauerstoff.

2

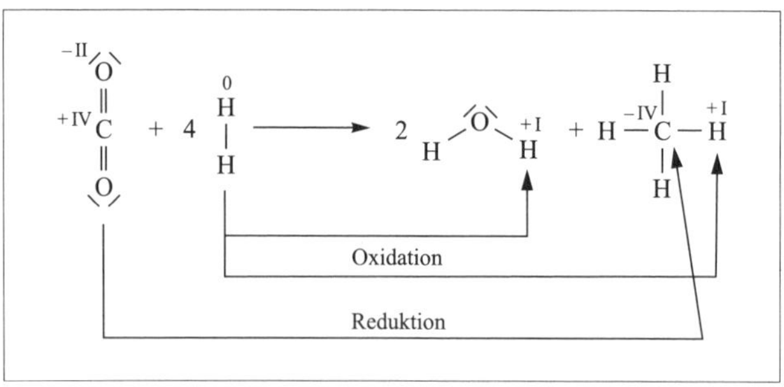

Den Wasserstoffatomen weist man auf der linken Seite die Oxidationszahl Null zu, auf der rechten Seite der Reaktionsgleichung tragen sie alle die Oxidationszahl +I. Der Wasserstoff dient also als Reduktionsmittel und wird selbst oxidiert.
Im Kohlenstoffdioxid trägt das Kohlenstoffatom die Oxidationszahl +IV, im Methan –IV. Das Kohlenstoffatom wird also reduziert.

3 **Reaktionsgleichung für die Verbrennung von Methan**

$$CH_4 + 2\,O_2 \longrightarrow CO_2 + 2\,H_2O_{(l)}$$

$\Delta_f H^0$: $-74\ kJ \cdot mol^{-1}$ $\quad 0\ kJ \cdot mol^{-1}$ $\quad -394\ kJ \cdot mol^{-1}$ $\quad -286\ kJ \cdot mol^{-1}$

Reaktionsenthalpie für die Verbrennung von Methan

$$\Delta_r H^0\ (\text{Methan}) =$$
$$= 1 \cdot \Delta_f H^0\ (CO_2) + 2 \cdot \Delta_f H^0\ (H_2O_{(l)}) - (2 \cdot \Delta_f H^0\ (O_2) + \Delta_f H^0\ (CH_4))$$
$$= 1 \cdot (-394\ kJ \cdot mol^{-1}) + 2 \cdot (-286\ kJ \cdot mol^{-1}) - 0\ kJ \cdot mol^{-1} - (-74\ kJ \cdot mol^{-1})$$
$$= -966\ kJ \cdot mol^{-1} + 74\ kJ \cdot mol^{-1} = -892\ kJ \cdot mol^{-1}$$

Satz von HESS
Der Satz von HESS besagt, dass die Reaktionsenthalpie unabhängig vom Reaktionsweg ist. Man kann daher eine Reaktion als Summe zweier (oder mehrerer) anderer Reaktionen schreiben und damit die resultierende Reaktionsenthalpie berechnen. In der Aufgabe ist das:

$4\,H_2 + 2\,O_2 \longrightarrow 4\,H_2O_{(l)}$ $\quad \Delta_r H = 4 \cdot (-286\ kJ \cdot mol^{-1})$ $\quad$ [aus der Tabelle *]

$CH_4 + 2\,H_2O_{(l)} \longrightarrow 4\,H_2 + CO_2$ $\quad \Delta_r H = -1 \cdot (-252\ kJ \cdot mol^{-1})$ $\quad$ [aus der Tabelle *]

$CH_4 + 2\,O_2 \longrightarrow CO_2 + 2\,H_2O_{(l)}$ $\quad \Delta_r H = 4 \cdot (-286\ kJ \cdot mol^{-1}) + (-1 \cdot (-252\ kJ \cdot mol^{-1}))$
$= -892\ kJ \cdot mol^{-1}$

Das Ergebnis ist zahlenwertgleich mit der oben berechneten Verbrennungsenthalpie.

** Die Vorzeichen für $\Delta_r H$ beziehen sich laut Tabelle auf die Bildung von Wasserstoff bzw. Methan. Hier werden die Reaktionen aber in der umgekehrten Richtung geschrieben, daher kehrt sich auch das Vorzeichen für die $\Delta_r H$-Werte um.*

4 An der Anode eines galvanischen Elements oder einer Brennstoffzelle läuft die Oxidationsreaktion ab, wobei Elektronen auf die ableitende Elektrode übertragen werden. An der Kathode hingegen findet die Reduktionsreaktion statt.
Die Anodenseite der PEM-Brennstoffzelle ist im äußeren Stromkreis also die Elektronenquelle und daher der Minuspol, die Kathodenseite ist der Pluspol.
In der Brennstoffzelle wird Wasserstoff oxidiert und der Sauerstoff reduziert. Die PEM verhindert die Gasdiffusion, lässt aber Protonen durch. Da diese auf der Wasserstoffseite entstehen, diffundieren sie in Richtung der Sauerstoff-Seite und reagieren dort mit dem reduzierten Sauerstoff zu Wasser, das abgeführt werden kann. Somit ergeben sich die fehlenden Beschriftungen:
(1) Wasserstoff
(2) Protonen
(3) Sauerstoff
(4) Wasser

Abiturprüfung an den allgemein bildenden Gymnasien (Baden-Württemberg) 2015
Prüfungsfach: Chemie – Aufgabe I

VP

1 Auf Raumstationen im Weltall sind zum Überleben der Bewohner Lebenserhaltungssysteme erforderlich.

1.1 Die Astronauten atmen unter anderem durch den Abbau von Glucose kontinuierlich Kohlenstoffdioxid und Wasser aus.
Die Entfernung von Kohlenstoffdioxid aus der Atemluft ist lebensnotwendig, da bereits ein Volumenanteil von 5 % Schwindel hervorruft. Eine Möglichkeit zur Entfernung des Kohlenstoffdioxids ist die Reaktion mit Lithiumhydroxid, bei der festes Lithiumcarbonat und Wasser gebildet werden.
- Formulieren Sie je eine Reaktionsgleichung für die beiden im Text beschriebenen Reaktionen.
- Beurteilen Sie mit Hilfe der Oxidationszahlen, ob es sich bei diesen Reaktionen um Redoxreaktionen handelt. 5

1.2 Bei körperlicher Anstrengung atmet der Mensch bis zu 1 kg Kohlenstoffdioxid pro Tag aus. Bei Außeneinsätzen führen die Astronauten deshalb einen Behälter mit Lithiumhydroxid mit sich. Der Gehalt des darin enthaltenen Lithiumhydroxids wird in regelmäßigen Abständen überprüft.
- Berechnen Sie die Masse an Lithiumhydroxid, die für die Reaktion mit 1 kg Kohlenstoffdioxid benötigt wird.
- Skizzieren Sie einen vollständig beschrifteten Versuchsaufbau, um die Konzentration einer wässrigen Lithiumhydroxid-Lösung experimentell zu bestimmen. 4

2 Für geplante Marsmissionen ist es technisch noch nicht möglich, die erforderlichen Mengen Sauerstoff mitzuführen. Deshalb ist es notwendig, Sauerstoff aus dem ausgeatmeten Kohlenstoffdioxid zurückzugewinnen.
Auf der ISS Raumstation wurde ein Modul in Betrieb genommen, das Kohlenstoffdioxid in einer Gleichgewichtsreaktion mit Wasserstoff zu Methan und gasförmigem Wasser umsetzt (SABATIER-Prozess). Das erzeugte Wasser wird zusammen mit dem der Raumluft entzogenen Wasser elektrolytisch in Sauerstoff und Wasserstoff umgewandelt.

2.1
- Formulieren Sie die Reaktionsgleichung für den SABATIER-Prozess und berechnen Sie die Standardreaktionsenthalpie und die Standardreaktionsentropie.
- Begründen Sie das Vorzeichen der Standardreaktionsentropie.
- Ermitteln Sie durch eine Rechnung, ob der SABATIER-Prozess bei Standardbedingungen und $T = 298$ K spontan abläuft. 6

2.2
- Begründen Sie mit Hilfe des Prinzips von LE CHAtelier drei Reaktionsbedingungen zur Optimierung des SABATIER-Prozesses. 3

2.3
- Nennen Sie Möglichkeiten, mit dem entstandenen Methan im Bereich der Raumstation weiter umzugehen. 2

20

Lösungen

1.1 **Reaktionsgleichungen für die Produktion und Fixierung von Kohlenstoffdioxid:**

(1) $C_6H_{12}O_6 + 6\,O_2 \longrightarrow 6\,CO_2 + 6\,H_2O$

(2) $2\,LiOH + CO_2 \longrightarrow Li_2CO_3 + H_2O$

Oxidationszahlen und Reaktionstyp:

Die Reaktion (1) von Glucose mit Sauerstoff ist eine **Redoxreaktion**. Die Kohlenstoffatome geben Elektronen ab (Oxidation), die Sauerstoffatome nehmen diese auf (Reduktion):

$\overset{0\ +I\ \ +II}{C_6H_{12}O_6}$	$\overset{0}{O_2}$	$\overset{+IV\ -II}{CO_2}$	$\overset{+I\ -II}{H_2O}$
Glucose	Sauerstoff	Kohlenstoffdioxid	Wasser

Wird zur Zuweisung von Oxidationszahlen die Summenformel der Glucose benutzt, so ergibt sich eine ***durchschnittliche*** *Oxidationszahl für die Kohlenstoffatome.*

Bei der zweiten Reaktion bleiben die Oxidationszahlen aller Teilchen gleich. Daher handelt es sich hier nicht um eine Redoxreaktion:

$\overset{+I\ -II\ +I}{Li(OH)}$	$\overset{+I\ \ +IV\ -II}{Li_2(CO_3)}$
Lithiumhydroxid	Lithiumcarbonat

1.2 **Masse von Lithiumhydroxid zur Fixierung von Kohlenstoffdioxid:**

$$n_{CO_2} = \frac{m_{CO_2}}{M_{CO_2}} = \frac{1\,000\ g}{44\ g \cdot mol^{-1}} \approx 22{,}73\ mol$$

Aus der Reaktionsgleichung geht hervor, dass für die Reaktion von einem Mol Kohlenstoffdioxid zwei Mol Lithiumhydroxid benötigt werden, also 45,46 mol.

$$\left(\frac{n_{CO_2}}{n_{LiOH}} = \frac{1}{2} \quad \Leftrightarrow \quad n_{LiOH} = 2 \cdot n_{CO_2} \right)$$

$$n_{LiOH} = \frac{m_{LiOH}}{M_{LiOH}} \quad \Rightarrow \quad m_{LiOH} = n_{LiOH} \cdot M_{LiOH} = 45{,}46\ mol \cdot 23{,}9\ g \cdot mol^{-1} \approx 1086{,}5\ g$$

Es werden 1 086,6 g Lithiumhydroxid benötigt, um 1 kg Kohlenstoffdioxid umzusetzen.

Alternative Berechnung:

Bei einem Umsatz gemäß der Reaktionsgleichung werden 44 g Kohlenstoffdioxid und 47,8 g Lithiumhydroxid verbraucht.

44 g Kohlenstoffdioxid $\hat{=}$ 47,8 g Lithiumhydroxid

1 g Kohlenstoffdioxid $\hat{=} \dfrac{47{,}8\ g}{44}$ Lithiumhydroxid

1 000 g Kohlenstoffdioxid $\hat{=} 1\,000 \cdot \dfrac{47{,}8\ g}{44} \approx 1086{,}4\ g$ Lithiumhydroxid

Die Abweichung im Zahlenwert erklärt sich durch die oben vorgenommenen Rundungen.

Versuchsaufbau zur Konzentrationsbestimmung einer Lithiumhydroxid-Lösung:

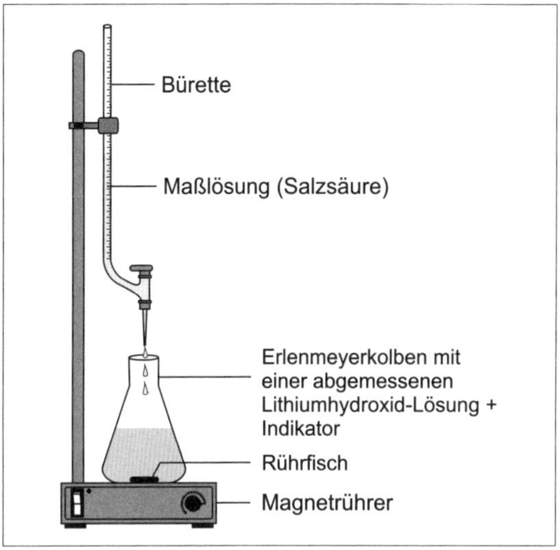

Es soll der Versuchsaufbau für eine ***Säure-Base-Titration*** *dargestellt werden. Daraus muss hervorgehen, dass die Maßlösung – eine starke Säure (üblicherweise Salzsäure) bekannter Konzentration – in eine Bürette gefüllt und damit ein genau abgemessenes Volumen der Analysen-Lösung – hier Lithiumhydroxid-Lösung – unter Rühren (z. B. mit einem Magnetrührer) titriert wird.*
Zur Erkennung des Äquivalenzpunktes wird der Analysenlösung meist ein Indikator (z. B. Bromthymolblau oder Methylrot) zugesetzt. Alternativ kann der pH-Wert oder die Leitfähigkeit der Lösung im Verlauf der Titration gemessen und anschließend aus der Titrationskurve der Äquivalenzpunkt bestimmt werden.
Aus dem Volumen der verbrauchten Maßlösung, ihrer Konzentration und dem Volumen der Analysen-Lösung lässt sich die Konzentration der untersuchten Lösung berechnen.

2.1 **Reaktionsgleichung für den SABATIER-Prozess:**

	CO_2 +	$4\,H_2$ ⟶	CH_4 +	$2\,H_2O_{(g)}$
$\Delta_f H^0$:	$-394\ kJ \cdot mol^{-1}$	$0\ kJ \cdot mol^{-1}$	$-74\ kJ \cdot mol^{-1}$	$-242\ kJ \cdot mol^{-1}$
S^0:	$214\ J \cdot mol^{-1} \cdot K^{-1}$	$131\ J \cdot mol^{-1} \cdot K^{-1}$	$186\ J \cdot mol^{-1} \cdot K^{-1}$	$189\ J \cdot mol^{-1} \cdot K^{-1}$

Berechnung der Reaktionsenthalpie und Standardreaktionsentropie:

Für die Reaktionsenthalpie gilt allgemein

$$\Delta_R H^0 = \sum \Delta_f H^0\ \text{(Produkte)} - \sum \Delta_f H^0\ \text{(Edukte)}$$

Für die Standardreaktionsentropie gilt

$$\Delta_R S^0 = \sum S^0\ \text{(Produkte)} - \sum S^0\ \text{(Edukte)}$$

Daraus ergibt sich:

$$\Delta_R H^0 = 1 \cdot \Delta_f H^0(CH_4) + 2 \cdot \Delta_f H^0(H_2O)_{(g)}) - (4 \cdot \Delta_f H^0(H_2) + 1 \cdot \Delta_f H^0(CO_2))$$
$$= (-74\ kJ \cdot mol^{-1}) + 2 \cdot (-242\ kJ \cdot mol^{-1}) - 0\ kJ \cdot mol^{-1} - (-394\ kJ \cdot mol^{-1})$$
$$= -558\ kJ \cdot mol^{-1} + 394\ kJ \cdot mol^{-1} = -164\ kJ \cdot mol^{-1}$$

$$\Delta_R S^0 = 1 \cdot S^0(CH_4) + 2 \cdot S^0(H_2O)_{(g)}) - (4 \cdot S^0(H_2) + S^0(CO_2))$$
$$= 1 \cdot (186\ J \cdot mol^{-1} \cdot K^{-1}) + 2 \cdot (189\ J \cdot mol^{-1} \cdot K^{-1})$$
$$-4 \cdot (131\ J \cdot mol^{-1} \cdot K^{-1}) - 1 \cdot (214\ J \cdot mol^{-1} \cdot K^{-1})$$
$$= -174\ J \cdot mol^{-1} \cdot K^{-1}$$

Vorzeichen der Standardreaktionsentropie:

Nimmt bei einer Gasreaktionen die Teilchenzahl ab, so kann in der Regel davon ausgegangen werden, dass die Standardreaktionsentropie negativ ist. Dieser Fall ist hier gegeben.

Berechnung der freien Reaktionsenthalpie:

Es gilt: $\Delta_R G^0 = \Delta_R H^0 - T \cdot \Delta_R S^0$

$$\Delta_R G^0 = \Delta_R H^0 - T \cdot \Delta_R S^0 = -164\ kJ \cdot mol^{-1} - 298\ K \cdot (-174\ J \cdot mol^{-1} \cdot K^{-1})$$
$$= -164\ kJ \cdot mol^{-1} + 51{,}85\ kJ \cdot mol^{-1} = -112{,}15\ kJ \cdot mol^{-1}$$

Da die Freie Standardreaktionsenthalpie hier sehr viel kleiner als Null ist ($\Delta_R G^0 << 0$), kann angenommen werden, dass die vorliegende Reaktion (spontan) abläuft.

2.2 **Optimierung des SABATIER-Prozesses:**

Unter dem Namen **„Prinzip von LECHATELIER“** wird eine Reihe von Aussagen zu Störungen chemischer Gleichgewichtssysteme bei Veränderung von Parametern wie Temperatur und Druck zusammengefasst.

Bei in Richtung des Reaktionspfeiles (Leserichtung) **endothermen** Reaktionen führt eine Temperaturerhöhung zu einer vermehrten Bildung der Produkte, bei exothermen Reaktionen dagegen zu einer vermehrten Bildung der Edukte.
Bei Reaktionen, die in Leserichtung mit einer Abnahme des Volumens einhergehen, wirkt sich eine Druckerhöhung durch eine Volumenabnahme aus.
Auf die **exotherme** SABATIER-Reaktion angewendet bedeutet das, dass die Gleichgewichtsreaktion durch eine Verringerung der Temperatur zur Produktseite hin verschoben wird. Eine Erhöhung des Druckes führt wegen der Volumenabnahme bei der Reaktion zu einer Verschiebung der Gleichgewichtszusammensetzung zu den Produkten hin.

Bei vielen Reaktionen lässt sich darüber hinaus ein größerer **Umsatz** erzielen, wenn man einen Reaktanden im Überschuss einsetzt oder aber eines oder mehrere Produkte aus der Reaktionsmischung entnimmt.
Werden die Edukte der SABATIER-Reaktion nicht in stöchiometrischen Mengen, sondern beispielsweise ein deutlich höherer Überschuss von Wasserstoff eingesetzt, so wird sich, bezogen auf das Kohlenstoffdioxid, ein höherer Umsatz zu Methan und Wasser ergeben.

2.3 **Methan** kann als Energielieferant, z. B. zum Betrieb von Motoren oder zur Wärmeerzeugung (Heizgas), verbrannt werden. Allerdings wäre dafür wiederum Sauerstoff notwendig. Ansonsten kann man das beim SABATIER-Prozess anfallende Methan ins Weltall entweichen lassen.

VP

Viele Bakterien besitzen eine stabile Zellwand, die unter anderem aus Peptidoglycanen besteht. Dabei handelt es sich um Polysaccharid-Peptide, die aus Monosaccharid- und Aminosäure-Bausteinen zusammengesetzt sind.

1 Eine Hydrolyse eines Peptidoglycans ergibt, dass dessen Peptidanteil hauptsächlich aus den Aminosäuren L-Alanin und D-Alanin (2-Aminopropansäure), D-Glutaminsäure (2-Aminopentandisäure) und L-Lysin (2,6-Diaminohexansäure) aufgebaut ist.

1.1
- Zeichnen Sie die Strukturformeln der beiden Alanin-Moleküle in FISCHER-Projektion.
- Kennzeichnen Sie die asymmetrisch substituierten Kohlenstoffatome.
- Erläutern Sie anhand dieser Aminosäuren die Begriffe D- und L-Konfiguration. 4

1.2
- Formulieren Sie die Strukturformel eines Tripeptids, das aus Alanin, Lysin und Glutaminsäure aufgebaut ist.
- Geben Sie den Reaktionstyp an, der zur Verknüpfung der Aminosäuren führt.
- Kennzeichnen Sie die entstandene Bindung und benennen Sie diese. 4

2 Als weiteres Hydolyseprodukt entsteht α-D-Glucosamin.

2.1 Die Moleküle des D-Glucosamins unterscheiden sich von denen der D-Glucose durch eine Aminogruppe, die anstelle der Hydroxy-Gruppe am Kohlenstoffatom Nr. 2 gebunden ist. Mit Glucosamin verläuft die TOLLENS-Probe positiv.
- Zeichnen Sie die offenkettige Form des D-Glucosamins in FISCHER-Projektion und geben Sie die α-Form in der HAWORTH-Projektion an.
- Formulieren Sie eine Reaktionsgleichung für eine positiv verlaufende TOLLENS-Probe und begründen Sie das Ergebnis der TOLLENS-Probe mit Glucosamin. 5

2.2 Bei der Reaktion von α-D-Glucosamin mit β-D-Fructose entsteht ein Disaccharid, das nicht reduzierend wirkt.
- Geben Sie die Strukturformel dieses Disaccharids an und begründen Sie, warum die nichtreduzierende Wirkung eindeutig auf die Art der Verknüpfung schließen lässt. 3

3 Die glycosidischen Bindungen in Peptidoglycanen werden durch das Enzym Lysozym gespalten. Die Abbildung zeigt eine dreidimensionale Darstellung der Struktur des Lysozym-Moleküls.

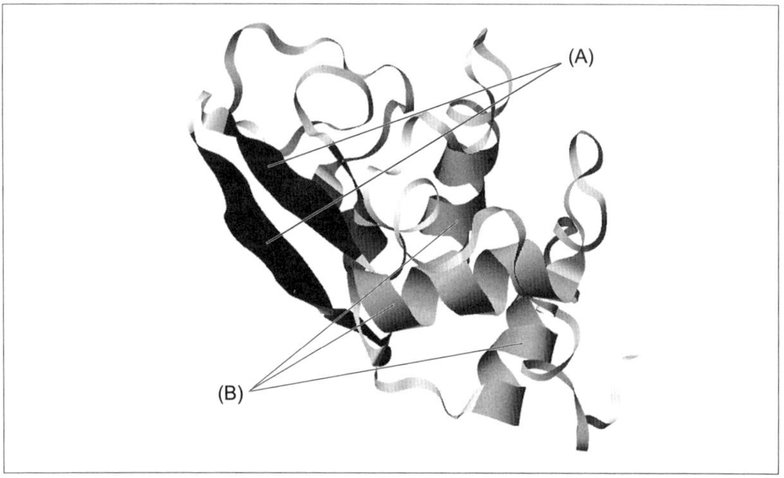

Quelle: PDB ID: 2LYZ, R. Diamond (1974) Real-space refinement of the structure of hen egg-white lysozyme, Journal of Molecular Biology 82: 371-391.

- Benennen Sie die in der Abbildung markierten Sekundärstrukturen (A) und (B) und vergleichen Sie deren räumliche Stabilisierung.
- Beschreiben Sie die Temperaturabhängigkeit der Wirkung des Enzyms Lysozym. 4

20

Lösungen

1.1 **Strukturformeln von D- und L-Alanin:**

Die asymmetrisch substituierten C-Atome (jeweils das α-C-Atom) sind mit einem Stern gekennzeichnet.

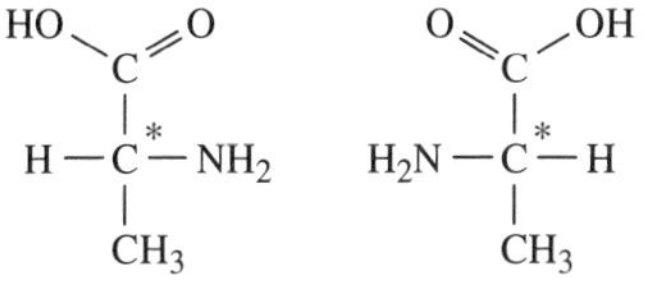

D-Alanin L-Alanin

Erläuterung der D- und L-Konfiguration:

Moleküle mit asymmetrisch substituierten C-Atomen werden in der FISCHER-Projektion so in die Papierebene projiziert, dass die durchgängige Kohlenstoffkette entlang einer vertikalen Linie angeordnet ist. Dabei wird das höchst oxidierte Kohlenstoffatom am oberen Ende gezeichnet.
Entscheidend für die Bezeichnung „D"- oder „L"-Konfiguration einer Moleküldarstellung ist bei den α-Aminosäuren (mit Ausnahme von Glycin) die Lage der Amino- (NH_2-) Gruppe am asymmetrisch substituierten α-C-Atom. Steht diese Gruppe links, so handelt es sich um eine L-Form (lat. *laevus* = links), steht sie hingegen rechts, liegt die D-Form (lat. *dexter* = rechts) vor.

Die D- und L-Formen eines Moleküls verhalten sich zueinander wie Bild und Spiegelbild (sog. Enantiomerie). Ist eine Strukturformel mit mehr als einem Stereozentrum gegeben, dann muss zur Auffindung der Enantiomere die gesamte Formeldarstellung gespiegelt werden. Beispiel:

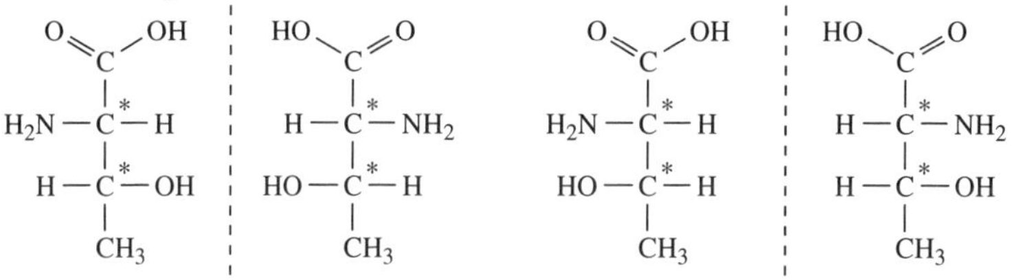

L-Threonin | D-Threonin L-allo-Threonin | D-allo-Threonin

1.2 **Strukturformel eines möglichen Tripeptides:**

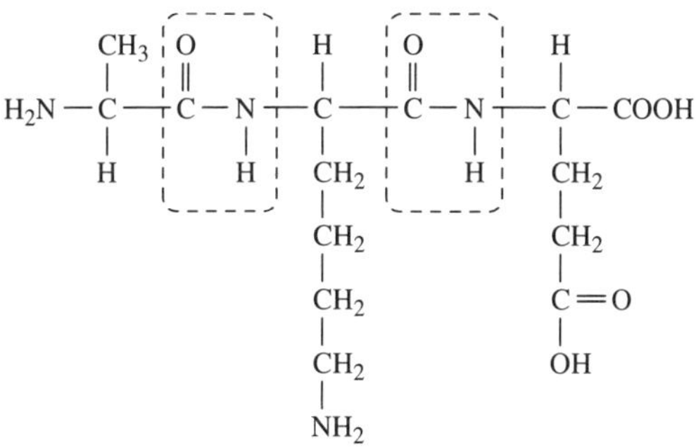

Bei der Bildung einer **Peptid-Bindung** (hervorgehobene Ausschnitte oben) aus einer Amino- ($-NH_2$) und einer Carboxy-Funktion wird Wasser frei. Es handelt sich daher um eine **Kondensationsreaktion**.

2.1 Strukturformeln des α-D-Glucosamins:

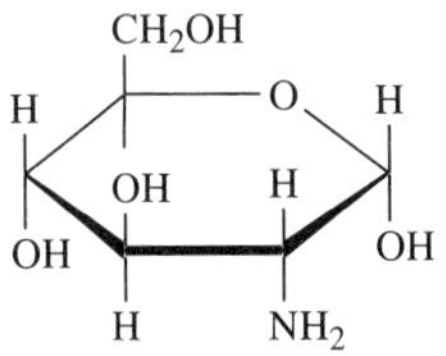

HAWORTH-Projektion

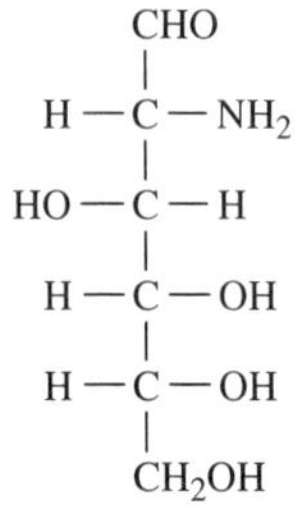

FISCHER-Projektion

Die Aldehyd-Gruppe am ersten C-Atom (offenkettige Form) reagiert mit der OH-Gruppe des fünften C-Atoms unter Ringbildung (intramolekulare Halbacetalbildung). Im Ring ist das erste C-Atom (rechts) nun ein Stereozentrum, das als „anomeres Zentrum“ oder „anomeres C-Atom“ bezeichnet wird. Befindet sich die OH-Gruppe an diesem C-Atom unterhalb der Ringebene, so handelt es sich um eine α-Form. Bei der β-Form befindet sich die OH-Gruppe oberhalb der Ringebene.

TOLLENS-Probe (Silberspiegel-Reaktion):

Oxidationsschritt: $R{-}CHO + 3\,OH^- \longrightarrow R{-}COO^- + 2\,e^- + 2\,H_2O$
(Aldehyd → Carboxylat)

Reduktionsschritt: $2\,Ag^+ + 2\,e^- \longrightarrow 2\,Ag_{(s)}$

Bilanz: $R{-}CHO + 2\,Ag^+ + 3\,OH^- \longrightarrow R{-}COO^- + 2\,Ag_{(s)} + 2\,H_2O$

α-D-Glucosamin kann als Aldehyd aufgefasst werden, da in wässrigen Zuckerlösungen die beiden Ringformen über die offenkettige Form (siehe FISCHER-Projektion) im Gleichgewicht stehen. Der geringe Anteil der Aldehyd-Form reicht für eine positive TOLLENS-Probe aus.

2.1 Strukturformeln des Disaccharids:

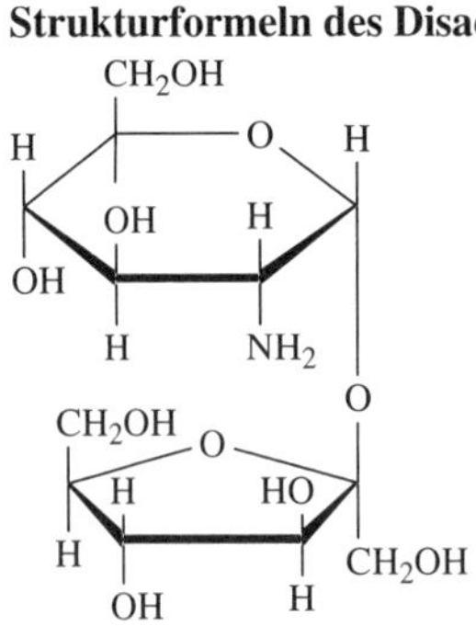

Disaccharide bilden sich durch **intermolekulare Acetal-Bildung** aus zwei Monosacchariden. Zur Bildung der glykosidischen Bindung reagiert die OH-Gruppe am anomeren C-Atom von mindestens einem Monosaccharid, sodass eine Ringöffnung dieses Monosaccharides nicht mehr möglich ist.

Bei **nichtreduzierenden Disacchariden** ist die Öffnung beider Ringsysteme blockiert, also sind die anomeren C-Atome beider Ringe an der glykosidischen Bindung beteiligt. Mit den Angaben in der Aufgabe (β-D-Fructose und α-D-Glucosamin) kann so eindeutig auf die Disaccharidstruktur geschlossen werden.

3 **Sekundärstrukturen im Lysozym-Molekül:**

Die Sekundärstrukturelemente **A** sind **β-Faltblattstrukturen**. Bei den mit **B** gezeichneten Strukturen handelt es sich um **α-Helices**. Beide Strukturelemente werden durch Wasserstoffbrückenbindungen (WBB) zwischen Peptidbindungen –CONH– stabilisiert. In den β-Faltblattstrukturen liegen die daran beteiligten Peptidbindungen gegenüber und die Peptidketten bilden in diesem Bereich eine „Ziehharmonika"-artige Faltung.

In den α-Helices bilden sich WBB zwischen den Windungen der Helix. Auf eine Windung kommen im Durchschnitt 3,6 Aminosäuren. Die CO-Gruppe (Ketogruppe) einer Aminosäure geht mit der NH-Gruppe der viertnächsten Aminosäure eine WBB ein.

Temperaturabhängigkeit der Enzymaktivität:

Obwohl die Aufgabenstellung es nicht ausdrücklich verlangt, empfiehlt es sich, die Temperaturabhängigkeit in einem Diagramm darzustellen (x-Achse: Temperatur, y-Achse: „Aktivität" oder „Reaktionsgeschwindigkeit"):

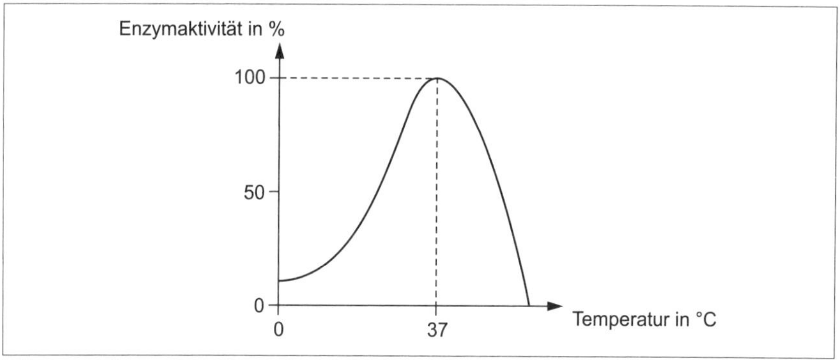

Enzymreaktionen zeigen *in vitro* bei Variation der Temperatur zwischen 0 und 100 °C meist ein Maximum der Reaktionsgeschwindigkeit. Stammen die Enzyme aus Säugetieren, so liegt dieses Maximum häufig nahe bei 37 °C. Die Enzymaktivität nimmt dann bei hohen (etwa ab ca. 50 °C) Temperaturen deutlich ab.

Die Zunahme der **Reaktionsgeschwindigkeit** ist zunächst allgemein darauf zurückzuführen, dass chemische Reaktionen mit steigender Temperatur beschleunigt werden. Ab einer gewissen Temperatur denaturieren Enzyme, d. h. die Proteinstruktur wird durch die verstärkte Schwingung von Molekülketten verändert. Dabei können WBB, ionische Wechselwirkungen und van der Waals-Wechselwirkungen gebrochen werden. Die für die optimale Umsetzung von Substratmolekülen nötige Struktur wird so gestört. Sehr hohe Temperaturen führen zu einer irreversiblen Veränderung der Enzymstruktur und das Enzym verliert seine katalytische Aktivität.

VP

Kunststoffe finden im medizinischen Bereich vielfältig Verwendung: Einwegspritzen, Kontaktlinsen oder Implantate sind nur einige Beispiele. Durch geeignete Wahl der Monomere oder Gemische verschiedener Monomere lassen sich die Eigenschaften der synthetisierten Kunststoffe gezielt an die jeweiligen Anforderungen anpassen.

1 Ein häufig verwendetes Monomer ist 2-Hydroxyethylmethacrylat (HEMA).

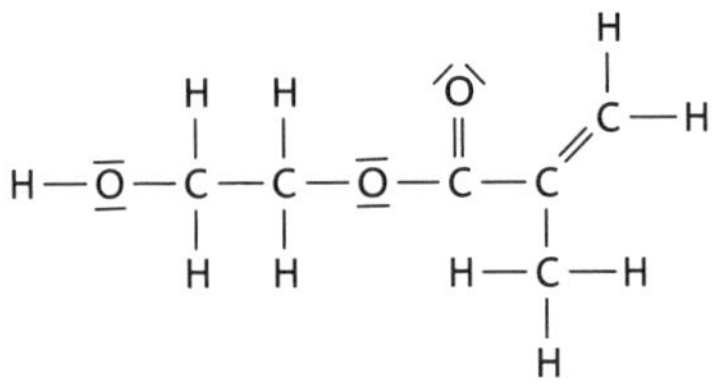

2-Hydroxyethylmethacrylat (HEMA)

1.1 Bei der Herstellung von HEMA durch die Reaktion eines Alkohols mit einer Carbonsäure im geschlossenen System stellt sich nach einiger Zeit ein chemisches Gleichgewicht ein.

- Formulieren Sie eine Reaktionsgleichung zur Herstellung von HEMA unter Verwendung von Strukturformeln.
- Geben Sie die systematischen Namen der Edukte an und benennen Sie den Reaktionstyp.
- Formulieren Sie das Massenwirkungsgesetz für die Synthese von HEMA. 5

1.2 HEMA zeigt eine gute Wasserlöslichkeit und hat die Siedetemperatur 251 °C. Die bei seiner Synthese eingesetzten Edukte haben die Siedetemperaturen 161 °C und 197 °C.

- Begründen Sie mithilfe der Strukturformel die Wasserlöslichkeit und die relativ hohe Siedetemperatur von HEMA.
- Beschreiben Sie eine experimentelle Vorgehensweise zur Abtrennung von HEMA aus dem Reaktionsgemisch. 4

2 HEMA polymerisiert zu einem Kunststoff (PolyHEMA). Die Polymerisation wird durch Zugabe einer kleinen Menge einer weiteren Substanz und anschließender Belichtung ausgelöst. Diese Art der Aushärtung macht den Kunststoff für zahnmedizinische Anwendungen interessant.

- Zeichnen Sie einen Strukturformelausschnitt von PolyHEMA.
- Beschreiben Sie den Reaktionsmechanismus für die Synthese von PolyHEMA aus dem Monomer HEMA unter Verwendung von geeigneten Formeldarstellungen und kurzen Texten. Gehen Sie auch auf die Funktion der weiteren Substanz und der Belichtung ein. 6

3 HEMA allein ist als Monomer zur Herstellung von Zahnfüllungen nicht geeignet, da der Kunststoff PolyHEMA zu hydrophil ist und sich bereits bei relativ niedrigen Temperaturen verformt. Durch Verwendung eines Gemisches aus den beiden Monomeren HEMA und Decamethylendimethacrylat erhält man bei der Polymerisation einen Kunststoff, der den Anforderungen im Dentalbereich genügt.

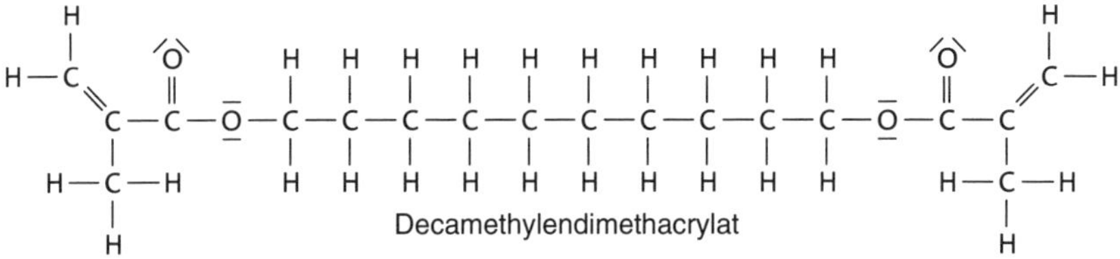

Decamethylendimethacrylat

- Begründen Sie die beiden genannten Eigenschaften von PolyHEMA.
- Erläutern Sie, welchen Einfluss die Verwendung des zusätzlichen Monomers auf die Struktur der Polymermoleküle hat. Fertigen Sie dazu eine schematische Skizze an.
- Begründen Sie, weshalb der neue Kunststoff weniger hydrophil ist. 5

20

Lösungen

1.1 Reaktionsgleichung zur Herstellung von HEMA:

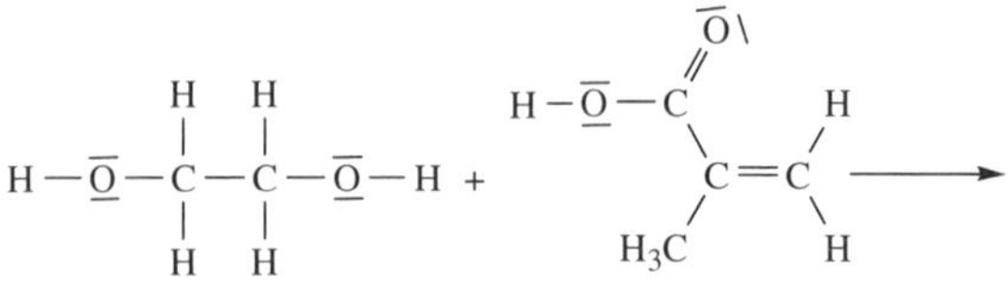

1,2-Ethandiol Methylpropensäure

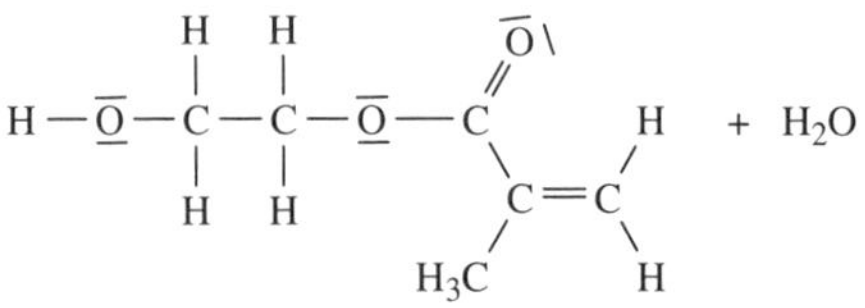

2-Hydroxyethylmethacrylat (HEMA)

Bei der vorliegenden Reaktion handelt es sich um eine **Veresterung** (oder allgemein: Kondensationsreaktion).

Gemäß der Aufgabenstellung lautet das **Massenwirkungsgesetz:**

$$K_c = \frac{c_{\text{HEMA}} \cdot c_{\text{Wasser}}}{c_{\text{Methylpropensäure}} \cdot c_{\text{Ethandiol}}}$$

1.2 Siedetemperatur und Wasserlöslichkeit von HEMA:

Sowohl die vergleichsweise hohe Siedetemperatur, als auch die Wasserlöslichkeit von HEMA wird durch die OH-Gruppe bestimmt, die Wasserstoffbrückenbindungen ausbilden kann.

Trennung des Reaktionsgemisches:
Ein Gemisch aus Wasser, Ethandiol, Methylpropensäure (Methacrylsäure) und HEMA lässt sich möglicherweise durch Destillation trennen. Nach der Aufgabenstellung sollte als letzte Komponente HEMA im Kolben zurückbleiben.
Aufgrund der hohen Siedetemperaturen empfiehlt sich eine Vakuumdestillation. Dafür wird auf einen Rundkolben mit dem Gemisch ein Kühler mit Vakuumvorstoß und Vorlage aufgesetzt. Es wird Vakuum angelegt und das Gemisch z. B. mit einem Heizpilz erhitzt.

Die folgende Skizze zeigt eine typische Destillationsapparatur:

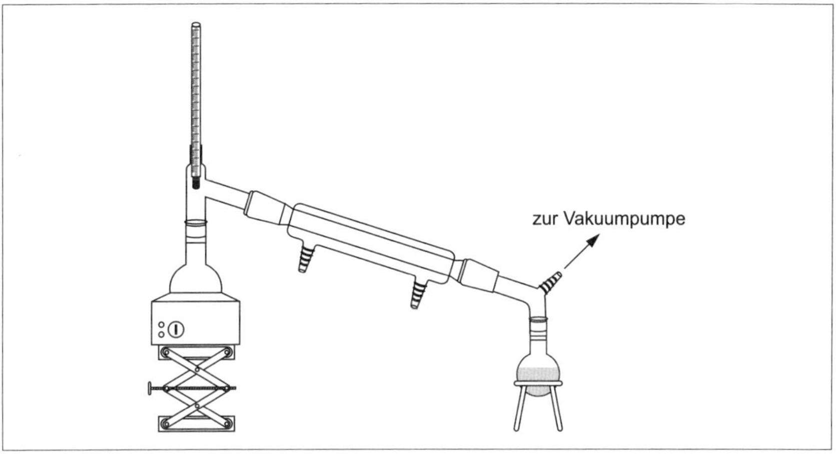

2 **Strukturformelausschnitt für PolyHEMA:**

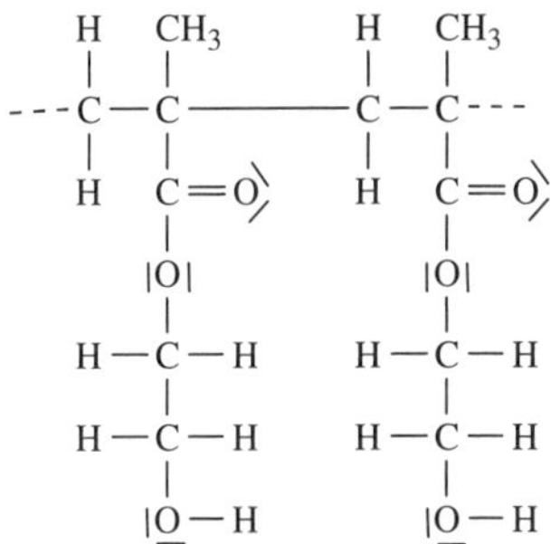

Reaktionsmechanismus:

HEMA kann mittels einer **radikalischer Polymerisation** zu einem Makromolekül aufgebaut werden. Nach der Aufgabenstellung handelt es sich bei der zugegebenen Substanz um einen Stoff, der bei Belichtung Radikale bilden kann. Diese starten den Polymerisationsvorgang.
Ein Radikalstartermolekül greift dabei an der C–C-Doppelbindung von HEMA an, bildet eine Bindung und lässt das zweite Elektron frei. Das so gebildete Radikal kann nun in analoger Weise weitere HEMA-Moleküle angreifen und die Molekülkette wächst.
Ein Kettenabbruch ist durch Rekombination, Disproportionierung oder Verlust des Radikalelektrons möglich.

Startreaktion:

$$R{-}R \xrightarrow{\text{Belichtung}} 2\,R\cdot$$

Diese Radikale können nun mit der Doppelbindung eines HEMA-Moleküls reagieren:

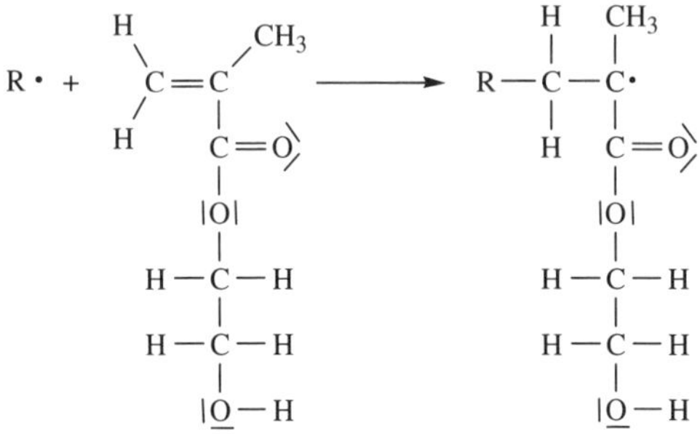

Das Monomer-Radikal greift dann ein weiteres HEMA-Molekül an, wobei sich wieder ein Radikal bildet, das nun seinerseits wieder ein Monomer angreift, usw. – es kommt also zum **Kettenwachstum** (oder **Kettenfortpflanzung**):

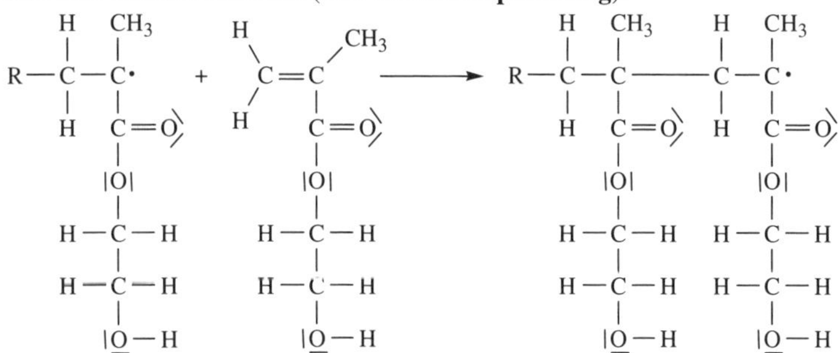

Die **Rekombination** zweier Molekülketten mit radikalischem Ende führt zum Erliegen der Reaktion (**Kettenabbruch**):

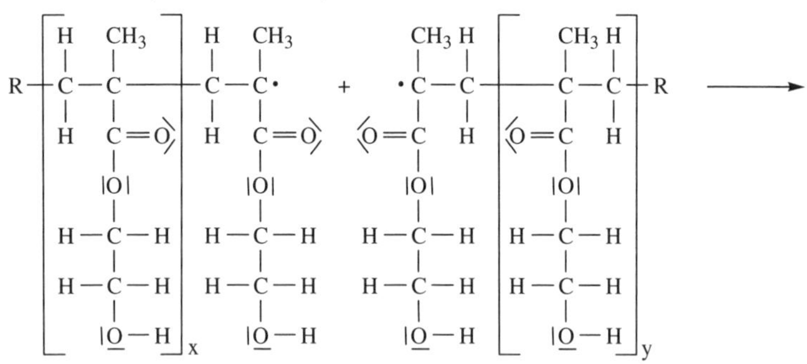

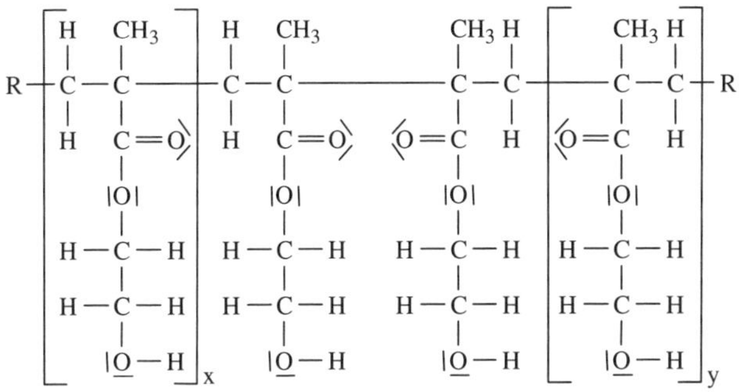

Auch eine **Disproportionierung** kann zum Abbruch der Reaktion führen:

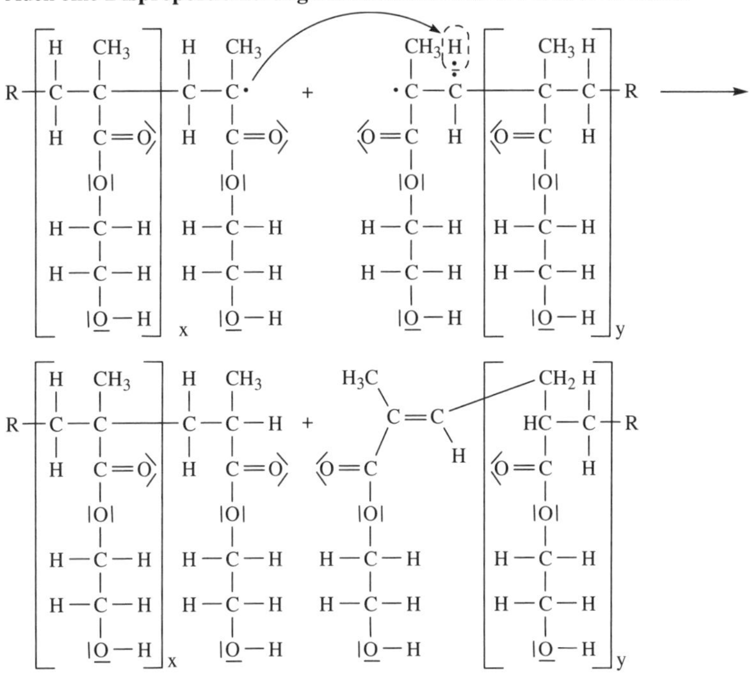

3 **Hydrophile und thermische Eigenschaften von PolyHEMA:**

Die Eigenschaften des Polymers werden durch die Seitenkette bestimmt.
Da die Seitenkette flexibel und relativ groß ist, wird die Zusammenlagerung der Makromolekülketten im Festkörper erschwert oder anders ausgedrückt, die Ketten können leicht gegeneinander verschoben werden. Das Polymer wird also tendenziell thermoplastische Eigenschaften aufweisen.
Die Seitenketten tragen außerdem einen polaren Molekülteil (Esterbindung), sowie eine OH-Gruppe. Daher können sie mit Wassermolekülen wechselwirken (hydrophil).

Einbau von Decamethylendimethacrylat:

Die **Copolymerisation** von HEMA unter Zusatz des zweiten Monomers (Decamethylendimethacrylat) führt zu untereinander vernetzten Polymerketten, da dieses in zwei wachsende Ketten eingebaut werden kann. Decamethylendimethacrylat dient also als „Cross linker“. Es entsteht ein dreidimensional vernetztes Polymer. Der Vernetzungsgrad hängt von den relativen Konzentrationen der beiden Monomeren und den Reaktionsbedingungen ab. Damit können auch die thermischen Eigenschaften variiert werden, wobei eine hohe, regelmäßige Vernetzung zu duroplastischen Eigenschaften führen kann.

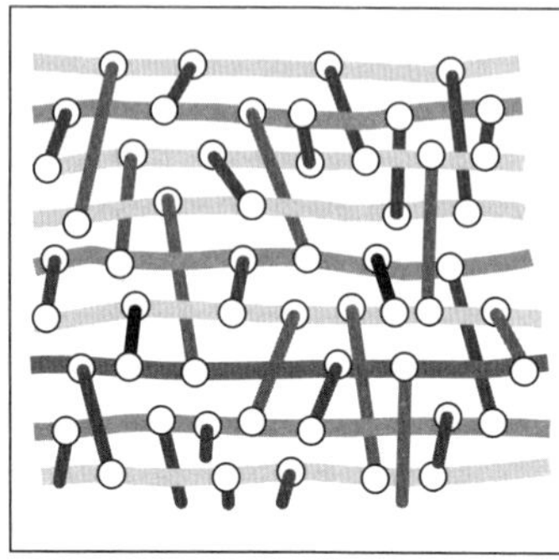

Auswirkung auf die Hydrophilie von PolyHEMA:

Die Einlagerung von Wassermolekülen zwischen die Polymerketten geht mit einem bestimmten Raumbedarf einher. Man kann sich vorstellen, dass die verringerte Flexibilität des räumlich vernetzten Kunststoffes eine Einlagerung von Wassermolekülen erschwert. Die Decamethylenbrücken zwischen den Ketten könnten auch die Räume zwischen den Ketten hydrophober machen.

Zur Veranschaulichung ein Strukturausschnitt zweier vernetzter Ketten:

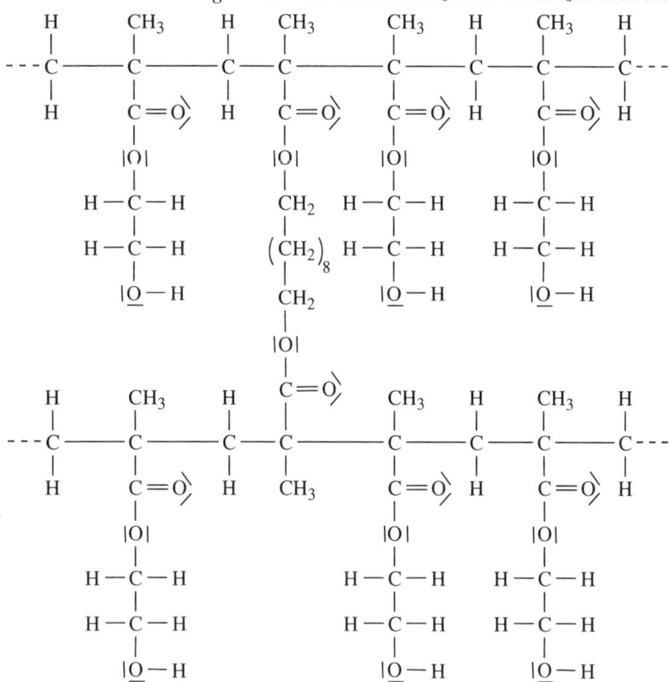

Abiturprüfung an den allgemein bildenden Gymnasien (Baden-Württemberg) 2015
Prüfungsfach: Chemie – Aufgabe IV

VP

Zur Desinfektion des Wassers in Schwimmbädern wird Chlor verwendet.

1 Aufgrund des Gefahrenpotenzials von Chlorgas wird dessen Lagerung zunehmend durch eine Erzeugung vor Ort ersetzt.
Die Elektrolyse einer Kochsalzlösung nach dem Membranverfahren stellt hierzu eine technisch ausgereifte Lösung dar. Beim Membranverfahren sind die Elektrodenräume durch eine für Kationen durchlässige Polymer-Membran getrennt. Neben Chlor entstehen Wasserstoff und Natronlauge.
Zu Beginn der Elektrolyse wird die Kammer des Plus-Pols mit Kochsalzlösung und die Kammer des Minus-Pols mit Wasser befüllt. Während des Betriebes wird Kochsalzlösung ① stetig zugeführt und die entstehende Natronlauge ⑤ abgeführt.

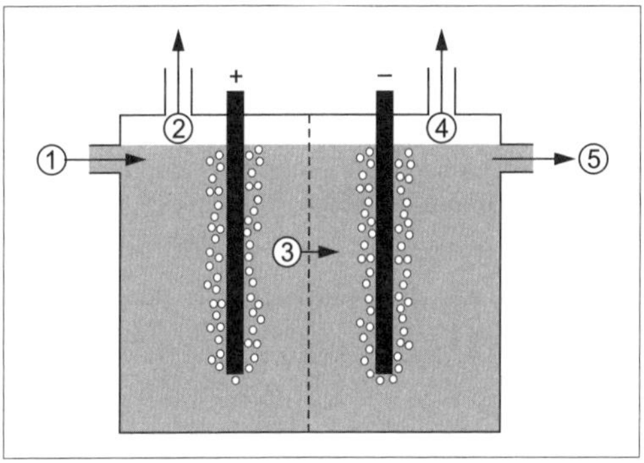

Elektrolyse-Zelle im Betriebszustand

- Ordnen Sie den beiden Polen die Begriffe Anode und Kathode zu und nennen Sie für die Punkte ② bis ④ die entsprechenden Stoffe bzw. Teilchen.
- Formulieren Sie für die an den Elektroden ablaufenden Reaktionen Teilgleichungen und erklären Sie die Bildung der Natronlauge.
- Berechnen Sie die Masse an Kochsalz, die für die Herstellung von 30 kg Chlor benötigt wird. 7

2 Leitet man Chlor in die erzeugte Natronlauge ein, reagiert diese zur lagerungsfähigen „Chlorbleichlauge“. Dabei handelt es sich um eine wässrige Lösung von Natriumchlorid und desinfizierend wirkendem Natriumhypochlorit (NaOCl).

Hinweis: In dieser Reaktion werden Chlor-Atome sowohl oxidiert als auch reduziert.

- Formulieren Sie die Reaktionsgleichung für die Bildung der Chlorbleichlauge. Zeigen Sie mit Hilfe von Oxidationszahlen, dass es sich um eine Redoxreaktion handelt und kennzeichnen Sie Oxidation und Reduktion. 3

3 Schwimmbad-Leitungen, die chlorhaltiges Wasser („Chlorwasser") führen, werden in der Regel aus Kunststoff und nicht aus Metall gefertigt.
Die Reaktivität von Chlor gegenüber metallischen Werkstoffen soll untersucht werden:
Zunächst wird heiße Kupferwolle in einen mit Chlorgas gefüllten Standzylinder eingeführt.
Für eine weiterführende Betrachtung wird eine galvanische Kupfer-Chlor-Zelle zusammengestellt.

3.1
- Formulieren Sie eine Reaktionsgleichung für die im Standzylinder zu erwartende Reaktion.
- Fertigen Sie eine beschriftete Versuchsskizze zur Ermittlung der Zellspannung einer Kupfer-Chlor-Zelle bei Standardbedingungen an und kennzeichnen Sie Plus- und Minus-Pol.

Hinweis: Der Aufbau einer $2Cl^-/Cl_2$-Halbzelle ist analog der einer Standard-Wasserstoffhalbzelle. 4

3.2 Um Elektrodenpotenziale untereinander vergleichen zu können, ist es wichtig, bei den Messungen auf einheitliche Bedingungen zu achten. Abweichende Reaktionsbedingungen führen zu veränderten Potenzialdifferenzen.
- Erklären Sie am Beispiel einer Kupfer-Chlor-Zelle das Zustandekommen einer Potenzialdifferenz.
- Berechnen Sie die Spannung der Kupfer-Chlor-Zelle bei Standardbedingungen.
- Erläutern Sie, wie sich eine Konzentrationserniedrigung der Kupfer- bzw. Chlorid-Ionen jeweils auf die Potenzialdifferenz auswirkt. 6

20

Lösungen

1.1 **Beschriftung der Elektrolysezelle:**

Der mit „+“ gekennzeichnete Stab, der Pluspol, ist die **Anode**. Hier findet die Oxidation statt. Diese Kammerseite nennt man auch „Anodenraum“.
Der mit „–“ gekennzeichnete Stab, der Minuspol, ist die **Kathode**. Hier findet die Reduktion statt. Diese Kammerseite nennt man auch „Kathodenraum“.

(2) Auslass für **Chlor-Gas**
(3) **Natrium-Ionen**, die durch die Membran treten
(4) Auslass für **Wasserstoff-Gas**

Reaktionsgleichungen:

An der **Anode** läuft eine Oxidationsreaktion ab, bei der die Chlorid-Ionen aus dem gelösten Natriumchlorid zu Chlor oxidiert werden:

$$2\,Cl^- \longrightarrow Cl_2 + 2\,e^-$$

Da durch die Reaktion die negativ geladenen Chlorid-Ionen umgesetzt werden, entsteht im Anodenraum zunächst ein Überschuss an positiv geladenen Natrium-Ionen.

An der **Kathode** läuft eine Reduktionsreaktion ab, die als Reduktion von Wasser zu Wasserstoff und Hydroxid-Ionen formulieren werden kann:

$$2\,H_2O + 2\,e^- \longrightarrow H_2 + 2\,OH^-$$

Im Kathodenraum erhöht sich durch die Reaktion die Konzentration der Hydroxid-Ionen.

Gesamtgleichung

$$2\,Na^+ + 2\,Cl^- + 2\,H_2O \longrightarrow Cl_2 + H_2 + 2\,Na^+ + 2\,OH^-$$

Da die Summe der positiven und negativen Ladungen auf beiden Seiten ausgeglichen sein muss und die beiden Räume durch eine kationenselektive Membran getrennt sind, werden die Natrium-Ionen in den Kathodenraum wandern. Der Übertritt von Chlorid- und Hydroxid-Ionen wird durch die Membran weitgehend verhindert, sodass im Kathodenraum im Verlauf der Elektrolyse eine zunehmend konzentrierte Natronlauge gebildet wird.

Berechnung der Masse an Natriumchlorid:

Gemäß der oben formulierten Reaktionsgleichung werden für die Herstellung von 1 Mol Chlor 2 Mol gelöstes Natriumchlorid benötigt:

$$\frac{n_{Cl_2}}{n_{NaCl}} = \frac{1}{2} \Leftrightarrow n_{NaCl} = 2 \cdot n_{Cl_2}$$

30 kg Chlorgas entsprechen:

$$n_{Cl_2} = \frac{m_{Cl_2}}{M_{Cl_2}} = \frac{30\,000\text{ g}}{71\text{ g}\cdot\text{mol}^{-1}} \approx 422{,}5\text{ mol}$$

Es ergibt sich: $n_{NaCl} = 2 \cdot n_{Cl_2} = 845$ mol Natriumchlorid.

$$n_{NaCl} = \frac{m_{NaCl}}{M_{NaCl}} \Rightarrow n_{NaCl} = n_{NaCl} \cdot M_{NaCl} = 845\text{ mol} \cdot 58{,}5\text{ g}\cdot\text{mol}^{-1} = 49\,432{,}5\text{ g}$$

Zur Herstellung von 30 kg Chlor werden mindestens 49,4 kg Natriumchlorid gebraucht.

2 **Reaktionsgleichung für die Bildung der Chlorbleichlauge:**

Da das Sauerstoff-Teilchen in der Regel die Oxidationszahl –II erhält und Natrium-Ionen +I, ergibt sich als Oxidationszahl für das Chlor-Teilchen im Hypochlorit-Ion +I (Summe der Oxidationszahlen im NaOCl = Null). Eine Reaktion, bei der eine Teilchenart von einer mittleren Oxidationsstufe in eine höhere und eine niedrigere Oxidationsstufe übergeht, wird Disproportionierung genannt.
Um die Reaktionsgleichung zu erstellen, empfiehlt es sich, zunächst die genannten Edukte und Produkte links, bzw. rechts vom Reaktionspfeil zu schreiben:

$$NaOH_{(aq)} + Cl_2 \longrightarrow NaCl_{(aq)} + NaOCl_{(aq)}$$

Man erkennt, dass mindestens zwei Formeleinheiten NaOH eingesetzt werden müssen:

$$2\,NaOH_{(aq)} + Cl_2 \longrightarrow NaCl_{(aq)} + NaOCl_{(aq)}$$

Nun sind ein Sauerstoff- und zwei Wasserstoff-Teilchen auf der linken Seite mehr als auf der rechten Seite des Reaktionspfeils. Sie ergeben ein Molekül Wasser (H_2O) und werden dementsprechend rechts ergänzt:

$$2\,NaOH_{(aq)} + Cl_2 \longrightarrow NaCl_{(aq)} + NaOCl_{(aq)} + H_2O$$

Die ausgeglichene Reaktionsgleichung wird jetzt um die relevanten Oxidationszahlen ergänzt und die Oxidation, bzw. Reduktion markiert.

$$2\,NaOH_{(aq)} + \overset{0}{Cl_2} \longrightarrow Na\overset{-I}{Cl}_{(aq)} + NaO\overset{+I}{Cl}_{(aq)} + H_2O$$

Reduktion ($Cl_2 \rightarrow NaCl$)

Oxidation ($Cl_2 \rightarrow NaOCl$)

Alternative Lösung:

$\overset{0}{Cl_2} \longrightarrow 2\,\overset{0}{Cl}$		
$\overset{0}{Cl} + e^- \longrightarrow Cl^-$	Reduktionsschritt
$\overset{0}{Cl} + OH^- \longrightarrow (\overset{+I}{Cl}\overset{-II}{O})^- + e^- + H^+$	Oxidationsschritt
$OH^- + H^+ \longrightarrow H_2O$	
$2\,Na^+ \longrightarrow 2\,Na^+$	
$Cl_2 + 2\,Na^+ + 2\,OH^- \longrightarrow Na^+ + OCl^- + Na^+ + Cl^- + H_2O$	Redoxreaktion

3.1 Die **Verbrennung** von Kupferwolle in Chlorgas läuft nach der folgenden Reaktionsgleichung ab:

$$Cu + Cl_2 \longrightarrow CuCl_2$$

Skizze des Galvanischen Elements aus einer Chlor- und einer Kupfer-Halbzelle:

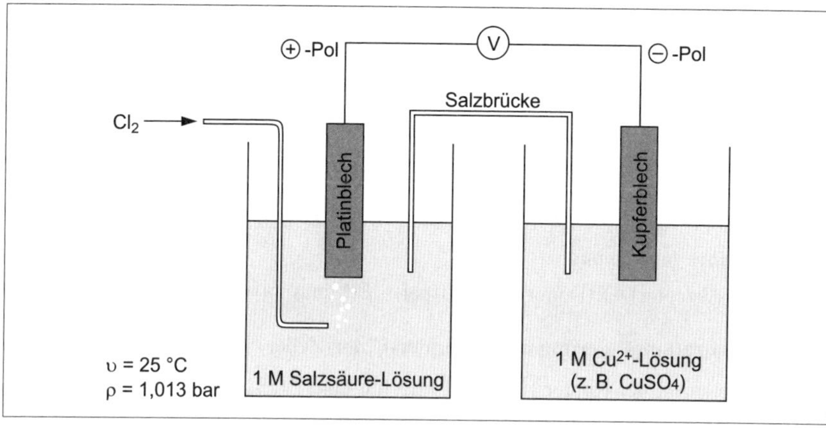

3.2 **Potenzialdifferenz:**

Einem Metall kann in einer wässrigen Lösung nach NERNST eine **Lösungstension** zugeschrieben werden. Enthält die Lösung Metall-Kationen, so haben diese das Bestreben, sich an der Metall-Elektrode abzuscheiden – man spricht von einem „Abscheidungsbestreben" der Metall-Ionen.

Zwischen der Lösungstension und dem Abscheidungsbestreben stellt sich beim Eintauchen einer Metallelektrode in ihre Salzlösung ein Gleichgewicht ein, dessen Lage von der Metall-Art (Lösungstension) und von der Konzentration der Metall-Ionenlösung (Abscheidungsbestreben) abhängt.

Ist die Metall-Ionenkonzentration in der Lösung hoch, dann werden weniger Metall-Ionen die feste Phase verlassen, d. h. die Elektrode wird „edler", ihr Potenzial positiver. Das Umgekehrte gilt für eine niedrige Metall-Ionenkonzentration.

Im Falle der Chlor-Elektrode werden an der Oberfläche des Platin-Bleches einzelne Chlor-Atome (die aus den Chlor-Molekülen stammen) Elektronen aufnehmen, sodass auf dem Blech positive Lücken und Chlorid-Ionen entstehen. Da die umgebende Lösung Chlorid-Ionen enthält, wirken diese dem beschriebenen Vorgang entgegen.

Im Ergebnis bildet sich ein elektrochemisches Gleichgewicht zwischen Cl_2, Cl^- am Platin und ein bestimmtes Potenzial stellt sich ein.
Die unterschiedlichen Potenziale zwischen den beiden Halbzellen sind als Spannung messbar.

Dieser Vorgang ist keine in großem Ausmaß ablaufende chemische Reaktion, sondern ein Phänomen, das auf die Phasengrenze beschränkt ist. Es ist also nicht so, dass das Platinblech „wegreagiert".

Berechnung der Zellspannung:

Die Reaktionsgleichung und die Zellspannung für die Kupfer-Chlor-Zelle ergibt sich wie folgt aus den Teilgleichungen:

$$Cl_2 + 2\,e^- \longrightarrow 2\,Cl^- \qquad E^0(Cl_2/Cl^-) = 1{,}36\ V$$

$$Cu \longrightarrow Cu^{2+} + 2\,e^- \qquad -E^0(Cu/Cu^{2+}) = -0{,}34\ V$$

$$Cu + Cl_2 \longrightarrow Cu^{2+} + 2\,Cl^- \qquad U = E^0(Cl_2/Cl^-) - E^0(Cu/Cu^{2+}) = 1{,}02\ V$$

Die Spannung der Kupfer-Chlor-Zelle beträgt bei Standardbedingungen 1,02 Volt.

Alternative Berechnung:

$U = E(\text{Akzeptor}) - E(\text{Donor}) = E(\text{Pluspol}) - E(\text{Minuspol}) = 1{,}36\ V - 0{,}34\ V = 1{,}02\ V$

Konzentrationsänderung in der Kupfer-Chlor-Zelle:

Das Potenzial der Kupfer-Halbzelle wird mit einer Verringerung der Kupfer-Ionenkonzentration negativer werden und die Spannung der Kupfer-Chlor-Zelle dadurch größer.

Bei konstanter Gaszufuhr wird das Ausmaß, in dem an der Platin-Oberfläche Chlor reduziert werden kann, durch die Chlorid-Ionenkonzentration bestimmt. Die Reduktion von Chlor-Atomen wird leichter vonstattengehen, wenn die Konzentration an Chlorid-Ionen in der Lösung klein ist.
Das Potenzial der Platin-Halbzelle wird also mit einer Verringerung der Chlorid-Ionen-Konzentration positiver werden. Die Spannung der Kupfer-Chlor-Zelle wird dann größer.

Abi in der Tasche – und dann?

In den **STARK** Ratgebern findest du alle Informationen für einen erfolgreichen Start in die berufliche Zukunft.

Alle Titel zu Beruf & Karriere
www.berufundkarriere.de

25-V_Abi

Bestellungen bitte direkt an

STARK Verlagsgesellschaft mbH & Co. KG · Postfach 1852 · 85318 Freising
Tel. 0180 3 179000* · Fax 0180 3 179001* · www.stark-verlag.de · info@stark-verlag.de

Lernen • Wissen • Zukunft
STARK

*9 Cent pro Min. aus dem deutschen Festnetz, Mobilfunk bis 42 Cent pro Min. Aus dem Mobilfunknetz wählen Sie die Festnetznummer: **08167 9573-0**